Permakultur

Permakultur

Nachhaltig gärtnern für eine ganzjährige Ernte

HUW RICHARDS

DK

INHALT

EINFÜHRUNG

»Permakultur bedeutet, Gelegenheiten zu ergreifen.«

Dieser Satz hat mich jedes Mal begrüßt, wenn ich mich hingesetzt habe, um an diesem Buch zu arbeiten. Er stand groß und breit ganz oben auf dem Manuskript und hat das Motto für das Schreiben vorgegeben. Der Satz sollte meine Absichten in fünf Worten zusammenfassen, um eine geeignete Einstellung für das zu finden, was ich zu Papier bringen wollte – mit dem Ziel, Ihnen zu helfen, aus Text, Fotos und Diagrammen das herauszuholen, was Sie brauchen, um eigene Wege und Möglichkeiten für den Nutzpflanzenanbau zu finden.

Seit ich mit zwölf Jahren in einem Fachmagazin, das auf einem Regal in einer Hütte in Wales lag, die Permakultur entdeckt habe, hat sie meine Vorstellungen von einer idealen Welt geprägt. Darin leben wir in Harmonie mit der Natur, kennen unsere Nachbarn und bleiben zuversichtlich. Nur zu leicht bekommt man das Gefühl, dass unsere Welt wenig Hoffnung bietet – vor allem, wenn wir die Nachrichten sehen oder die Folgen der industriellen Agrikultur zu spüren bekommen. Moderne Landwirtschaft lässt sich eher mit Bergbau als mit Ackerbau vergleichen, denn sie laugt unsere Böden sowie die Gewässer aus und ignoriert das über Jahrhunderte gesammelte Wissen von Menschen, die mit bloßen Händen das Land bestellt haben. Mit einem Traktor stundenlang herumzukurven, hat wenig mit Landbau zu tun – dafür muss man lediglich ein Techniker sein, der wahrscheinlich in seinem ganzen Leben noch nie eine Kartoffel selbst geerntet oder im Frühjahr den ersten Kuckucksruf gehört hat. Die Megakonzerne sitzen in ihrem schrumpfenden Vakuum fest und versuchen immer komplexere technologische Lösungen zur »Rettung der Welt« zu entwickeln, was uns nur noch weiter von dem entfernt, um das wir uns eigentlich Sorgen machen sollten: von der Natur. Technologie ist nicht die Antwort, sondern oft eine Ablenkung von der bitteren Wahrheit, die wir auf gesellschaftlicher Ebene erst noch akzeptieren müssen: dass wir als Folge der Entfremdung von der Natur in einer Epidemie der Abkopplung leben.

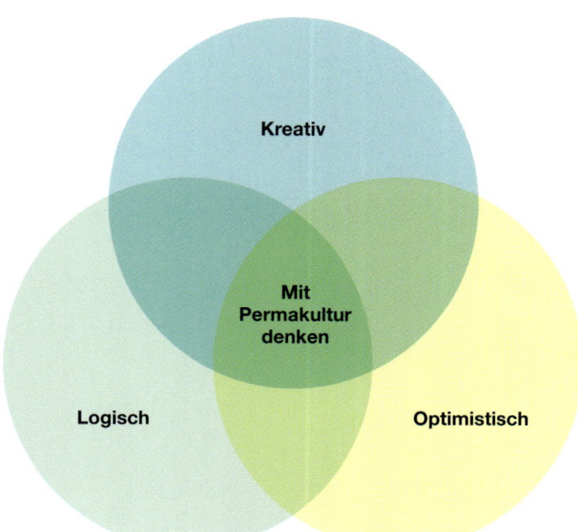

Die drei Denkansätze bei der Gestaltung von Permakultur, und wie sie sich überschneiden.

In der Permakultur geht es darum, sich wieder mit der Natur zu verbinden und mit ihr statt gegen sie zu arbeiten. Der Ansatz berücksichtigt den Wechsel der Jahreszeiten, die wichtige Diversität der Ökosysteme und das Wissen indigener Gemeinschaften in aller Welt.

Was aber ist Permakultur für mich? Eine harmonische Verbindung aus logischem, kreativem und optimistischem Denken. Permakultur ist die Kunst des Hoffens. Und sie beginnt in unseren Gärten, wo wir unsere Mikro-Ökosysteme schaffen, die uns Nahrung und der Natur eine Heimat bieten. Zugrunde liegt alledem buchstäblich der Untergrund, also der Boden. Er bildet die Basis unserer Existenz, hat unsere Vergangenheit geformt, nährt unsere Gegenwart und prägt unsere Zukunft.

Während sich die Megakonzerne immer weiter von dem entfernen, was wirklich wichtig ist, wissen Gärtner, Züchter und Bio-Bauern, dass beim Formen einer hoffnungsvollen Zukunft entscheidend ist, wie wir den Boden behandeln.

Eine positive Zukunft formen wir nicht mit Technologie, sondern mit dem Boden. Dabei hilft uns die Permakultur.

»Für die Permakultur kann der Boden die Lösung sein.«

Dieses Buch soll eine Etappe auf dem Weg in eine Welt sein, in der ich leben möchte. Ich hoffe, Sie lassen sich von ihm inspirieren, finden darin aber auch viele neue Ideen und Tipps. Eines möchte ich Ihnen noch mitgeben: Der Anbau eigener Nahrungspflanzen ist die vielleicht größte Aufgabe, die man haben kann. Sie nähren damit Ihren Geist, Ihren Körper, Ihre Familie, Ihre Nachbarn und das Land.

Hören Sie nie auf zu säen. Denn im Säen spiegelt sich die Liebe zu unserem Planeten wider.

Das ist mein Permakultur-Küchengarten, ein Teil meines größeren Gesamtgartens.

Was ist Permakultur?

PERMAKULTUR, EINFACH ERKLÄRT

Permakultur, ein Kofferwort aus »permanent« und »Agrikultur«, ist ein verantwortungsvoller Gestaltungsansatz nach dem Vorbild natürlicher Gesetzmäßigkeiten. Ziel ist die Schaffung regenerativer und resilienter Gärten, landwirtschaftlicher Betriebe und Gemeinschaften.

Nach der Permaculture Association ist Permakultur eine Gestaltungsmethode und beruht auf dem Verständnis dafür, wie Natur funktioniert. Sehen wir uns das nun Ganze genauer an, um es auf unsere Gärten anwenden zu können. Drei ethische Säulen (siehe auch S. 28) bilden die Grundlage der Permakultur und prägen ihre Prinzipien, Praktiken und Gestaltungsansätze:

- **Earth Care (Fürsorge für den Boden und das lokale Ökosystem)**
- **People Care (Fürsorge für die Menschen und die Gemeinschaft)**
- **Fair Share (Teilen von Wissen und überschüssigen Ressourcen mit anderen)**

Ferner werden zwölf Prinzipien unterschieden. Jedes dient einem bestimmten Zweck und trägt zum Gesamtziel der Bildung ökologisch gesunder und wirtschaftlich tragfähiger Systeme bei. Mehr dazu auf S. 14–25.

ARBEITEN MIT DER NATUR

Die Prinzipien dienen als Richtschnur und Gestaltungswerkzeuge. Sie lassen sich an alle Gegebenheiten anpassen, vom Balkongarten bis zur abfallfreien Stadt. Permakultur schafft ein Umfeld der Innovation und Kreativität. Ihre Prinzipien beeinflussen das Denken und Handeln in Harmonie mit natürlichen Systemen, statt feste Praktiken vorzugeben. Damit ist gewährleistet, dass Permakultur ein vielseitiges, inklusives Instrumentarium bleibt, das auf alle Umfelder und Kulturen anwendbar ist und sich weltweit an alle Herausforderungen und Chancen anpassen lässt.

Typisch für die Permakultur ist das »ganzheitliche Denken«, das die Vernetzung aller Elemente innerhalb eines Ökosystems berücksichtigt. Im Küchengarten bedeutet das, dass der Garten mehr ist als nur seine Pflanzen. Er ist ein komplexes Netz von Wechselbeziehungen, in dem der Boden, das Wasser, die Pflanzen, die Tiere, die Infrastruktur und sogar wir Menschen selbst eine wesentliche Rolle für Gesundheit und Produktivität spielen. Je besser man die Elemente zusammenführt, desto resilienter und ertragreicher wird der Garten.

In der Permakultur geht es also darum, mit der Natur zu arbeiten, denn alles andere zieht mehr Anstrengungen, Kosten und Schäden nach sich. Wie man die Natur nutzt, um effiziente Nahrungsmittelsysteme zu schaffen, zeigt die Permakultur.

EINE KURZE GESCHICHTE DER PERMAKULTUR

1970–1980 Zwei Australier entwickeln das Konzept der Permakultur: Bill Mollison, Dozent für Umweltpsychologie, und David Holmgren, Student am Institut für Umweltdesign des Tasmanian College of Advanced Education. Sie legen gemeinsam einen Garten an und veröffentlichen 1978 das Werk *Permaculture One*.

1980–1990 Bill Mollison geht auf internationale Vortragsreisen und macht sich für das neue Prinzip stark. Es beginnt sich ein globales Netzwerk zu bilden. Die britische Permaculture Association wird gegründet.

1990–2000 Die Permakultur wird auf weitere nachhaltige Praktiken wie Agroforstwirtschaft (baumbasierte Agrarsysteme), natürliches Bauen und erneuerbare Energien ausgeweitet.

2000–2010 Das Bewusstsein für die damit verbundenen Methoden, etwa das Korean Natural Farming, beginnt zu wachsen. Es entsteht eine Online-Community.

2010–heute Die urbane Permakultur wird populär. Ein Schwerpunkt liegt auf der sozialen Permakultur, die den Aufbau starker Gemeinschaften in den Mittelpunkt rückt.

Ein Permakultur-Küchengarten kann als ebenso ansehnliche wie ertragreiche Anbaufläche große Vielfalt bieten. Dazu zählen unterschiedlichste Blattformen und -farben, Wuchsformen und -höhen sowie interessante Strukturelemente (wie die Lauchblüten im Bild).

WARUM PERMAKULTUR?

Permakultur gilt oft als Strategie der Nichteinmischung – doch alle Systeme der Nahrungsmittelerzeugung brauchen eine gewisse Steuerung. Ziel der Permakultur ist clevere statt harte Arbeit. Aber am Anfang eines Projekts ist oft beides vonnöten!

Normalerweise liefern Gärten umso höhere Erträge, je mehr Zeit man in sie investiert. Sich das zu vergegenwärtigen, ist wichtig, denn oft wird der tatsächliche Aufwand für verschiedene Erzeugersysteme völlig falsch eingeschätzt. Während man den Aufwand für essbare Wälder (siehe S. 36) unterschätzt, wird der für Küchengärten oft überschätzt. Ein Küchengarten erfordert zwar pro Quadratmeter mehr Zeitaufwand, liefert aber höhere Erträge als ein essbarer Wald.

DER WEG ZU HÖHERER EFFIZIENZ

Der Trick besteht darin, den Ertrag zu erhöhen und gleichzeitig den Aufwand zu reduzieren. Möglich ist das durch mehr Effizienz. Hier greift die Permakultur. Auf die Anwendung ihrer Prinzipien wird auf den nächsten Seiten näher eingegangen. Sie hilft, unnötige Arbeit zu vermeiden, und zeigt zugleich Möglichkeiten der Ertragssteigerung auf.

Effizienzschwerpunkte im Küchengarten

1. Zeit sparen Wie kann ich den Zeitaufwand verringern, ohne Ertragseinbußen befürchten zu müssen?
2. Ertrag erhöhen Wie kann ich den Ertrag erhöhen, ohne mehr Zeit investieren zu müssen?

Wer beide Schwerpunkte erfolgreich kombiniert, wird maximale Effizienz erreichen.

GLEICHGEWICHT FINDEN

Es liegt an Ihnen, wie Sie diese maximale Effizienz im Küchengarten erreichen. Jedes Element muss andere Elemente auf ausgewogene Art und Weise stützen. Begrenzende Faktoren sind Zeit, Saisonalität, Bodenfruchtbarkeit und Wissen. Das größte Hemmnis ist oft die Zeit. Deshalb ist es wichtig, einen Garten anzulegen, der Ihrem Lebensstil am besten entspricht.

Die wichtigsten Schritte zu einem funktionierenden Küchengarten bei begrenzter Zeit sind sorgfältige Planung im Winter und die Bereitschaft, während der Anbausaison rasche Entscheidungen zu treffen. Die zwölf Prinzipien (siehe S. 14–25) helfen bei lang- und kurzfristigen Entscheidungen.

Die Gestaltung nach Permakulturmethoden ist eine qualifizierte Tätigkeit; je mehr Zeit Sie also investieren, desto besser werden Sie. Anders gesagt: Übung macht den Meister. Wie aber funktioniert die Gestaltung nach Permakulturprinzipien? Stellen Sie sich vor, Sie stehen mit einem Freund auf dem Tennisplatz, nur dass Ihr Freund der Garten und der Ball die Information ist. Hier geht es nicht um das Gewinnen, sondern um kontinuierliches Spielen. Sie und Ihr Garten tauschen beständig Informationen aus. Durch Abgleich mit den Prinzipien lässt sich die Technik verfeinern, und je mehr Sie spielen, desto besser wird sie. Die vielfältigen Permakulturprinzipien lassen sich an verschiedenste Situationen anpassen.

Permakultur fordert Kopf und Hände, Theorie und Praxis gleichermaßen. Sie lassen sich nicht trennen. Als Nächstes lernen Sie – anfangs durch Beobachtung – alle verfügbaren Prinzipien kennen, um einen äußerst effizienten Küchengarten anzulegen, der Ihre Familie und das Land nährt.

SWEET-SPOT-THEORIE

Die Sweet-Spot-Theorie ist ein von mir entwickeltes Konzept, bei dem jeder Garten und seine Besitzer eine Zone optimaler Synergie haben. Sie entsteht durch ein harmonisches Gleichgewicht, in dem aus dem Zusammenspiel zweier Protagonisten (Garten und Gartenbesitzer) bei minimalem Aufwand ein maximal produktives System erwächst. Eine Stufe darunter ist die »grüne Zone« angesiedelt. In ihr oszillieren die Synergien aufgrund der normalen Schwankungen, entfernen sich aber nie weit vom Optimum. Diese Abweichungen lassen sich in der Regel vermeiden, wenn konkrete Ziele gesetzt werden.

Durch Permakultur entstehen nicht nur ertragreiche, sondern auch schön anzusehende Anbauflächen. Hier harmonieren violetter Sprossenbrokkoli (vorn), Amarant (rechts), Salatchrysanthemen (die gelben Blüten im Hintergrund) und Kletterbohnen (Mitte) mit vereinzelt dazwischen gesetzten Dahlien und Kosmeen.

DIE ZWÖLF PRINZIPIEN

Die zwölf Prinzipien sollen Ihnen helfen, fundierte Entscheidungen für langfristigen Erfolg zu treffen. Sie müssen nicht alle anwenden – betrachten Sie sie als Punkte einer Checkliste. Aber: Je mehr Sie erfüllen, desto resilienter und effizienter wird Ihr Garten.

1 Beobachten und interagieren

Dieses fundamentale Prinzip der Permakultur unterstreicht die Bedeutung genauer Beobachtung und eines aktiven Austauschs mit unserer Umwelt.

Jeder Aspekt der Gestaltung nach Permakulturprinzipien beginnt mit der Beobachtung. Nehmen Sie sich Zeit zu verstehen, was Sie vor sich haben, und erfassen Sie die Einzelheiten, die sich zu einem Ganzen addieren. Wenn Sie beispielsweise umgezogen sind und einen neuen Garten haben, der noch unbearbeitet ist, registrieren Sie zunächst die Gegebenheiten: Ausrichtung, Pflanzenbestand, Wasserfluss usw. Durch Beobachtung können Sie mit der Natur arbeiten, um den Garten effizienter zu gestalten. Sofern Sie etwa eine Stelle sehen, die volle Sonne abbekommt, ist das der ideale Ort, um dort Gemüse anzubauen, die viel Licht brauchen.

Sonnenstand, Durchschnittstemperatur, Niederschlagsmengen, Topografie und Versorgungseinrichtungen … sie alle sind Beispiele für nützliche Datenpunkte, die bei der Gestaltung eine Rolle spielen. Viele kostenlose digitale Tools bieten die Möglichkeit, Gegebenheiten zu analysieren, und liefern wertvolle Informationen, die Ihnen Zeit und Mühe sparen.

Die Gestaltung nach Permakulturprinzipien wird oft als »Action Learning« bezeichnet. Dabei gibt es ein Gleichgewicht zwischen Beobachtung und Interaktion. Erfolgt eine Handlung, werden die Ergebnisse festgehalten. So ergibt sich ein Hin und Her an Informationen, wie auf S. 13 beschrieben.

HUWS TIPP

Mit der Timelapse-Funktion von Google Maps können Sie verfolgen, wie sich Ihr Gartenstandort seit 1984 verändert hat. Vielleicht entdecken Sie, dass früher darin ein Gartengebäude stand. An dieser Stelle kann der Boden stark verdichtet sein.

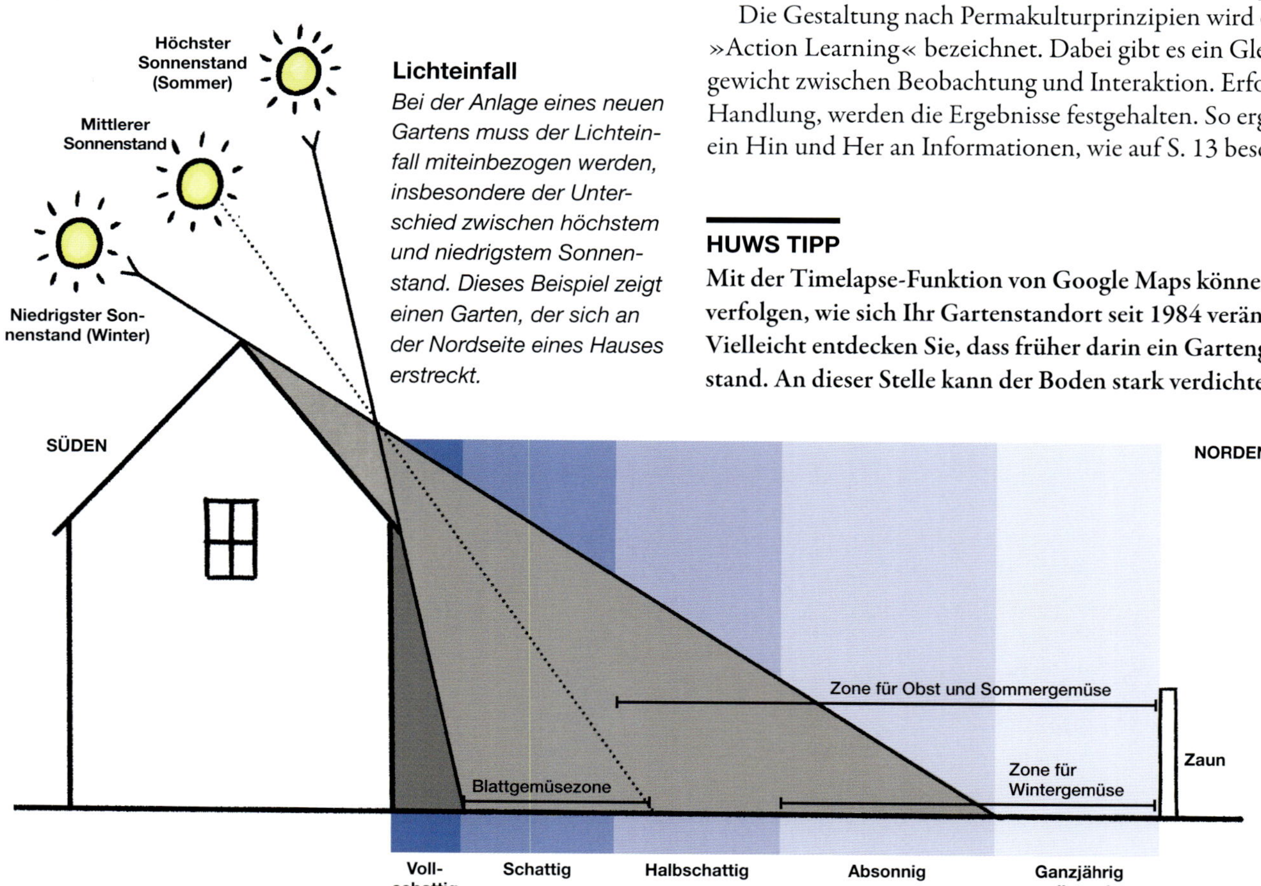

Lichteinfall
Bei der Anlage eines neuen Gartens muss der Lichteinfall miteinbezogen werden, insbesondere der Unterschied zwischen höchstem und niedrigstem Sonnenstand. Dieses Beispiel zeigt einen Garten, der sich an der Nordseite eines Hauses erstreckt.

(2) Energie sammeln und speichern

Energie kann viele Formen haben – in ihrer einfachsten ist sie von einer Pflanze eingefangene und gespeicherte Sonnenenergie. Ein Auffangsystem für Regenwasser ist ein weiteres Beispiel, nur dass hier Wasser die Energie ist. In einem Tank gespeichertes Wasser ist wie ein voller Akku, der durstige Pflanzen versorgt. Ähnlich verhält es sich mit dem Sammeln (Einfangen) und Kompostieren (Speichern) von Herbstlaub, um es als feuchtigkeitsspeichernden Laubhumus Hochbeeten hinzuzufügen. Energie muss nicht zwangsläufig aus der Natur kommen. Selbst begeisterte Ehrenamtliche, die sich für ein Projekt engagieren, etwa einen Gemeinschaftsgarten, sind eine Form gespeicherter Energie. Pflanzt man Arten für nützliche Insekten, macht man sich die Vorzüge dieser Insekten zunutze, z. B. ihre Bestäubungstätigkeit. Bei ausreichender Diversität im Garten bleiben sie diesem Ökosystem sogar erhalten. Eines der Hauptziele der Permakultur ist es, das Einfangen und Speichern von Energie in der Landschaft bzw. Ihrem Garten zu optimieren. Je mehr gespeicherte Energie vorhanden ist, desto resilienter wird das System. In einem Küchengarten sind die Hauptenergien Sonnenlicht, organische Substanz, Nährstoffe, Wasser, Samen, Wissen und der Gartenbesitzer selbst.

Beispiele für das Speichern von Energie

Es gibt viele Möglichkeiten, Energie einzufangen, um sie später zu verwerten. Der Speicher kann ein Wurzelgemüse sein oder Elektrizität in einer Batterie. Hier ein paar Beispiele für wertvolle »Energietanks« im Garten.

WURZELGEMÜSE

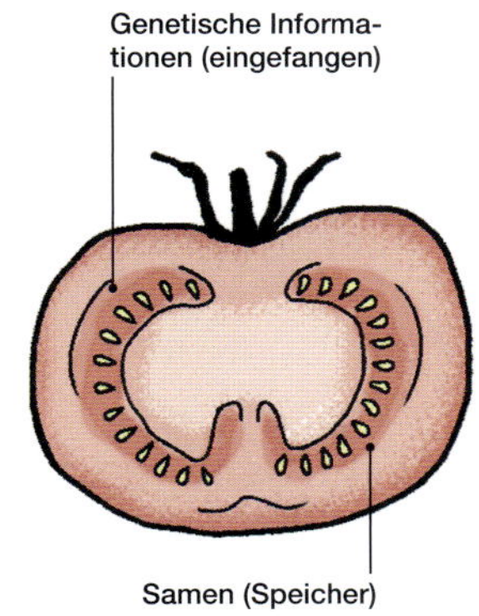

SAMEN IN FRÜCHTEN

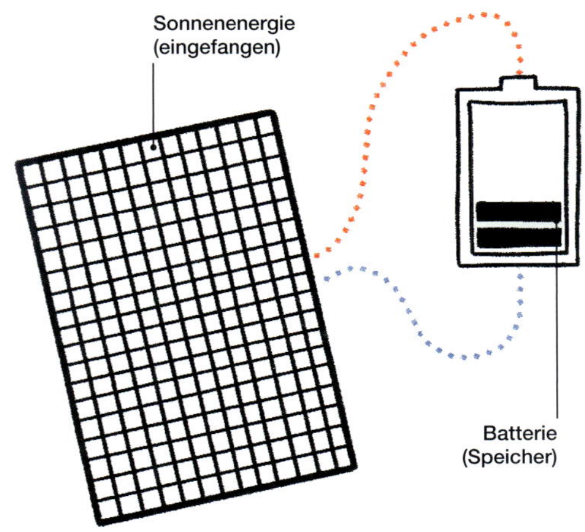

BATTERIE

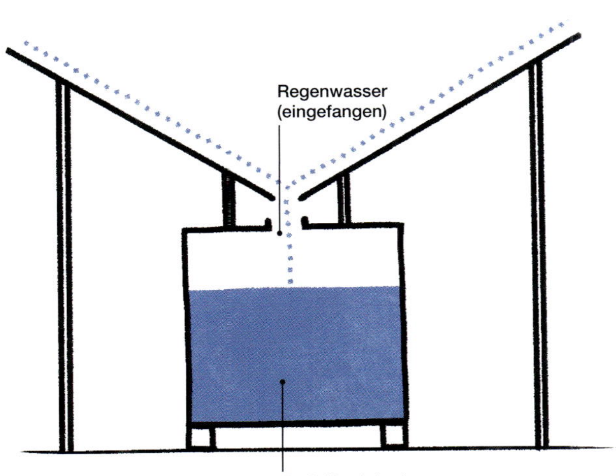

WASSERTANK

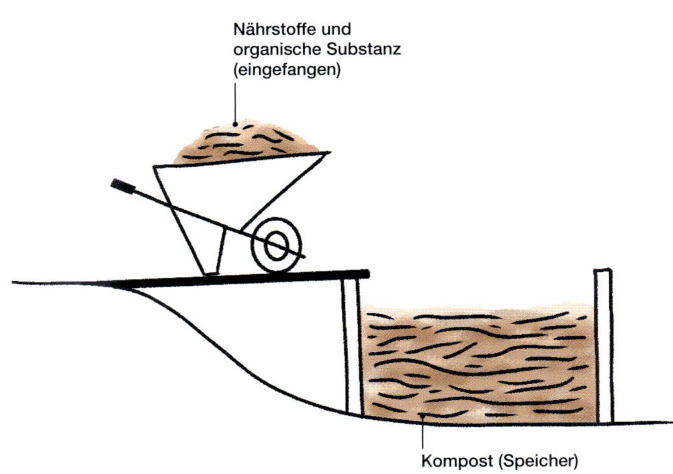

KOMPOSTER

③ Erträge erwirtschaften

Ein Ertrag wird entweder als Primärziel oder als Überschuss erwirtschaftet. Ein Primärziel wäre es etwa, Tomaten anzubauen, um Tomaten zu ernten. Als Überschuss fällt dabei organisches Material an, das nicht essbar ist, aber »geerntet« wird, um auf den Komposter zu kommen und dort zu Nährstoffen und organischer Substanz umgewandelt zu werden. Das Hauptziel jedes Küchengartens ist vermutlich der Ertrag. In der Agroforstwirtschaft gibt es fünf Arten von Primärerträgen:

1. **Nahrung** für Menschen
2. **Futter** für Vieh
3. **Brennstoff** in Form von Holz
4. **Fasern** für Kleider und andere Textilien
5. **Pharmazeutische Stoffe** für Naturmedizin (für Mensch und Tier)

Bill Mollison führt gestaltenden Personen vor Augen, was mit der richtigen Einstellung möglich ist. Tauschen Sie einfach das Wort »System« durch »Garten« aus: Nach Bill Mollison ist der Ertrag eines Systems theoretisch unbegrenzt und wird nur durch die Informationen und die Fantasie der gestaltenden Person begrenzt. Damit betont Mollison die Bedeutung des Wissens, das sich mit der Zeit nur vermehren kann. Je mehr Wissen Sie haben, desto höhere Erträge können Sie erzielen.

HUWS TIPP

In der Permakultur überlappen sich die Prinzipien oft. So können Samen zum Beispiel als eine Form von gespeicherter Energie oder als Ertrag gesehen werden. Ich kann es nicht oft genug betonen: Je mehr Prinzipien Sie umsetzen, desto resilienter und ertragreicher wird Ihr Garten.

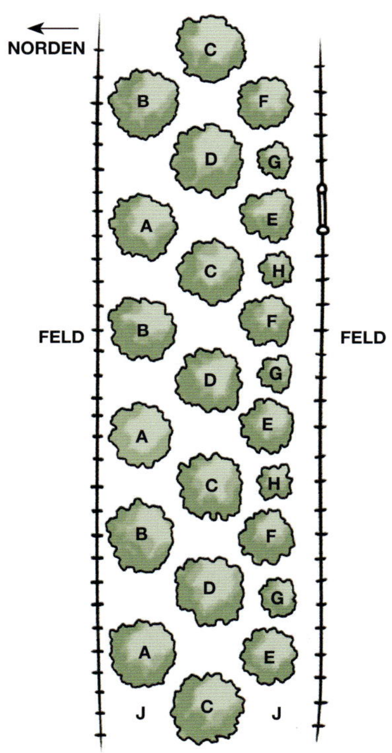

Erträge aus einem linearen essbaren Wald
Hier ist ein konzeptioneller Pflanzplan zu sehen, den ich für einen linearen essbaren Wald zwischen zwei Feldern entwickelt habe. Die ausgewählten Pflanzen leisten alle ihren Beitrag zu den fünf Primärerträgen, die sich aus einem essbaren Garten gewinnen lassen.

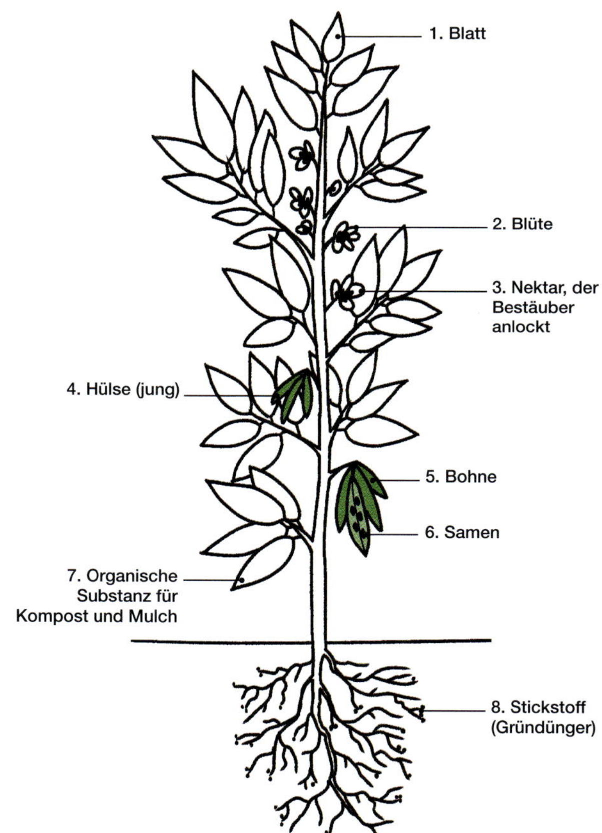

Acht Erträge der Dicken Bohne
Die bescheidene Dicke Bohne (auch Ackerbohne genannt) bietet acht Primärerträge. In der Permakultur gehört es zu den Kernkompetenzen, jeden Ertrag zu benennen, den eine Pflanze bzw. ein Element zu bieten hat. Das hängt eng mit dem Zusatzprinzip des Abdeckens mehrerer Funktionen (siehe S. 27) zusammen.

Fundierte Entscheidungen treffen
Mein Flussdiagramm für die Evaluierung von Fortschritten in meinem Garten.

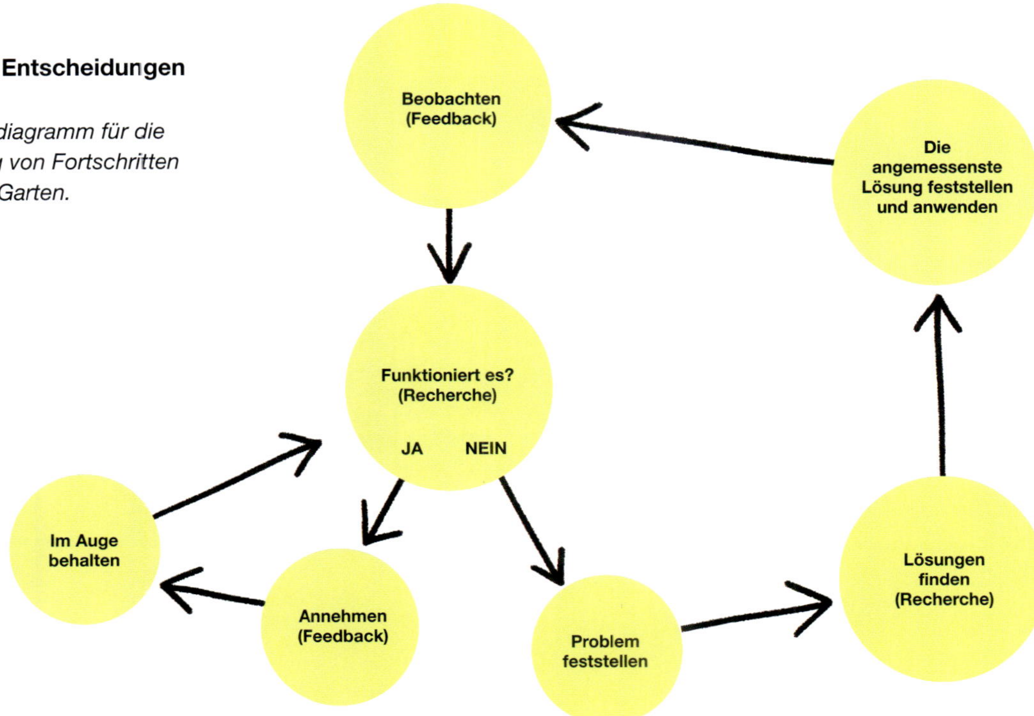

4 Selbstregulierung anwenden und Feedback akzeptieren

Bei der Selbstregulierung geht es darum, unser Verhalten, unsere Emotionen und unsere Gedanken zu kontrollieren, um langfristige Ziele zu erreichen.

Oft haben wir für unseren Garten eine scheinbar brillante Idee und setzen sie um, ohne die weniger brillanten Nebeneffekte zu berücksichtigen. Aufbruchstimmung ist fantastisch, aber fundierte Entscheidungen lassen sich kaum treffen, wenn Emotionen im Spiel sind. Denn sie nähren sich oft vom kurzfristigen Kick und blenden die langfristigen Folgen aus.

Nicht alles, was man im Garten ausprobiert, funktioniert beim ersten Mal perfekt. Das kann frustrieren, doch lernt man aus dem Scheitern wesentlich mehr als aus Erfolgen. In der Permakultur gilt das Scheitern als Schritt nach vorn, denn es mehrt das Wissen. Scheitert man immer wieder, zeigt das, dass man einen neuen Ansatz probieren sollte, da man sich zu sehr auf Symptome konzentriert, statt die Ursachen zu bekämpfen.

Mir haben Wühlmäuse jedes Frühjahr meine Sämlinge dezimiert. Besonders gefährdet waren Erbsen. Nachdem ich vieles ausprobiert hatte, beschloss ich, die Saatschalen unter die Decke des Folientunnels zu hängen. Sie stehen dort nun auf hängenden Regalen und sind sicher vor den Nagern.

Mit das beste Feedback kommt von anderen. Wer Nahrungspflanzen für die eigene Familie anbaut, aber feststellt, dass er leider als Einziger Speiserüben mag, sollte im nächsten Jahr vielleicht weniger ziehen und stattdessen auf andere, geschätztere Alternativen umsteigen.

Durch das Aufhängen eines Drahtgitterregals für Aussaaten in einem Folientunnel habe ich meine Probleme mit Wühlmäusen schlagartig gelöst.

Pflanzen als Ressource
Hier vier wichtige Pflanzen, die ich als erneuerbare Ressourcen zum Aufbau der Fruchtbarkeit in meinem Garten einsetze.

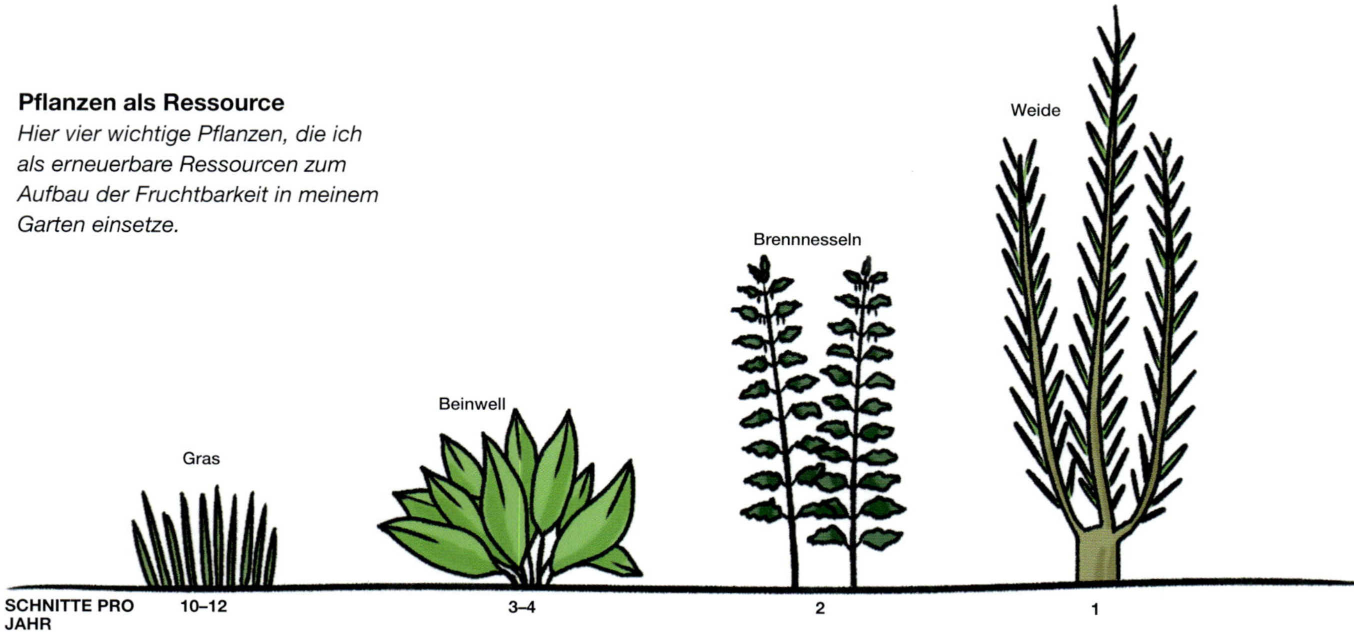

(5) Erneuerbare Ressourcen nutzen und schätzen

In einem Garten sollten die erneuerbaren Ressourcen möglichst umfassend genutzt werden. In der Permakultur steht das Arbeiten in Harmonie mit der Natur im Vordergrund – machen Sie deshalb das Beste aus dem, was verfügbar ist.

Ermitteln Sie alle erneuerbaren Quellen in Garten und Gemeinde und binden Sie sie in die Planung ein. Gras ist eine Quelle, zu der Sie Zugang haben. Sie mähen es und es wächst wieder. Grasschnitt eignet sich als Mulch sowie als Material für Flüssigdünger und Komposter. Wer große Mengen hat, sollte möglichst viele Einsatzmöglichkeiten dafür im Garten finden. Andere Beispiele für erneuerbare Quellen sind Hackschnitzel vom Gehölzschnitt, Laub von Stauden wie Beinwell, Schafwolle, Sonnenlicht, Seetang und mehrjährige Pflanzen.

Auch die Verlässlichkeit der Quellen muss berücksichtigt werden. Vielleicht fällt in Ihrem Garten genug Grasschnitt an, während Sie das gesamte Laub vom Nachbarn beziehen. Verlassen Sie sich nie nur auf eine Quelle erneuerbarer Materialien, zu der Sie nicht direkt Zugang haben.

Der Einsatz nicht erneuerbarer Materialien beim Anlegen eines Permakulturgartens geht in Ordnung, sofern die langfristigen Vorteile die kurzfristigen Nachteile überwiegen. Wenn Sie einen Minibagger einsetzen, um einen Naturteich anzulegen, brauchen Sie kein schlechtes Gewissen zu haben! Aus erneuerbaren Quellen speisen sich natürliche Prozesse und Systeme, die zum Wohl des Gartens eingesetzt werden können. Dazu zählen Bestäuber, schädlingsvertilgende Nützlinge, Stickstoffsammler, natürliche Wasserfilter und Pflanzen, die sich selbst aussäen.

HUWS TIPP

Verstärken Sie bei der Gartenplanung die positive Wirkung dieses Prinzips, indem Sie es in die Prinzipien 2 (siehe S. 15) und 6 (gegenüber) integrieren.

Beinwell gehört zu den wichtigsten erneuerbaren Ressourcen für Permakulturgärten. Hier setze ich ein Flüssigdüngerkonzentrat an (siehe S. 272–273).

6 Keinen Abfall produzieren

Abfall ist ein menschliches Konstrukt. In der Natur gibt es keinen Abfall, nur einen konstanten Fluss von Nährstoffen in unterschiedlicher Form. Wir sind als Gartenbesitzer imstande, vielen Arten von Abfällen in unserer modernen Gesellschaft einen Wert zuzuordnen.

In manchen Fällen lässt sich Abfall als erneuerbare Quelle behandeln, falls er konstant anfällt. Gemüsereste aus einem Restaurant, Kaffeesatz aus dem Café, Paletten aus Industriebetrieben und Kartons aus Fahrradgeschäften sind erneuerbare Abfälle, zu denen ich Zugang habe, wenn diese Unternehmen aktiv sind. Manche Gemeinden nutzen örtlich anfallende Abfälle für Kompostierprojekte. Sie können die Sammlung von Nahrungs- und Gartenabfällen behördlich organisieren und in Kompost für die Gemeinde umwandeln oder Nutzpflanzen anbauen, die den Menschen zugutekommen.

Das Kompostieren essbarer Pflanzen ist keine Verschwendung: Die Nährstoffe werden in den Kreislauf eingespeist und fördern den Wuchs künftiger Gewächse. Es gibt Möglichkeiten, Abfällen einen Wert zu geben, etwa mit dem Hühnerkompostsystem (siehe S. 78–79), bei dem Hühner mit überschüssigem Pflanzenmaterial gefüttert werden. Damit lässt sich (durch ihren Mist) die Fruchtbarkeit erhöhen, außerdem liefern sie nahrhafte Eier. Das Endprodukt ist zwar trotzdem Kompost, aber der »Abfall« hat mehr als eine Funktion erfüllt.

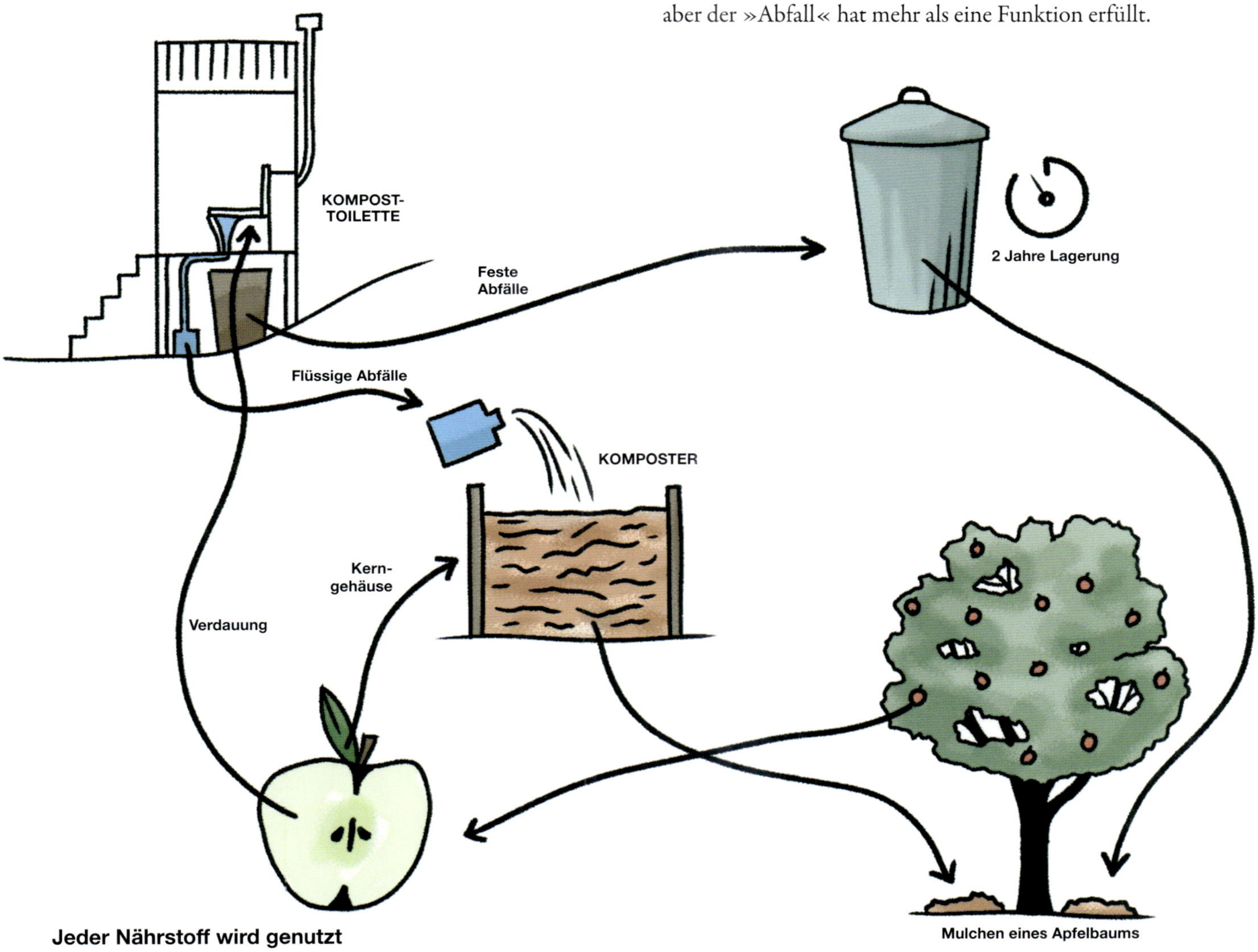

Jeder Nährstoff wird genutzt

Hier ein Beispiel für einen Nährstofffluss innerhalb eines geschlossenen Kreislaufs. Jede Form von »Abfall« erhöht die Fruchtbarkeit.

7 Gestaltung: Von Mustern bis ins Detail

Bei der Gestaltung nach Permakulturprinzipien sieht man zunächst das große Ganze, versucht alle Muster zu verstehen und arbeitet danach die Details aus. Das einflussreichste Muster für die Planung eines Küchengartens in gemäßigten Klimazonen sind die vier Jahreszeiten. Sie geben die groben Rahmenbedingungen vor. Ich schreibe bewusst »grob«, denn es gibt viele Tricks, den Jahreszeiten dezent ein Schnippchen zu schlagen, etwa mit Mistbeeten und Folientunneln.

Einer der besten Ansätze für das Denken in großen Maßstäben stammt von P. A. Yeomans, der eine Skala der Dauerhaftigkeit entwickelt hat (siehe S. 40–41). Sie ermöglicht ein ganzheitliches Verständnis und ist ein großartiger Ausgangspunkt für jede Gartengestaltung.

Muster gibt es überall in der Natur, etwa Wellen, Spiralen, Kanten, Netze und Zweige. Jedes Muster bietet faszinierende Gestaltungsmöglichkeiten (siehe S. 38–39). Das Zweigmuster ist ein effizientes System der Natur, Energie zu transportieren (Saft im Baum, Blut in den Adern, Wasserläufe an Land). In einem Permakulturgarten gibt es vielleicht ein verzweigtes Netz aus Wegen, das vom ausgetretensten (breitesten) bis zum am wenigsten benutzten (schmalsten) Pfad reicht.

Ein weiteres Beispiel für den Einsatz von Mustern ist die Zonierung (siehe S. 42–43). Dabei wird ein Garten möglichst energieeffizient gestaltet, damit der Mensch nicht so viel Energie aufwenden muss. So werden Bereiche intensiver Nutzung in Hausnähe platziert und die am wenigsten genutzten am weitesten davon entfernt.

Je genauer man hinsieht, desto mehr Muster erkennt man, angefangen vom Lebenszyklus einer Tomatenpflanze bis zur Ausläuferbildung von Erdbeeren. Das Verständnis solcher Muster ist wesentlicher Bestandteil der Permakultur.

Diese Dahlie ('Night Silence') ist nur ein Beispiel für die wunderbaren Formenmuster der Natur.

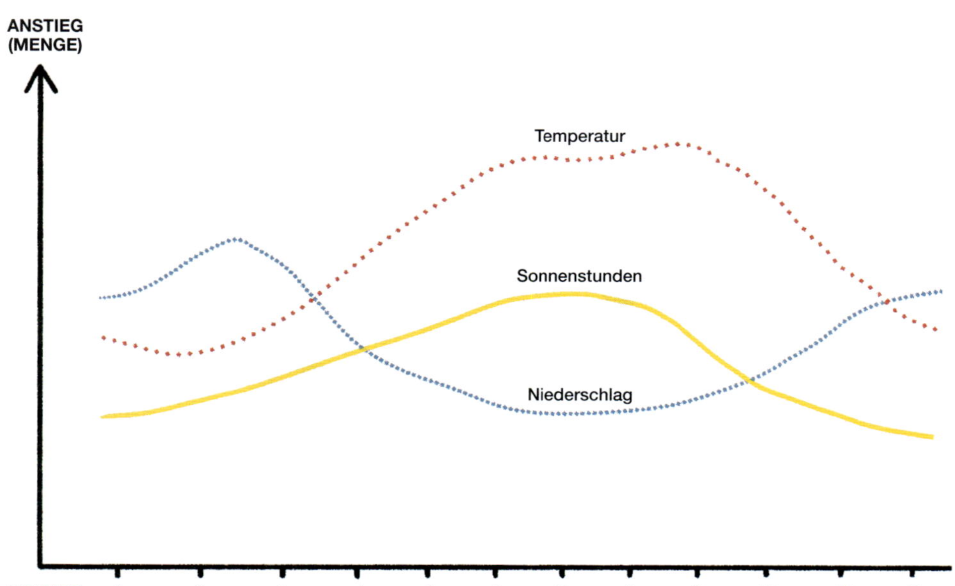

Mit Mustern beginnen
Die durchschnittlichen Jahreszyklen von Sonnenstunden, Temperatur und Niederschlagsmenge sind die Schlüsselwerte (Muster), mit denen bei der Erstellung eines Gartenplans (Detail) gearbeitet wird.

⑧ Integrieren statt abgrenzen

Die Natur ist ein komplexes Flechtwerk (Muster!) aus Beziehungen und Interaktionen. Ich sehe sie gern als unbegrenztes multidimensionales Netz aus Venn-Diagrammen. Man kann sie sich auch als menschliche Gesellschaft vorstellen, mit Einzelpersonen als Basis, die Familien bilden, die Gemeinschaften bilden, die Städte bilden, die Länder bilden, die Kontinente bilden, die schließlich die Weltgesellschaft bilden. Jedes Element, ganz gleich, wie groß oder klein, ist Teil des Ganzen und hat fast unendliche Beziehungen, ob gering oder stark.

Was aber bedeutet das für einen Küchengarten? In seiner einfachsten Form besteht er aus einzelnen Elementen, die ein Ganzes bilden. Die Folientunnel, die Beete, das Regenwasserauffangsystem, die Wege, die Begrenzungen, sie alle sind Teile ein und desselben Puzzles. Unsere Aufgabe ist es, sie so gut wie möglich zu einem effizienten Garten zu verbinden.

Meine liebste Umsetzung des Prinzips »Integrieren statt abgrenzen« verkörpert die Gegenüberstellung von Polykultur und Monokultur. In der Monokultur wächst eine einzige Nutzpflanze abgetrennt von anderen Nutzpflanzen in einem großen Bereich. Bei solchen Monokulturen ist die Gefahr eines kompletten Ernteausfalls durch Witterung, Schädlinge und Krankheiten hoch. Eine Polykultur dagegen ist ein resilientes System, bei dem viele Nutzpflanzen integriert auf einem Areal untergebracht werden. Fällt eine Nutzpflanze aus, können die anderen trotzdem noch Ertrag liefern. Die Polykultur ist ein Gestaltungsansatz, der sich am Erfolg der Biodiversität in der Natur orientiert (siehe S. 228–255).

Blockpflanzung
Durch das Pflanzen in Blöcken werden Pflanzen separat kultiviert.

Minimale Polykultur
Die Pflanzen werden in kleinere Blöcke getrennt.

Maximale Polykultur
Die Pflanzen werden nicht getrennt, sondern gemischt angebaut. Die Menge der Nutzpflanzen ist bei jeder Methode gleich, aber in der Polykultur sind sie resilienter.

9 Kleine und langsame Lösungen nutzen

Viele Technologien und Systeme verursachen irgendwann mehr Probleme, als sie ursprünglich lösen sollten. Ein Paradebeispiel ist die industrielle Landwirtschaft. Zunächst konnte man damit auf einen Schlag die Erträge erhöhen, aber zu welchem Preis für den Planeten und vielleicht auch die menschliche Gesundheit? Erträge in der industriellen Landwirtschaft werden in Gewicht, nicht in Nährwert gemessen. Die westliche Gesellschaft bekommt zunehmend Probleme mit »verborgenem Hunger«: Fehlernährung durch falsche Lebensmittel, die viele Kalorien bieten, aber wenig Nährwert haben.

Teil des Problems ist das globale Ausmaß der Massenproduktion von Nahrungsmitteln. In der Permakultur werden kleine, lokale Lösungen favorisiert. Sie sind durchdacht, müssen nicht von heute auf morgen funktionieren, bauen auf Know-how und – vielleicht der wichtigste Aspekt – lassen Fehler zu. Justierungen in kleinem Maßstab sind wesentlich leichter als die komplette Neugestaltung eines Systems.

Legen Sie Ihren Garten langsam, Schritt für Schritt an. Das ist besonders wichtig beim Aneignen von Know-how. Ist das Gärtnern für Sie Neuland, legen Sie zunächst einen Komposthaufen an, dann Beete, und schauen Sie, wie es im ersten Jahr läuft. Klein anfangen, die Kontrolle behalten, und sich dann weiter vortasten – so merken Sie schnell, was geht.

HUWS TIPP

Wenn Ihnen alles zu viel wird, legen Sie einzelne Beete still, indem Sie dort eine Zwischenfrucht säen oder die Erde mit Karton abdecken, damit sie nicht außer Kontrolle geraten.

Typisches Beispiel für eine Lösung in kleinem Maßstab ist die Gießkanne: Nach dem Auspflanzen von Setzlingen ist sie leichter einsetzbar als ein Gartenschlauch, der ausgerollt werden muss.

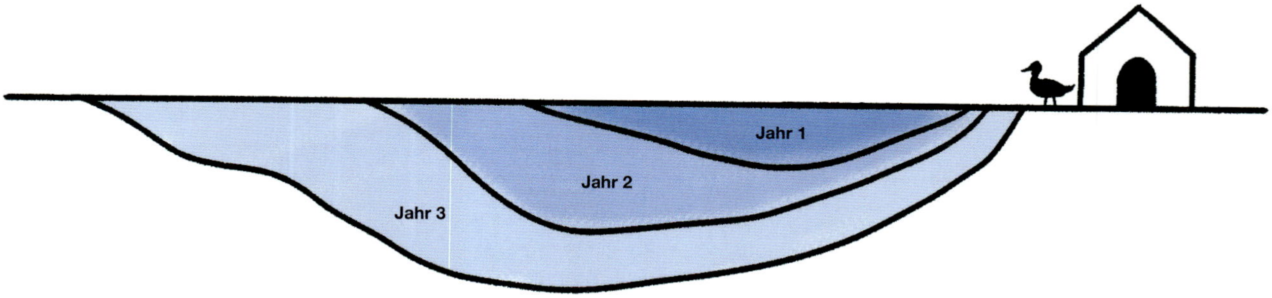

Allmählicher Aufbau

Ein großes Projekt lässt sich in kleinere, besser zu bewältigende Einzelschritte unterteilen. Hier wird in einem Garten, in den kein Bagger gefahren werden kann, ein Ententeich jedes Jahr durch manuelles Ausheben ein Stück vergrößert.

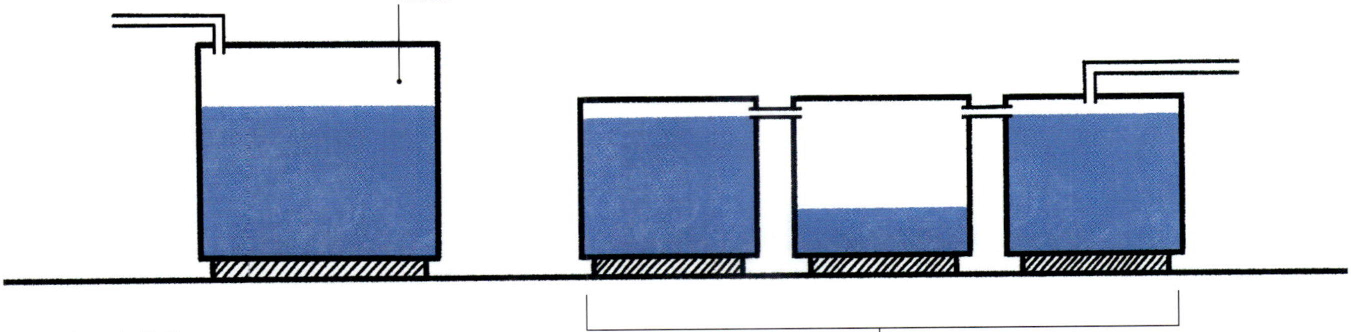

Speichervielfalt
Drei kleinere Tanks statt einem großen sind zwar auf den ersten Blick überflüssig, allerdings verliert man nur ein Drittel des gespeicherten Wassers, wenn einer leckt.

(10) Vielfalt nutzen und wertschätzen

Eine der besten Beschreibungen dieses Prinzips war für mich der Vergleich mit einer Versicherung. Die Polykultur ist ein perfektes Beispiel für den Einsatz und die Wertschätzung von Vielfalt (siehe S. 228–255), doch gibt es noch weitere gartenspezifische Beispiele. Eines ist die Aufteilung der Wasserspeicherung auf mehrere Einheiten: Leckt ein Tank, verliert man nicht die gesamte gespeicherte Wasser-»Energie«. Ein anderes ist die Streuung der Hackschnitzelquellen: Hat man mehrere, etwa Baumpfleger und Gärtnereien, versiegt die Quelle nicht gleich komplett, wenn einer nichts mehr liefert.

Wer mehrere Sorten einer Nutzpflanze kultiviert, bekommt eine Vielfalt an Geschmacksvarianten und Charakteristiken. Tomaten sind ein gutes Beispiel: Es gibt Hunderte von Züchtungen, die sich alle etwas in Geschmack, Form, Farbe, Krankheitsresistenz, Erntezeit usw. unterscheiden (siehe S. 205). Vielfalt gehört auch zu den besten Strategien, wenn man ein Heer von Nützlingen in den Garten locken möchte. Wer sie auch noch zum Bleiben bewegen möchte, braucht darüber hinaus eine breite Palette an Lebensräumen, Pflanzen und Nahrungsquellen (siehe S. 260–261).

Vor allem aber bietet Permakultur die Chance, vielerlei Anbaumethoden auszuprobieren, um zu sehen, welche sich für den Garten am besten eignen. Wer nur einer Methode anhängt, etwa dem No-Dig-Gärtnern (siehe S. 50), lässt der Kreativität keinen Raum und ist nicht in der Lage, über den Tellerrand hinauszuschauen – zwei Ansätze, die in der Permakultur leidenschaftlich gefördert werden. Wer nichts wagt, lässt etliche Chancen ungenutzt, müht sich umsonst ab oder gibt unnötig Geld aus. Mit meinem Konzept der minimalen Störung (siehe S. 51–53) gehe ich das Problem so einfach wie möglich an.

»Setzen Sie nicht alles auf eine Karte.«

11 Randzonen nutzen und Marginales schätzen

Randzonen zwischen zwei Ökosystemen, etwa Wald und Feld, sind oft artenreicher und produktiver als einzelne Ökosysteme. In der Ökologie nennt man diese vielfältige Zone »Ökoton«. Randzonen bieten für Permakultur-Küchengärten tolle Möglichkeiten wie vertikalen Anbau, optimierte Raumnutzung durch Höhenschichtung der Pflanzen, natürlichen Windschutz, mehrere Mikroklimata, Habitate für Nützlinge und effizienten Transport von Energie und Ressourcen. Je mehr Randzonen man in seinem Garten unterbringt, desto produktiver und resilienter wird er. Plant man ihn mit diesen Übergangsbereichen, bekommt man ein vielfältiges Netzwerk aus Mikroklimata und Mikrohabitaten. Das erweitert die Anbaumöglichkeiten und fördert die Entstehung robuster Ökosysteme, die Schädlingen und Krankheiten besser widerstehen.

Wer Marginales wertschätzt, nimmt Ideen und Praktiken auf, die nicht zum gängigen Kanon gehören, und kann innovative Lösungen finden. Bei den meisten Entwürfen für meinen Küchengarten konzentriere ich mich auf die Integration möglichst vieler Funktionen. Sie entstehen aus der Fusion von herkömmlichen und marginalen Methoden. Eine Wertschätzung des Marginalen tut auch der Gesellschaft gut, da jede Stimme gehört wird und man tolerant sowie offen für alles bleibt. Die Förderung eines Umfelds, in dem ohne Wertung kommuniziert und gedankliche Diversität zugelassen wird, ist entscheidend für eine funktionierende Gesellschaft – nicht ohne Grund haben wir zwei Ohren und einen Mund. In der Permakultur geht es vor allem um aktives Zuhören und gemeinsame Lösungsfindung mit Respekt und Verständnis.

Randzonen nutzen

Diese Pflanzung entlang der Höhenlinien zweier Felder zu beiden Seiten eines Flusses ist ein Beispiel für die Optimierung einer Randzone und Verbesserung des Ökotons. Das führt zu höherer Biodiversität und nutzbaren Mikroklimata, schützt aber auch vor den Elementen.

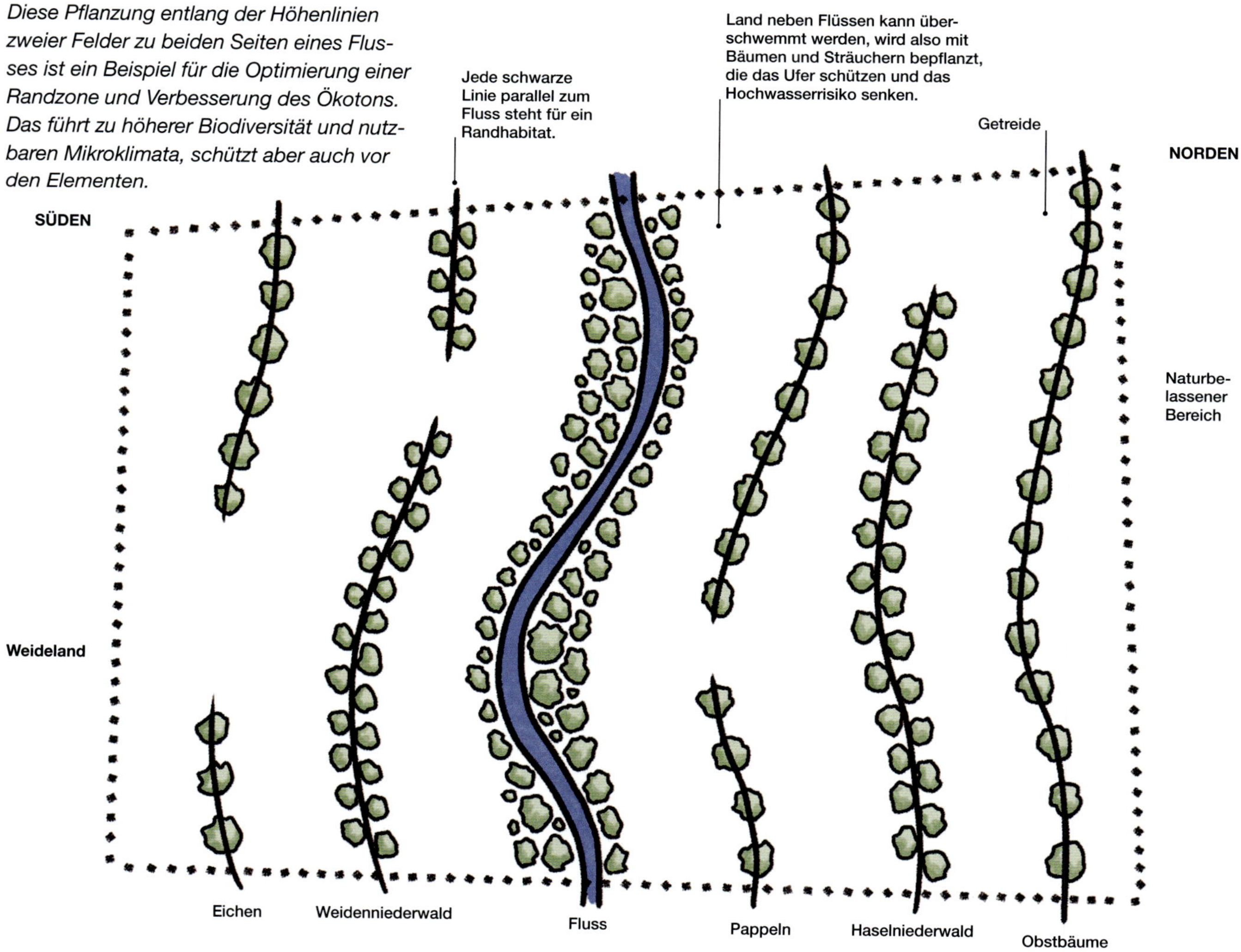

(12) Kreativ auf Veränderungen reagieren

Bei diesem Prinzip steht die langfristige Resilienz durch Annahme von Herausforderungen und Vorausahnen künftiger Veränderungen im Mittelpunkt, ob in der Gesellschaft, bei den Preisen, den Witterungsverläufen oder den persönlichen Lebensumständen. Wandel, der sich unserer Kontrolle entzieht, ist unvermeidlich; Resilienz entsteht durch unsere Reaktion darauf. Selbstregulierung anzuwenden und Feedback zu akzeptieren, sind die ersten Schritte, denn Veränderungen anzunehmen ist immer besser, als sie zu vermeiden. Ist eine Reaktion erforderlich, arbeiten Sie mit kleinen, langsamen Lösungen, damit eine nachhaltige Anpassung möglich ist.

Wenn wir im Küchengarten die Jahreszeiten im Detail kennengelernt haben, können wir die natürlichen Veränderungen nutzen, um unsere Energie am produktivsten einzusetzen.

Sehen Sie Veränderungen immer auch als Chance. Sie führen oft zu Verbesserungen. Sich das bewusst zu machen, ist entscheidend, nicht nur im Garten, sondern im Leben an sich.

HUWS TIPP

Die Zusammenarbeit mit einer Gruppe bzw. Gemeinschaft Gleichgesinnter mit ähnlichen Zielen ist eine höchst wirkungsvolle Methode der Lösungsfindung, um auf Veränderungen zu reagieren. Das liegt an der Vielfalt der Erfahrungen und des Wissens, das jeder Einzelne einbringt (siehe Prinzip 10, S. 23).

Flexibel auf Veränderungen reagieren

Auf eine starke Preissteigerung bei Kompost habe ich über einen Zweijahreszeitraum so reagiert, um Fruchtbarkeit zu erreichen und künftig ohne gekauften Kompost auszukommen:

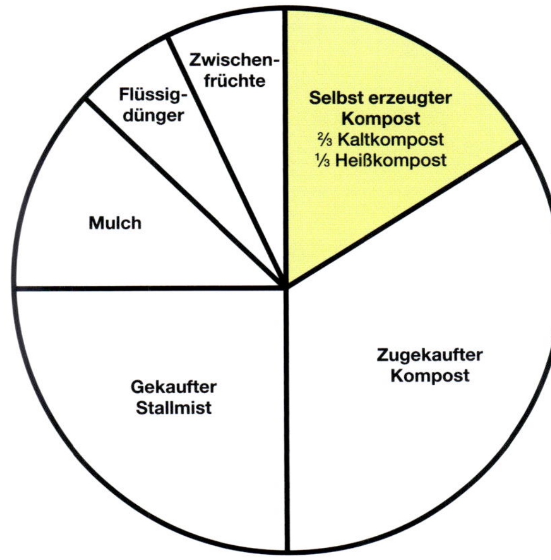

MASSNAHMEN ZUR ERHÖHUNG DER FRUCHTBARKEIT 2022

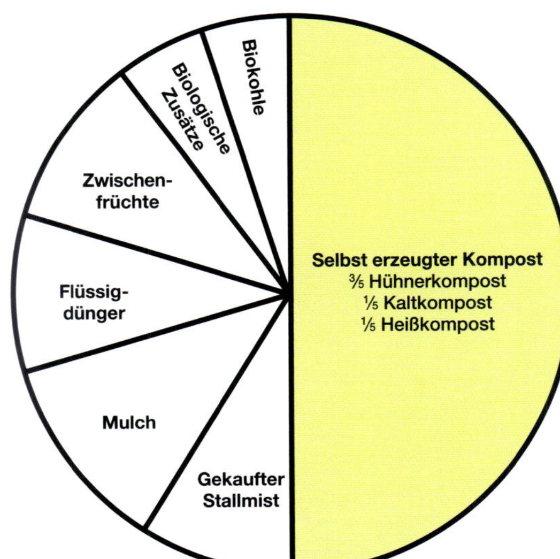

MASSNAHMEN ZUR ERHÖHUNG DER FRUCHTBARKEIT 2024

Die Abhängigkeit von gekauftem Kompost konnte ich vor allem durch den vermehrten Einsatz von Hühnerkompost (siehe S. 78–79) verringern.

AUF DEN PRINZIPIEN AUFBAUEN

Mit zwei weiteren Vorschlägen will ich Sie zum Nachdenken über Gartenmethoden anregen und dazu bringen, Planung sowie Effizienz kreativ anzugehen. Der erste soll durch die Frage »Was, wenn?« Ideen bei der Gartengestaltung generieren. Beim zweiten geht es um das Abdecken mehrerer Funktionen zur Steigerung der Erträge.

WAS, WENN?

Bei dieser Methode habe ich mich von Rob Hopkins Philosophie in seinem Buch *From What Is to What If?* (wörtlich »Vom *Was ist?* zum *Was, wenn?*«) inspirieren lassen. Es geht darum, die Kräfte der Fantasie zu mobilisieren, um alle Aspekte der Permakultur zu stützen. Ergeben sich Lösungen oder Ideen, unterziehen Sie sie – quasi in der Rolle des Teufelsadvokaten – einem »Was-wenn?«-Brainstorming. Ziel ist es, so viele unterschiedliche Perspektiven wie möglich zu berücksichtigen, bevor Sie konkret etwas in Angriff nehmen, und so Fehler zu vermeiden und langfristigen Erfolg zu erzielen.

Fünf wesentliche Vorteile des »Was, wenn?«

1. Keine Folgen für den Garten Sie können kreativ Ideen und gestalterische Varianten prüfen, ohne sich konkret an die Arbeit zu machen und potenziell Fehler zu begehen.

2. Sich von vertrauten Lösungen losmachen Das verhindert, dass wir uns zu sehr an unsere erste Idee oder Lösung klammern und stattdessen Alternativen prüfen.

3. Risikomanagement »Was, wenn?« ist entscheidend bei der Risikobewertung und ermöglicht ein Überdenken und Minimieren von Problemen.

4. Förderung kritischen Denkens Daraus lässt sich langfristig eine Strategie entwickeln, bei der der aktuelle Kontext in Betracht gezogen wird und verschiedene Ergebnisse und Bedürfnisse im Garten Berücksichtigung finden.

5. Entscheidungsvalidierung Werden viele »Was-wenn?«-Szenarien durchgespielt und die Entscheidung hält dennoch der kritischen Überprüfung stand, kann dies das Vertrauen in die Entscheidung stärken.

Hier einige gute Ausgangspunkte: Was, wenn ich dieses Jahr keinen Kompost zukaufe? Was, wenn ich zu viele Blattsalate anbaue? Was, wenn ich jede Woche nur die Hälfte der Zeit für den Garten habe? Was, wenn es im Frühjahr nicht regnet? Was, wenn ich mit meinem Garten Geld verdienen könnte?

HUWS TIPP

»Was, wenn?« lässt sich überall anwenden. Langweilt Sie Ihr Arbeitsweg? Stehen Sie für einen Kaffee an? Warten Sie darauf, dass sich die Schwiegereltern verabschieden? Heben Sie Ihre Stimmung, indem Sie über aufregende Gartenideen nachdenken.

HEIMISCH ODER NICHT?

Heimisch werden Pflanzen genannt, die in einem bestimmten geografischen Gebiet natürlich vorkommen. Manche Puristen meinen, man sollte niemals nicht heimische Nutzpflanzen in einem Garten anbauen. Aber wenn ich so denken würde, dürfte ich keine Äpfel, Tomaten, Mais, Gurken, Rote Beten, Zwiebeln, Knoblauch und Kartoffeln mehr anbauen, um nur einige zu nennen (was dem »Was-wenn«-Geiste einer aufgeschlossenen Grundhaltung widerspräche).

Es gibt viele Nutzpflanzen mit Charakteristiken und Vorzügen, die heimische Pflanzen nicht aufweisen. Deshalb habe ich kein Problem, Kulturgewächse anzubauen, die aus anderen Regionen stammen. Sofern sie nicht invasiv sind und sich erfolgreich ohne viel zusätzlichen Aufwand ziehen lassen, sind sie im Permakulturgarten willkommen. Diese Einstellung erweitert nicht nur die Geschmacks- und Nährstoffpalette im Garten, sondern sorgt auch für mehr Diversität und Resilienz.

Eine etwas größere Herausforderung stellen nicht heimische Stauden dar, denn im Gegensatz zu Einjährigen, die überwiegend während der frostfreien Zeit wachsen, müssen sie jahrelang jeder Jahreszeit trotzen. Ob eine Pflanze sich für den Anbau in Ihrer Gegend eignet, ermitteln Sie am besten anhand der Winterhärtezone (siehe S. 32–33) oder lassen sich vor Ort von Fachleuten beraten. Aber selbst eigentlich ungeeignete Pflanzen lassen sich bei sorgfältiger Auswahl noch immer in einem Folientunnel unterbringen und können dort hervorragende Ergebnisse erbringen.

ABDECKEN MEHRERER FUNKTIONEN

In der Permakultur hat ein Element nicht nur einen einzigen Nutzen, sondern kann mehrere Funktionen erfüllen. Ein Folientunnel ist beispielsweise nicht nur dazu da, im Sommer Nutzpflanzen zu ziehen, die es warm mögen. In ihm kann man auch Sämlinge früh in der Saison vortreiben, ein Gartenbüro einrichten, Wintersalate genießen und Pflanzen isolieren, um Samen zu gewinnen. Ferner dient er als trockenes Lager, Windschutz und Unterschlupf für Hühner im Winter.

Das Abdecken mehrerer Funktionen erweitert das Prinzip »integrieren statt abgrenzen« (siehe S. 21) und spiegelt das Ethos des Imitierens natürlicher Ökosysteme wider, in denen alles verwoben und multifunktional ist. Integration statt Abgrenzung sorgt für Breite, die Multifunktionalität für Tiefe. Ich denke, dass die Gestaltung nach Permakulturprinzipien sich auf diese zwei Denkweisen reduzieren lässt.

Die Objektübung

Damit praktiziere ich am liebsten kreatives/laterales Nachdenken über unterschiedliche Funktionen:

1. Suchen Sie sich ein zufälliges Objekt in Ihrem Haus aus (ein Buch, einen Umschlag, einen Türstopper, ein Kissen usw.).
2. Stellen Sie einen Timer auf zwei Minuten ein.
3. In diesen zwei Minuten listen Sie unter Einsatz Ihrer Erfahrung und Ihres kreativen Denkens so viele Verwendungszwecke wie möglich für das Objekt auf.
4. Gehen Sie die Liste noch einmal durch und lassen Sie sie anschließend mindestens einen Tag lang liegen.
5. Wiederholen Sie Schritt 1–3, um zu sehen, was Ihr Unterbewusstsein in der Zwischenzeit noch hervorgeholt hat.

Sie können diese Übung jederzeit und auch mit Elementen in Ihrem Garten durchführen, etwa dem Folientunnel, dem Grasschnitt, einer Gartenschere. Je mehr Sie üben, desto leichter fällt es Ihnen, neue Möglichkeiten zu finden, um die Effizienz in Ihrem Garten zu steigern.

Das ist mir zu einer Kartonschachtel eingefallen:

Gartenideen für die Nutzung von Karton

1. Braunes Material für den Komposter
2. Basisschicht für die Anlage eines No-Dig-Beets
3. Abdecken leerer Beete im Winter
4. Temporäre Topfbank
5. Zerreißen, um ein Feuer damit zu entfachen
6. Als Schutz vor leichtem Frost über Pflanzen stülpen
7. Mehrere Lagen als Knieschoner verwenden
8. Schneckenfalle für die Nacht (auf den Boden legen)
9. Grobe Gartenpläne darauf skizzieren
10. Improvisierter Erntekorb

Weitere Ideen für den Einsatz von Karton

1. Stücke zum Stabilisieren eines wackligen Stuhls nutzen
2. Zu Tischsets zurechtschneiden
3. Schuppenwände damit auskleiden, um sie zu isolieren
4. Zerschneiden und mit Klebstoff Modelle daraus basteln
5. Als Fächer bei Hitze
6. Über Essen stülpen, um Fliegen fernzuhalten
7. Falten und als Türkeil nutzen
8. Zu Formen schneiden, bemalen und als Deko nutzen
9. Bögen für eine Blütenpresse zurechtschneiden
10. Linien darauf zeichnen und als Schachbrett verwenden

Einer der Einsatzzwecke für Karton: Er unterdrückt Unkraut während der Wintermonate.

ZIELE

Ein Ziel ist ein wünschenswertes Ergebnis und dient als Filter, der bei der Entscheidungsfindung hilft: Lässt sich mit Aktion X Ziel Y erreichen? Als Gartenbesitzer können wir uns etliche Ziele setzen, die uns dorthin bringen, was wir uns vom Grundstück erhoffen.

GRUNDLEGENDE ZIELE

Was sind die Ziele eines Permakultur-Küchengartens? Die zwölf Prinzipien haben Sie bereits kennengelernt (siehe S. 14–25). Sie werden von den drei ethischen Säulen getragen, die ich zu Beginn dieses Kapitels genannt habe und die grundlegenden Ziele jedes Permakulturprojekts bilden.

- **Earth Care** Fürsorge für den Boden und das lokale Ökosystem
- **People Care** Fürsorge für die Menschen und die Gemeinschaft
- **Fair Share** Teilen von Wissen und überschüssigen Ressourcen mit anderen

BEGRENZTE UND UNBEGRENZTE ZIELE

Es gibt zwei Kategorien persönlicher Ziele, die man sich für den Garten setzen kann. Begrenzte Ziele sind klar definiert, quantifizierbar und haben einen bestimmten Zeitrahmen. Mit ihnen konzentriert man sich in der Regel auf Ziele, die innerhalb einer gewissen Zeitdauer erreichbar sind. Zum Beispiel:

- Sie möchten in den nächsten zwölf Monaten 350 kg Essbares ernten.
- Sie möchten diese Saison fünf neue Nutzpflanzen anbauen, die Sie noch nie ausprobiert haben.
- Sie möchten genug eigenen Kompost erzeugen, um damit im Herbst 80 Prozent der Beete zu mulchen.

Unbegrenzte Ziele sind permanente Ziele, also nicht durch eine Zeitdauer oder Zielsetzungen begrenzt. Stattdessen liegt der Fokus auf dem Etablieren von Verhaltensweisen und Gewohnheiten, die langfristig Erfolg versprechen, etwa:

- täglich etwas aus dem eigenen Garten essen.
- den Garten als Zuflucht vor der Welt draußen nutzen.
- die schmackhaftesten Nutzpflanzen anbauen, die es gibt.

Je detaillierter Ihre Ziele sind, desto höher ist die Wahrscheinlichkeit, dass Sie sie verstehen. Setzen Sie sich die Ziele, nähern Sie sich ihnen Schritt für Schritt und ziehen Sie am Ende jeder Saison Bilanz, um zu bewerten, wie nah Sie ihnen gekommen sind. Gegebenenfalls können Sie für das nächste Jahr Änderungen oder Ergänzungen festsetzen.

DAS UMGEKEHRTE ZIEL

Eine weitere nützliche Gedankenübung, mit der Sie Klarheit in Ihre Ideen bringen und den Weg zum Erreichen eines Ziels skizzieren können, ist, sich ein umgekehrtes Ziel zu setzen. Das bedeutet, sich zu überlegen, wie Sie das Gegenteil der eigentlich angestrebten Lösung erreichen würden. Indem man sich vergegenwärtigt, was es zu vermeiden gilt, kann man klarer definieren, was getan werden sollte, um ein Ziel zu erreichen. Das schärft den Fokus und die Zielsetzungen. Mit einem umgekehrten Ziel öffnet man sich auch für laterales Denken: Wer das Gegenteil des gewünschten Ergebnisses in Betracht zieht, entdeckt vielleicht unkonventionelle Ansätze oder Lösungen, auf die man sonst nicht gekommen wäre. Schätzen Sie das Marginale!

Ziel Ich will einen Garten, der mir immer, wenn ich mich in ihm aufhalte, Freude bereitet.

Umgekehrtes Ziel Ich will einen Garten, vor dem es mir schon graut, wenn ich nur an ihn denke.

Um das umgekehrte Ziel zu erreichen, muss ich:

- dafür sorgen, dass der Garten zum Chaos wird.
- Pflanzen kultivieren, an denen mir wenig liegt.
- keinen Plan und keine Vision haben, also keine Ahnung haben, was ich will.
- keine Diversität anstreben, sodass alles gleich aussieht und langweilig ist.

Es macht Spaß, die Wirkung eines Gartens über dessen Gesamtertrag zu ermitteln. Große Mengen (oben: Gurken) fließen in die Rechnung ebenso mit ein wie die schnelle Ernte für das Abendessen. Wenig und oft ergibt auch viel.

Mit dieser Übung finden wir heraus, was zu tun ist, um einen Garten zu bekommen, der uns immer Freude macht, nämlich:

- dafür sorgen, dass der Garten pflegeleicht ist.
- Zier- und Nutzpflanzen kultivieren, die ich mag.
- verstehen, warum ich gärtnere und was ich davon erwarte.
- dafür sorgen, dass ich bei jedem Besuch immer etwas finde, was ich ernten kann.
- interessante Ecken anlegen, verschiedene Anbaubereiche haben und überall Farb- und Texturakzente setzen.

Muster und Gestaltung

KLIMA

Das erste Muster, das wir beim Anlegen eines Gartens verstehen müssen, ist das Klima, also die langfristigen Witterungsbedingungen in einer bestimmten Gegend. Die klimatischen Bedingungen haben den größten Einfluss darauf, was in Ihrem Garten gedeiht (bzw. nicht gedeiht).

GEMÄSSIGTES KLIMA

Das Klima lässt sich mit einem Spektrum zwischen zwei Temperatur- und Niederschlagsextremen vergleichen. Das gemäßigte Klima mit vier klar unterscheidbaren Jahreszeiten ist zwischen der subpolaren und subtropischen Zone sowohl der nördlichen als auch der südlichen Hemisphäre angesiedelt. Auf der vereinfachten Weltkarte unten sind die gemäßigten Zonen unseres Planeten grün hervorgehoben. Was in diesem Buch steht, gilt für gemäßigte Zonen. Zwar gibt es innerhalb dieser Zone wärmere und kühlere Gegenden, aber die Informationen lassen sich unschwer an diese anpassen.

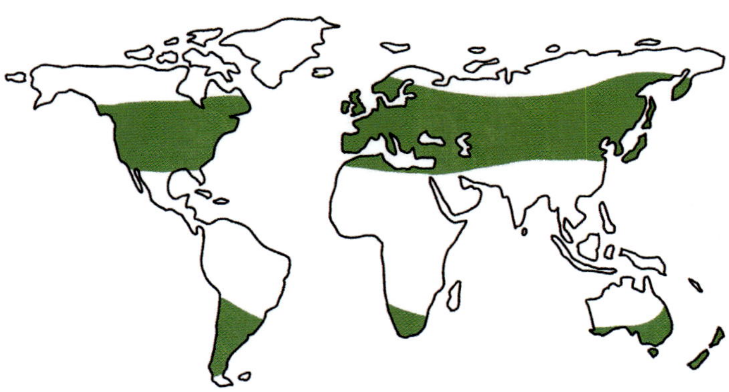

Weltkarte der gemäßigten Zonen
Gemäßigte Zonen sind grün dargestellt.

TEMPERATUREN: WINTERHÄRTEZONEN

Winterhärtezonen sind ein sehr nützliches Muster, mit dem sich das Verständnis für das Klima um weitere Facetten bereichern lässt. Jede Zone wird definiert durch die im Schnitt niedrigste jährliche Extremtemperatur – je niedriger die Zahl, desto kälter der Winter. Manche Pflanzen sind nur bis zu einer gewissen Temperatur winterhart; darunter tragen sie Schäden davon oder erfrieren. Die Angaben in diesem Buch sind vor allem auf die Bedingungen in den Zonen 6 bis 9 abgestimmt, die Europa und einen Großteil der USA umfassen. Hier die meistverwendete Winterhärtezoneneinteilung, entwickelt vom US-Landwirtschaftsministerium (USDA).

Mindesttemperatur

Zone	Von	Bis
4	–35 °C	–29 °C
5	–29 °C	–23 °C
6	–23 °C	–18 °C
7	–18 °C	–12 °C
8	–12 °C	–7 °C
9	–7 °C	–1 °C
10	–1 °C	4 °C

Das Problem mit Winterhärtezonen

Als Faustregel kann man sich merken, dass Winterhärtezonen für Stauden wichtig sind, während das Datum des ersten und des letzten Frosts eher für Einjährige relevant ist. Bei der Kultur einjähriger Nutzpflanzen spielt die Winterhärtezone keine Rolle (außer beim Überwintern), da sie im Sommer unerheblich ist. Ich beispielsweise wohne in Zone 8, aber da die Sommer bei mir kühl sind, reifen die Tomaten nicht immer aus. Allerdings kenne ich Gartenbesitzer in Zone 5, die wärmere, hellere Sommer haben und jedes Jahr hervorragende Freilandtomaten ernten.

Erster und letzter Frost

Das Datum des letzten Frosts im Frühjahr und des ersten Frosts im Herbst gibt das Anbauzeitfenster vor. Online findet man viele nützliche Angaben über den durchschnittlichen Zeitpunkt des letzten und ersten Frosts für bestimmte Gegenden. Darüber können Sie das Zeitfenster für Ihren Garten herausfinden. Nicht vergessen: Wir arbeiten mit der Natur, weshalb ich gern einen zweiwöchigen Pufferbereich einplane (siehe S. 183).

Höhenlage
Je höher über dem Meeresspiegel man sich befindet, desto kühler wird es. Im Allgemeinen fällt die Temperatur pro 1000 Höhenmeter über dem Meeresspiegel um etwa 6,5 °C. Das bedeutet, dass ein Dorf in einem Tal in Zone 7 liegen kann, aber ein Bauernhof an einem Hang über dem Dorf in Zone 6. Wer wissen will, was in großer Höhenlage möglich ist, sollte sich über die unglaubliche Arbeit von Sepp Holzer informieren, der auf einer Höhe von 1500 Meter über dem Meer in den österreichischen Alpen einen Bauernhof betreibt.

NIEDERSCHLAGSMENGEN
Das monatliche Niederschlagsmuster ist ein wichtiger Anhaltspunkt für die Einrichtung von Wasserspeichern, aber auch die Frage, welche Wasserinfrastruktur man wählt. Ich persönlich halte Mulchen für die beste Investition, aber mehrere Schläuche und Tropfbewässerungssysteme sind ebenfalls sehr sinnvoll, vor allem für die Bewässerung unter Abdeckung.

LOKALES WISSEN
Mithilfe der allgemeinen klimatischen Informationen hier lässt sich eine tragfähige Grundlage für die Gestaltung eines Permakulturgartens schaffen. Aber kein Buch und keine Informationsquelle können das Wissen anderer Gartenbesitzer in einer Klimazone ersetzen. Von ihnen erfährt man aus erster Hand, welche Erfahrungen sie mit dem Klima gemacht haben, welche Pflanzen gedeihen und wie sie die Bandbreite der erfolgreich anbaubaren Nutzpflanzen erweitern.

DER KLIMAWANDEL

Je näher man sich mit dem Klima in seiner Gegend beschäftigt, desto mehr Erfolge erzielt man im Garten. Zwar werden Wetterextreme immer häufiger, aber ein Permakulturgarten ist unglaublich resilient. Die Resilienz eines Gartens lässt sich erhöhen, indem man zwei Schwerpunkte setzt: mehrjährige Nutzpflanzen (unten) und Aufbau gesunder Böden.

NATÜRLICHE MUSTER

Grundlegende Muster in der Natur liefern Wissen für Permakulturgärten und setzen sie in einen Kontext. Manche sind hervorragende Ausgangspunkte für eine ästhetische Gestaltung, andere lehren uns lebenswichtige Wachstumsphasen und natürliche Prozesse, die wir erkennen und in unserem Garten nutzen können.

LEBEN UND TOD

Das Muster von Leben und Tod erinnert uns an die zyklische Natur der Existenz, in der jedes Ende ein Neuanfang ist. Was sind wir letztendlich? Nährstoffe. Wenn etwas stirbt, zersetzt es sich. Das ist der Recyclingprozess der Natur. Er speist andere Lebensformen mit sofort verfügbaren Nährstoffen.

Die Recyclinganlage im Garten ist der Komposter, ein Speicher aus Nährstoffen, die sich transportieren lassen, um der nächsten Nutzpflanzengeneration zu dienen. Dieses Muster ist einfach: Es gibt kein Leben ohne Tod und keinen Tod ohne Leben.

SUKZESSIVE VERÄNDERUNG

Die biologische Sukzession ist ein weiteres natürliches Muster, das sich nur im Lauf der Zeit erschließt. In ihrer einfachsten Form erreicht die Natur, wenn man sie ungehindert walten lässt, einen Zustand der Dauerhaftigkeit mit einem Gleichgewicht im Ökosystem. Ein Beispiel für eine natürliche Sukzession ist die Wiese: Pflügt man sie nicht um und beweidet sie nicht, verbuscht sie und verwandelt sich schließlich irgendwann in Wald, das natürliche Endstadium der Sukzession dieses Landes. Nur externe Faktoren wie Veränderungen in der Atmosphäre oder menschliche Eingriffe können sich auf diesen Zustand der Dauerhaftigkeit in großem Maßstab auswirken.

Was können wir im Garten aus der Sukzession lernen? Jedes Stück Land, sei es ein Feld oder ein Garten, möchte in den Zustand der Dauerhaftigkeit zurückkehren. Man braucht nur einen aufgegebenen Garten zu betrachten, um zu erleben, wie schnell dieser Prozess beginnt. Im ersten Jahr ist der Boden noch von einjährigen Gräsern und Unkräutern bedeckt, dann erscheinen Nesseln und Brombeeren, gefolgt von schnellwüchsigen Sträuchern wie Sommerflieder und Weiden. Der Zustand der Dauerhaftigkeit wird beherrscht von mehrjährigen Pflanzen; in einem Wald gibt es nur wenige Einjährige (sofern keine Störung stattgefunden hat, etwa durch einen Dachsbau, ein wühlendes Wildschwein oder einen umgefallenen Baum).

Ein einjähriger Gemüsegarten gedeiht nur, wenn wir die natürliche Sukzession aufhalten. Die Umsetzung von Methoden der minimalen Störung (siehe S. 50–53) gewährleistet, dass der Boden für einjährige Pflanzen geeignet bleibt.

Nachfolgend wird der natürliche Sukzessionsprozess nach Pflanzentypen unterteilt, die seine drei Hauptphasen charakterisieren.

Einjährige

Diese wüchsigen, nährstoffhungrigen Pflanzen besiedeln gestörten Boden als Erste – sie sind das Wundpflaster der Natur und sorgen dafür, dass nackte Erde im Nu mit lebenden Pflanzen besiedelt wird. Beispiele sind Disteln, Vogelmiere und einige Gräser.

Kurzlebige Mehrjährige

Sie verdrängen bald die Einjährigen. Je nach Licht- und Feuchtigkeitsmenge gibt es verschiedene Typen – häufige kurzlebige Mehrjährige sind Nesseln und Ampfer, außerdem eine Reihe von Gräsern. Sie sorgen innerhalb von ein oder zwei Jahren für einen überwiegend dauerhaften ganzjährigen Bewuchs.

Langlebige Mehrjährige

Nach und nach erscheinen Sträucher und Bäume. Mit der Zeit bilden höhere Bäume ein Laubdach, beschatten den Boden und begrenzen das Wachstum dort. Stürzt einer dieser Bäume schließlich um, bildet sich eine Lücke, Licht fällt durch das Laubdach und der gesamte Sukzessionsprozess beginnt wieder von vorn.

JÄTEN ODER NICHT JÄTEN?

Ein Unkraut im Garten ist die erste sichtbare Phase der natürlichen Sukzession (siehe gegenüber). Wer einen Garten hat, weiß, dass ein Beet, wenn man es ein paar Monate lang in Ruhe lässt, bald von einer dichten Unkrautmatte in Beschlag genommen wird.

Viel wird darüber diskutiert, was Unkraut eigentlich ist. Ein Unkraut ist eine Pflanze, die am falschen Ort wächst. Das ist kontextspezifisch. Im Küchengarten sind es meist Disteln, Gräser, Nesseln, Löwenzahn usw. Sie tauchen in Einjährigenbeeten als Erste auf. Auch eine Tomate, die sich zwischen Möhren selbst ausgesät hat, kann ein Unkraut sein, während eine Nessel in einer Hecke kein Unkraut ist, sondern sogar eine äußerst nützliche Pflanze, von der viele Tiere leben.

Im Küchengarten, wo einjährige Nutzpflanzen in der Mehrheit sind, werden naturgemäß Prioritäten gesetzt. Ich ziehe Erbsen immer einer Distel vor. Dieses »Unkraut« kann sich an genügend anderen Stellen im Garten ansiedeln. Auch das Jäten bietet Chancen: Zu den besten natürlichen Flüssigdüngern für Gemüse gehört eine Pflanzenjauche aus unterschiedlichen Gartenunkräutern (siehe S. 272). Man kann »Unkräuter« auch sammeln und als Nahrung nutzen (etwa die Nesseln links).

ZWEIJÄHRIGE

Zweijährige haben einen zweijährigen Lebenszyklus und treten vorwiegend in gemäßigten Klimazonen auf. Im ersten Jahr setzen sie Laub an und speichern Energie für das zweite Jahr, in dem sie schließlich blühen und Samen ansetzen. Das beste Beispiel für eine zweijährige Pflanze ist der Fingerhut. Viele Nutzgewächse im Garten sind zweijährig, werden aber einjährig kultiviert – dazu gehören Möhren, Grünkohl, Porree, Knollenfenchel, Rote Beten und Knollensellerie (rechts). Wir essen ihren vegetativen Wuchs (Laub) oder ihre Energiespeicherorgane (Wurzeln), denn sowohl die Blätter als auch die Wurzeln sind im ersten Jahr am besten, während sie im zweiten Jahr qualitativ nachlassen, da die Pflanzen dann alle Energie in die Blüte und Samenbildung stecken. Es gibt zwar auch einige Nutzpflanzen, deren Blüten geerntet werden, wie beim violetten Sprossenbrokkoli, aber in diesem Buch werden alle Zweijährigen der Einfachheit halber als Einjährige behandelt.

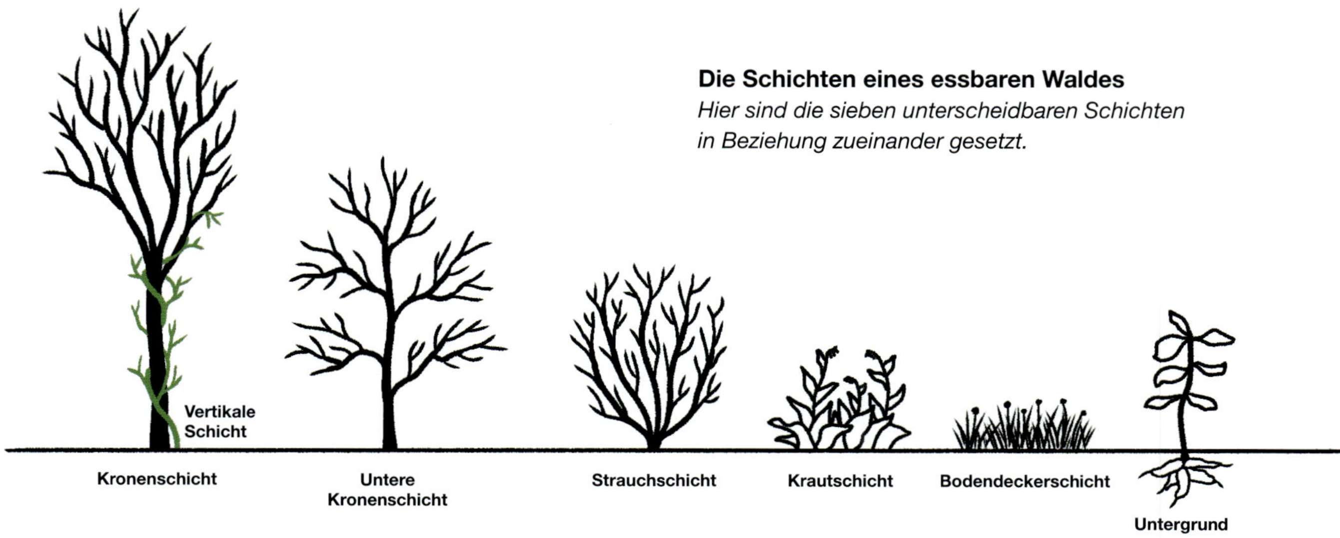

Die Schichten eines essbaren Waldes
Hier sind die sieben unterscheidbaren Schichten in Beziehung zueinander gesetzt.

ESSBARE WÄLDER

Die Schichten, aus denen ein Wald besteht, gehören zu den häufigsten in der Permakultur angewendeten Mustern. Essbare Wälder sind sorgfältig gestaltet und umfassen die sieben Schichten, die von Natur aus in einem Wald vorkommen. Ziel ist es, ein ertragreiches, pflegeleichtes Nahrungssystem zu schaffen, bei dem die Ernte einer natürlichen Nahrungssuche entspricht. Essbare Wälder lassen sich auch der Agroforstwirtschaft zuordnen, als Methode, die Nahrungsmittelproduktion mit Bäumen verschiedener Größe kombiniert.

Essbare Wälder eignen sich zwar ausgezeichnet für die Kultur mancher Nahrungspflanzen, doch profitieren von ihnen vor allem Tiere, denn in unserem gemäßigten Klima werden diese Wälder allzu oft durch eine arg romantische Brille gesehen. Aufgrund geringen Lichteinfalls und einer wesentlich kürzeren Anbausaison ist die Nahrungsmittelproduktion in ihnen nämlich naturgemäß eingeschränkt.

Allerdings lässt sich die Vereinfachung in Form der Schichten eines essbaren Waldes hervorragend im Garten nutzen, um Anbauflächen anzulegen, die bei geringer Pflege dennoch respektable Erträge erbringen. In der Permakulturgemeinschaft sind essbare Wälder beliebt. In diesem Buch wird noch auf einige Beispiele eingegangen, die sich an diesem Anbauansatz orientieren (siehe S. 236–241).

FÜNF PRIMÄRERTRÄGE ESSBARER WÄLDER

Aus einem essbaren Wald lassen sich fünf Primärerträge gewinnen (siehe S. 16): Nahrung (für uns), Futter (für Tiere), Brennstoff (in Form von Feuerholz), Fasern (für Kleidung) und pharmazeutische Stoffe (als Medizin).

Die sieben Schichten essbarer Wälder

Definiert hat die sieben Schichten eines essbaren Waldes der britische Permakulturpionier Robert Hart. Dabei stützte er sich auf jahrelange Beobachtung der Natur und seines eigenen essbaren Gartens. Hier die sieben Schichten, übertragen auf einen Küchengarten und mit einer Beispielpflanze:

1. Kronenschicht (großer Obstbaum)
2. Untere Kronenschicht (Zwergobstbaum)
3. Strauchschicht (Johannisbeere)
4. Krautschicht (Beinwell)
5. Bodendeckerschicht (Erdbeere)
6. Untergrund (Kartoffel)
7. Vertikale Schicht (Weintraube)

Man muss nicht alle Schichten umsetzen, es genügt auch, sich auf zwei, drei zu konzentrieren. Viele Kombinationen sind möglich, etwa Kronenschicht und Krautschicht, Strauchschicht und Bodendecker, Bodendecker und vertikale Schicht.

Eine alte Methode

Varianten essbarer Wälder findet man in vielen indigenen Kulturen. Am Kilimandscharo arbeiten die Chagga seit über 2000 Jahren mit einem mehrschichtigen Agroforstwirtschaftssystem. Sie bauen unter der Kronenschicht Kaffee, Bananen, Gemüse usw. an. Leider sind diese sehr biodiversen, nachhaltigen Gärten vom Verschwinden bedroht. Der Anbau neuartiger Kaffeesorten, die weniger Schatten brauchen, hat zur Folge, dass Bäume gefällt werden – ein gefährlicher Schritt hin zur Monokultur.

HUWS TIPP

Das Schichtenmuster lässt sich auch beim Anbau einjähriger Nutzpflanzen anwenden. Hoher Grünkohl kann z. B. mit Gartensalat unterpflanzt werden, Kletterbohnen mit Petersilie.

Diese Aufnahme von meinem Küchengarten offenbart die vielen Schichten schon allein bei einjährigen Pflanzen.

ZEHN GEOMETRISCHE MUSTER

Die Natur selbst liefert viele geometrische Muster, mit deren Hilfe sich schöne Küchengärten gestalten lassen. Diese Muster können regelmäßig oder unregelmäßig sein, konkret umgesetzt (ein verzweigtes Wegesystem) oder metaphorisch realisiert werden (Blasen für die Anordnung von Bereichen).

Orientieren Sie sich bei der Gestaltung eines Gartens, beim Erarbeiten von Lösungen oder auch nur bei der Beobachtung der Natur an diesen zehn Mustern. Daneben gibt es noch viele weitere Muster, etwa gelappte, radiale und verstreute.

HUWS TIPP

Wer mit einer weißen Leinwand beginnt, bekommt mit geometrischen Mustern ein Instrumentarium für die Gestaltung eines Gartenlayouts an die Hand. Lässt sich die Anbaufläche für Einjährige vielleicht blasenartig gestalten, jeweils mit Blasengrenzen in Form eines linearen essbaren Waldes (siehe S. 240–241)?

Spiralen
Man findet sie im Samenstand einer Sonnenblume ebenso vor wie in der Form von Galaxien.

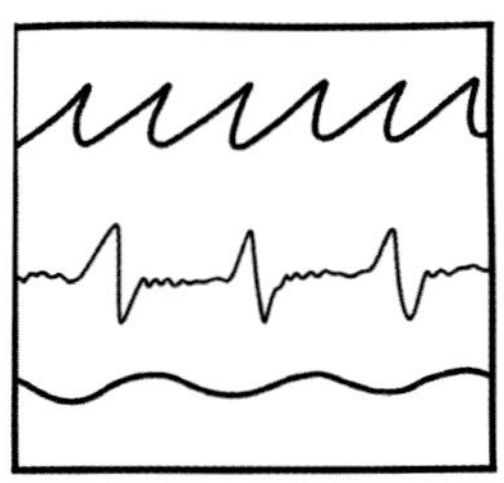

Wellen
Wellen sind ein wiederkehrendes Muster in der Natur, von unsichtbaren Schallwellen bis zu riesigen Sanddünen.

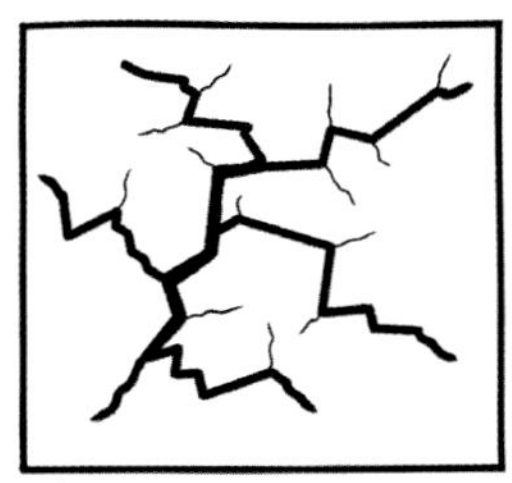

Risse
Dieses Muster lässt sich in getrocknetem Schlamm ebenso beobachten wie bei den riesigen Canyons von Nordamerika.

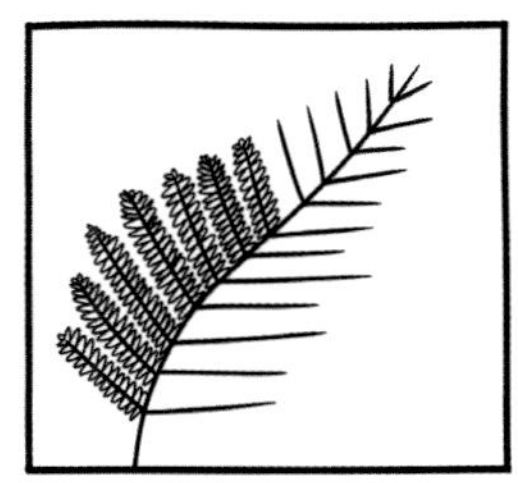

Fraktale
Dieses repetitive Muster ist typisch für Kiefernzapfen, Farne und Romanesco-Köpfe.

Fraktale Verzweigung
Sie kommt in allen Größenordnungen vor, von Schneeflocken bis zu Flusssystemen (gegenüber).

Mäander
Efeu wächst mäandernd an Bäumen hoch. Auch das Schlängeln von Flüssen wird als Mäandern bezeichnet.

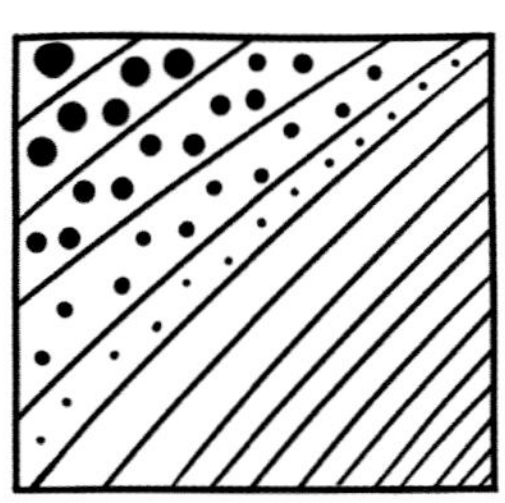

Flecken und Streifen
Maulwurfhügel in Feldern und die Streifen eines Zebras sind zwei kontrastierende Beispiele.

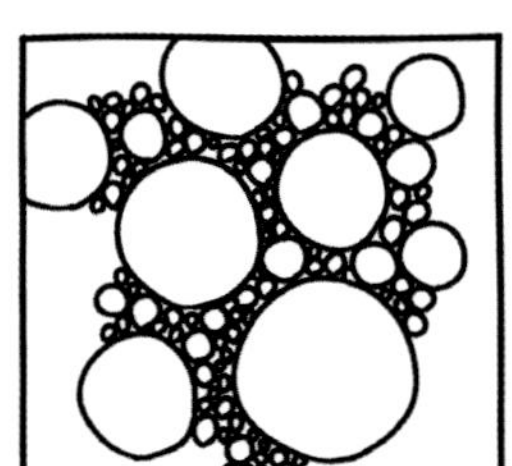

Blasen
Dieses unregelmäßige Muster findet sich in Kuckucksspeichel (Nester von Schaumzikaden) und bei Lava.

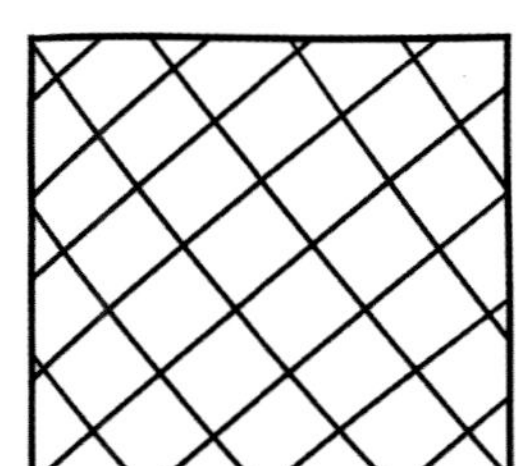

Kachelung
Diese regelmäßigen Formen erkennt man bei Honigwaben und Fischschuppen.

Netze
Damit sind konkrete Muster wie Spinnennetze ebenso gemeint wie metaphorische, etwa das »Netz«, also das Internet.

VERZWEIGUNG

Verzweigungen in der Natur sind mein liebstes Muster. Handelt es sich um eine fraktale Verzweigung, wiederholt sich das stets gleiche Muster in immer kleineren bzw. größeren Einheiten. Verzweigungen kommen fast überall vor: bei Blutgefäßen, Bäumen, Blattadern, Rissen im Eis, Blitzen, Flüssen, Straßennetzen und Wurzelsystemen von Pflanzen.

Die Verzweigung ist auch ein hilfreiches Muster bei Überlegungen zum Energie- und Bewegungsfluss im Garten. Der Hauptstamm ist der ausgetretenste Weg. Von ihm zweigen Wege ab, die zu anderen Bereichen führen. Die Wege entspringen am Eingang zum Garten und sorgen dafür, dass man nach dem Betreten nach vorn und außen statt im Kreis geht. So ist maximale Effizienz gewährleistet.

Der Hauptweg verläuft hier vom Eingang zum Folientunnel. Die Komposthaufen sind gut zugänglich. Seitenwege führen zu den Haupthoch- und -rahmenbeeten, kleinere Wege zwischen den Beeten hindurch.

SKALA DER DAUERHAFTIGKEIT

Hierbei handelt es sich um ein hierarchisches Gerüst zur Unterstützung der Planung und des Landmanagements. Es hilft, bestimmte Aspekte der Landplanung auf der Basis der Veränderungsgeschwindigkeit und des Grades der Dauerhaftigkeit zu priorisieren.

Die Skala der Dauerhaftigkeit (engl. *scale of permanence*) wurde vom australischen Ingenieur P. A. Yeomans entwickelt. Er wollte Landwirten und Landplanern damit helfen, Entscheidungen zu treffen, die im Einklang mit den natürlichen Gegebenheiten stehen. Sie nützt bei strategischen Entscheidungen darüber, wo Arbeit und Ressourcen zu investieren sind, um beste langfristige, vielschichtige Vorteile zu erzielen.

»Die Kontinuität oder Permanenz ist im Wort ›Permakultur‹ enthalten.«

Die Skala umfasst die folgenden Elemente, angefangen vom dauerhaftesten bis hin zu dem am wenigsten dauerhaften:
1. Klima Die Makrowitterungsmuster im Lauf der Zeit, die sich prägend auf die Anbausaison auswirken.
2. Landschaft Die Topografie. Sie ist veränderbar, aber nur mit hohem Energie- und Kostenaufwand, und wirkt sich auch auf die Umgebung aus (z. B. auf den Wasserfluss).
3. Wasser Dazu gehören die Wasserversorgung, die Gewässer und die Wasserbewegung, die sich steuern und für optimale Nutzung gestalten lassen.
4. Straßen und Zugänge Sie sind nach dem Bau relativ dauerhaft und beeinflussen die Landnutzung und die Wasserbewegung sehr stark.
5. Bäume und Stauden Holzige Vegetation und Stauden sind langlebig.
6. Gebäude Sie sind relativ dauerhaft, lassen sich aber an veränderte Bedürfnisse anpassen.
7. Begrenzungen Sie sind weniger dauerhaft als Gebäude und können leicht versetzt oder verändert werden.
8. Boden Er ist zwar auf den ersten Blick dauerhaft, doch lassen sich seine Struktur und Fruchtbarkeit relativ schnell durch Eingriffe verbessern oder verschlechtern.
9. Wirtschaftliche Faktoren Märkte, Arbeitskräfte und Kapital sind dynamisch und können sich in jeder Saison verändern.

ANWENDUNG DER SKALA

Hier einige Tipps, wie sich die Skala so anpassen und anwenden lässt, dass sie sich positiv auf die Gestaltung Ihres Küchengartens und den Entscheidungsfindungsprozess auswirkt, vor allem, wenn Sie den Garten völlig neu anlegen.

Klima

Setzen Sie sich mit dem Klima in Ihrer Gegend auseinander, also mit den Temperaturen, Niederschlagsmengen, der Saisondauer, dem Datum des ersten und letzten Frosts usw. (siehe S. 32–33). Gestalten Sie den Garten so, dass er an diese Bedingungen angepasst ist, etwa durch Auswahl geeigneter Pflanzenarten und Mikroklimamodifizierungen wie die Einrichtung von abgedeckten Strukturen und Windschutzwällen.

Landschaft

Berücksichtigen Sie die Topografie Ihres Gartens. Gibt es darin Hänge, von denen Wasser abfließt? Wie wird der Transport von Ressourcen durch die Höhe beeinflusst? Schwerer Kompost lässt sich leichter hangabwärts als -aufwärts bringen.

Wasser

Wasser ist ein Hauptelement. Gestalten Sie Ihren Küchengarten wassereffizient mit gutem Zugang zu Hähnen, evtl. Tropfbewässerung und Einrichtungen zum Auffangen von Regenwasser. Durch Mulchen lässt sich die Verdunstung verringern.

Straßen und Zugänge

Planen Sie sowohl praktische als auch ästhetische Wege und Zugangspunkte ein. Dauerhafte Wege erleichtern den Zugang zu allen Bereichen, ohne Pflanzen und Böden zu schädigen.

Bäume und Stauden

Integrieren Sie Obstbäume, mehrjähriges Gemüse und Kräuter. Sie sollten mit Bedacht platziert werden, denn im Gegensatz zu einjährigen Nutzpflanzen wachsen sie nicht jedes Jahr an einer anderen Stelle. Kleinere Stauden lassen sich leichter umpflanzen als große. Die Größe beeinflusst den Lichteinfall.

Gebäude

Falls sich der Küchengarten in der Nähe von Gebäuden wie Gewächshäusern, Schuppen oder Ihrem Wohnhaus befindet oder sie sogar umfängt, muss in Betracht gezogen werden, wie diese sich auf den Lichteinfall, die Windverhältnisse und den Wasserfluss auswirken. Welche Vor- und Nachteile bringt es mit sich, wenn Sie neue Gebäude errichten?

Begrenzungen

Welche Grenze besteht zwischen Ihrem Grundstück und dem des Nachbarn? Haben Sie Zäune, Mauern oder Hecken innerhalb des Gartens, die ihn untergliedern? Wollen Sie irgendwann einen kaninchensicheren Bereich anlegen oder vorübergehend einen Zaun ziehen, etwa um Hühner zu züchten?

Boden

In der Permakultur hat die Bodengesundheit Priorität. Bauen Sie fruchtbare, gesunde Böden durch Mulchen auf und lassen Sie lebende Pflanzen möglichst lange in der Erde. Was kann man tun, um Böden zu verbessern und zu schützen?

Wirtschaftliche Faktoren

Zwar wird ein Garten meist nicht wirtschaftlich genutzt, aber dennoch spielen ökonomische Kriterien eine gewisse Rolle, etwa die Kosten von Saatgut, Pflanzen, Materialien und Zeit. Die Kosten sollten Ihren finanziellen Möglichkeiten und den Zielsetzungen für Ihren Garten entsprechen (siehe S. 28–29).

HUWS TIPP

Klima, Landschaft und Wasser sind limitierende Faktoren (oder bieten Chancen). Wenn Sie sich über diese drei Gegebenheiten so umfassend wie möglich informieren (etwa die vorherrschende Windrichtung herausfinden), stehen Ihre Entscheidungen im Einklang mit den geografischen Gegebenheiten. Arbeiten Sie mit der Natur!

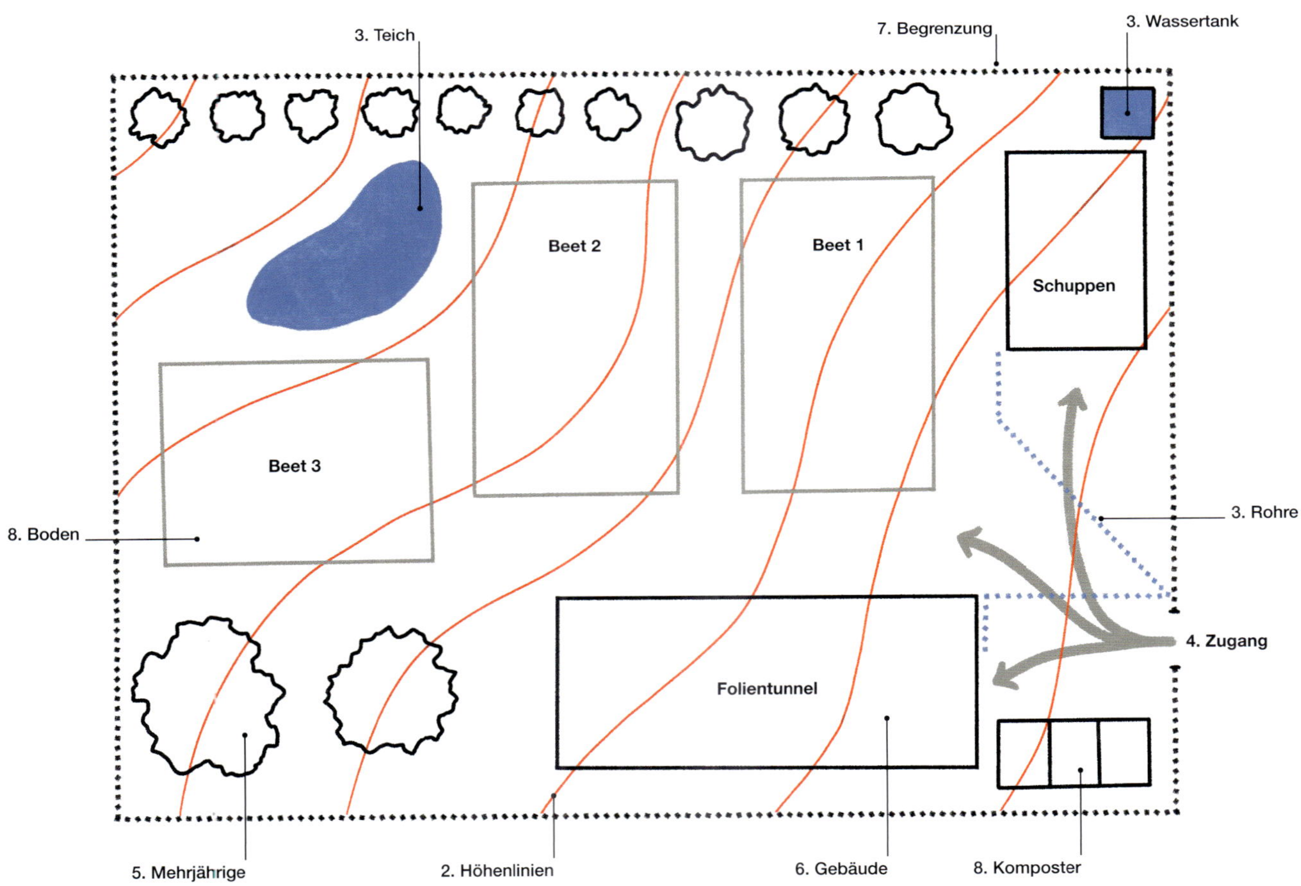

Die Skala der Dauerhaftigkeit im Garten

Dieses einfache Diagramm zeigt einen Garten in Klimazone 8. Es werden die Schlüsselelemente auf der Skala gezeigt.

ZONIERUNG

Eine Zone ist eine konzeptionelle Unterteilung des Gartens oder Gehöfts, um dessen Effizienz zu maximieren. Zonen lassen sich ungeachtet der Größe des Grundstücks einrichten.

Ziel der Zonierung ist, die Elemente, die am meisten Aufmerksamkeit einfordern, möglichst nah am Haus (oder Eingang) einzurichten. Je weniger Zuwendung erforderlich ist, desto größer ist die Entfernung zum Haus (oder Eingang).

Das Beispiel zeigt, wie sich das auf einen Hausgarten in einer Siedlung auswirken würde. Bei der Gestaltung können Sie mithilfe der Zonierung die geeignetsten Plätze für jedes Element finden, ganz gleich, wie groß das Grundstück ist. In kleinen Gärten reichen vielleicht Zone 1 und 2, wobei in Zone 2 auch Mehrjährige aus Zone 3 integriert werden können.

Zone 0 (Haus/Wohnung oder Eingang)

Haus bzw. Wohnung ist Zone 0. Hier landen die meisten Erträge. Wenn Garten und Haus/Wohnung nicht aneinander angrenzen, lässt sich der Eingang als Zone 0 klassifizieren.

Zone 1 (intensiv)

Sie grenzt an Haus/Wohnung/Eingang an und wird täglich genutzt. Hier wachsen die am häufigsten geernteten Nutzpflanzen wie Kräuter und Salate. Auch der Hauptkomposter steht hier, vielleicht sogar eine Freiluftküche. Wenn Sie Hühner halten, führt Zone 1 zum Hühnerhof, um Eier zu holen und die Tiere zu füttern. An der Grenze zwischen Zone 1 und 2 stehen in größeren Gärten und Gehöften am besten Geräteschuppen (in kleineren Gärten zwischen Zone 0 und 1).

Zone 2 (halbintensiv)

Hier erstreckt sich der übliche, mit Einjährigen bestückte Küchengarten, dem man mehrmals die Woche einen Besuch abstattet. Auch ein Folientunnel und Wassertank würden hier untergebracht. Die äußeren Grenzen eignen sich für Pflanzen, die Bestäuber anlocken, und für Schnittblumen.

Zone 3 (extensiv)

Hier wachsen mehrjähriges Gemüse, Beerenobst, Ackerfrüchte und Baumobst. Auch größere Hühnerhöfe und Viehbestände werden in Zone 3 untergebracht. Behausungen und Futterstände der Tiere kommen zwischen Zone 2 und 3.

Zone 4 (gelegentlich bewirtschaftet)

Sie ist ideal für gelegentliche Wiesennutzung, Bienenstöcke, zum Sammeln von Wildkräutern und -früchten, für nachhaltige Holzproduktion sowie Teiche/Naturschwimmteiche. Hier ist auch der beste Platz für einen essbaren Wald und einen Zeltplatz.

Zone 5 (unbewirtschaftet/wild)

Hier lässt man der Natur ihren Lauf. Gelegentlich müssen Sie sich an der Grenze zwischen Zone 4 und 5 zu schaffen machen, damit die Natur sich nicht durchsetzt. In kleineren Gärten kann Zone 5 auch einfach nur eine dichte Hecke sein.

In Zone 1 verstaue ich nach der Gartenarbeit die Geräte und verlasse den Garten durch das Tor.

Zonierung für mehr Effizienz

Eine Zonierung kann bei der Gartenplanung helfen. Was häufig Zuwendung braucht, sollte näher am Haus sein. Womit man sich nicht so oft beschäftigen muss, ist weiter weg.

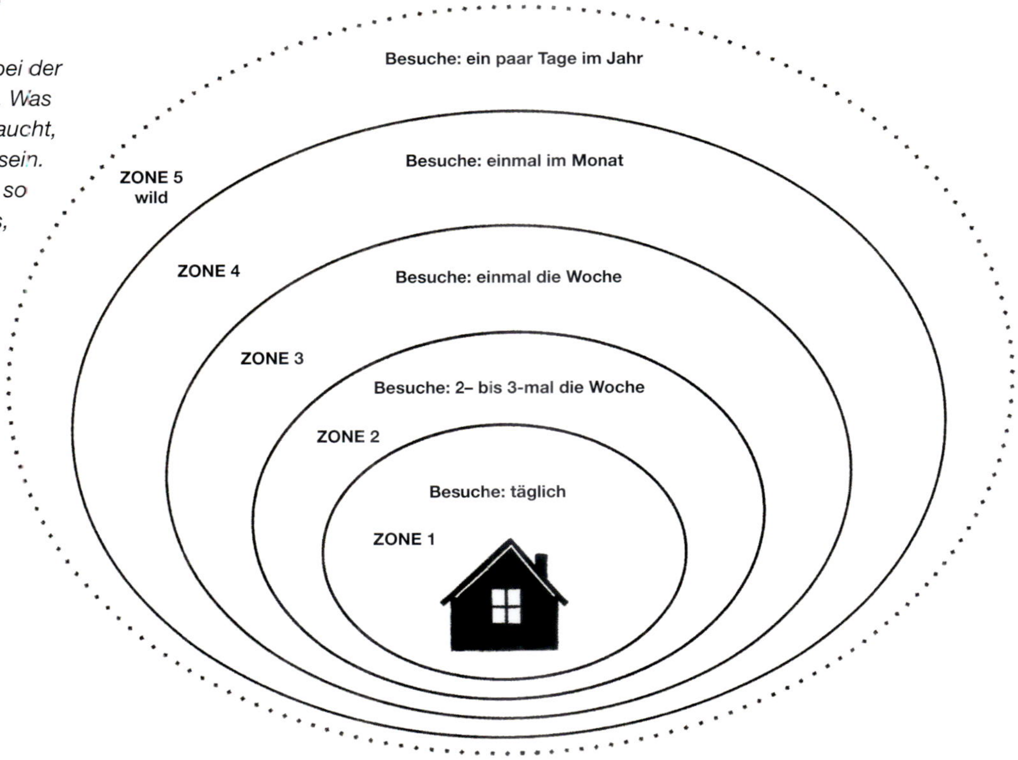

FLEXIBEL BLEIBEN

Die Zonen müssen nicht in einem konzentrischen Muster angelegt sein. So kann Zone 4 in Zone 2 hineinragen oder Zone 3 (unten) eine Insel mit Zone 5 enthalten, wenn es die Biodiversität erhöht.

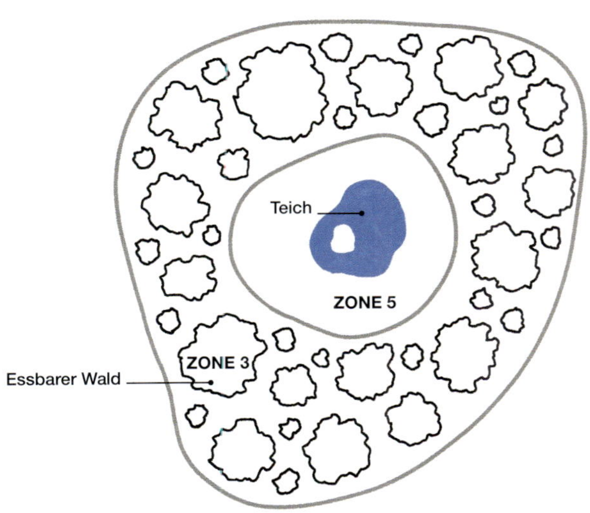

Diese Naturhecke mit Wildbeeren liegt in Zone 4. Von ihr hole ich mir meine Hagebutten.

Bodengesundheit und Kompost

BODENGESUNDHEIT ERKLÄRT

Viel zu leicht verliert man sich in der unüberschaubaren Komplexität der Bodenwissenschaft. Trotzdem habe ich gute Neuigkeiten für Sie: Sie müssen kein Bodenwissenschaftler werden, um in Ihrem Garten fantastische Ergebnisse zu erzielen.

Es freut mich, dass das Thema Bodengesundheit in der Gartenwelt einen immer größeren Raum einnimmt. Weniger begeistert bin ich allerdings, dass Gartenbesitzer inzwischen mit übermäßig vielen Informationen traktiert werden, die im Küchengarten nicht den Hauch eines Unterschieds ausmachen. In diesem Buch erfahren Sie alles Grundlegende – mehr brauchen Sie auch gar nicht zu wissen!

BODENGESUNDHEIT IN ALLER KÜRZE

Ein gesunder Boden ist in dreierlei Hinsicht gesund: physisch, biologisch und chemisch. Diese drei Faktoren müssen in relativ ausgewogenem Verhältnis zueinander stehen.

Physisch

Die Bodenstruktur wird geprägt durch die Form und Anordnung der Ton-, Sand- und Schluffpartikel sowie der organischen Substanz. Das Erdreich kann hart und verdichtet oder krümelig und locker sein. Es kann dunkel oder hell sein.

DAS PARETOPRINZIP (80:20-REGEL)

Das Paretoprinzip besagt, dass bei vielen Projekten etwa 80 Prozent der Ergebnisse durch 20 Prozent des Aufwands erzielt werden. Anders gesagt: 20 Prozent Input ergeben 80 Prozent Output. Auch in Gärten trifft das zu. Man braucht nur einen Bruchteil dessen zu wissen, was gesunde Böden ausmacht, um hohe Erträge zu erzielen.

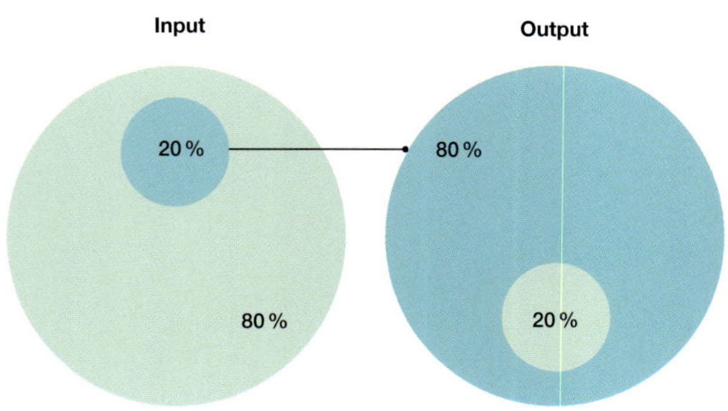

»Ihre Aufgabe ist es, die Voraussetzungen für gute Bedingungen zu schaffen. Den Rest erledigt die Natur.«

Biologisch

Das biologische Element des Bodens besteht aus allen Lebewesen, ob sichtbar (z. B. Würmer) oder mikroskopisch klein (etwa Bakterien). Sie sind wesentlich für die Wiederverwertung und Zersetzung organischer Substanz und schaffen ein natürliches Immunsystem zum Schutz von Pflanzen und Bodenlebewesen vor Schädlingen und Krankheiten.

Chemisch

Das chemische Element bilden die Nährstoffe und Mineralien. Wie im Absatz »Leben und Tod« (siehe S. 34) erwähnt, machen lebende Organismen Nährstoffe für Pflanzen verfügbar. Nährstoffe und Mineralien gelangen durch Verwitterung von Gesteinen und Zersetzung von Pflanzen in den Boden.

Organische Substanz im Boden

Beim Anbau von Einjährigen soll der Boden krümelig, dunkel, voller Leben und organischer Substanz sein. Organische Substanz entsteht bei der Umwandlung überwiegend biologischer Elemente (Pflanzen, Tiere usw.) in kohlenstoffreiche organische Verbindungen. Ein perfektes Beispiel dafür ist Kompost. Auf den folgenden Seiten werden einige einfache Bodentests vorgestellt, mit denen Sie ergründen können, welchen Boden Sie haben. Die gute Nachricht: Schlechte Böden lassen sich

Ein guter Indikator für gesunde Böden ist das kräftige, dichte Wurzelsystem von Nutzpflanzen wie bei diesem Sellerie.

problemlos verbessern. Und: Wir können alle drei wichtigen Bodenelemente beeinflussen.

Die physischen, biologischen und chemischen Gegebenheiten des Bodens werden verbessert, indem man ihm organische Substanz zuführt und übermäßige Schäden vermeidet. So einfach bekommt man gesundes Erdreich!

Mehrjährige Kräuter, Blumen sowie Beeren- und Baumobst brauchen gesunde Böden, wachsen jedoch auch in suboptimalem Erdreich, sofern es nicht staunass ist und wenigstens ein bisschen organische Substanz enthält. Eine Ausnahme bildet mehrjähriges Gemüse, das viel organische Substanz braucht, vor allem Wurzelgemüse wie Oca und Yacón.

PFLANZEN NÄHREN DEN BODEN

Zu den erstaunlichsten Eigenschaften von Pflanzen gehört, dass sie einen Beitrag zur Bodengesundheit leisten. Sie sondern über ihre Wurzeln Substanzen ab, die man als Exsudate bezeichnet – organische Verbindungen, von denen Bodenmikroben (Mikroorganismen) profitieren. Wurzel-Exsudate schaffen Bedingungen für nützliche Bakterien, die die Wurzeln besiedeln, sie vor Pathogenen schützen und gleichzeitig Nährstoffe im Boden für sie verfügbar machen.

DEN BODEN TESTEN

Wenn man sich ans Werk macht, sollte man ein grundlegendes Verständnis für den Boden haben. Mit den einfachen Tests hier verschaffen Sie sich einen Überblick darüber, wie gut es strukturell und biologisch um Ihr Erdreich bestellt ist. Jährliche Wiederholungen der Tests zeigen Ihnen, ob sich der Boden verbessert.

DER QUETSCHTEST

Mit ihm lernen Sie die Struktur Ihres Bodens kennen. Ideal ist ein Lehmboden mit ausgewogenen Anteilen an Sand, Schluff und Ton. Die genauesten Resultate erzielen Sie, wenn Sie den Quetschtest 2–3 Tage nach starkem Regen durchführen. Eine Handvoll Erde sollte, wenn man sie zerdrückt, ihre Form bewahren, aber zerbrechen, sobald man sie anstößt. Zu grobe Böden (also solche mit hohem Sandanteil, die Wasser nicht gut halten) bewahren ihre Form nach dem Quetschen nicht, während feinkörnige Böden (mit hohem Tonanteil, die Wasser kaum durchsickern lassen) selbst dann nicht brechen, wenn man sie anstößt, und klebrig wirken. Für Ihren Garten brauchen Sie einen Bodenzustand im »grünen Bereich«, also nicht zu grob und nicht zu fein. Aber selbst wenn er sich außerhalb dieses Bereichs befindet, brauchen Sie nicht zu verzagen, denn durch Einarbeiten organischer Substanz lässt er sich verbessern.

Lehm bewahrt nach dem Quetschen seine Form, zerbröselt aber, wenn man den Brocken anstößt.

BODEN-PH

Dieser Messwert gibt an, wie sauer oder alkalisch das Erdreich ist. In den meisten Fällen braucht man den pH-Wert des Bodens nicht zu ermitteln. Wer es aber wissen möchte – etwa, weil ein zu saurer oder zu alkalischer Boden sich stark auf die Erträge auswirkt –, kann sich einen einfachen Testsatz (links) besorgen. Liegt der Boden-pH zwischen sechs und sieben, muss man nichts tun. Außerhalb dieses Spektrums sind evtl. Maßnahmen notwendig. Wie so oft lässt sich ein extremer pH-Wert durch Einarbeiten von Kompost verbessern. In Extremfällen kann es nötig sein, Erdreich zu kalken, um es weniger sauer zu machen, oder es zu schwefeln, damit es nicht mehr so alkalisch ist.

VERDICHTUNGSTEST

Verdichtete Böden haben eine geringe Wasserdurchlässigkeit und schlechte Struktur, was zu schwachem Wurzelwachstum führt und insgesamt die Produktivität und Pflanzengesundheit beeinträchtigt. Verursacht wird die Verdichtung durch eine zu hohe Gewichtsbelastung des Bodens, was durch gesättigtes Erdreich noch verschlimmert wird. Es gibt einen einfachen Verdichtungstest mit einem gerade gebogenen Stück Draht (etwa von einem Drahtkleiderbügel). Drücken Sie den Draht in den Boden, bis er sich zu biegen beginnt, und messen Sie die Länge, die im Boden steckt. Hat er sich weniger als 20 cm hineindrücken lassen, ist der Boden verdichtet. Er sollte sich mindestens 30 cm weit hineindrücken lassen. Verdichtete Böden lassen sich mit einer Doppelgrabegabel lockern, was die Belüftung und Drainage sofort verbessert. Auch den Anteil an organischer Substanz im Lauf der Zeit zu erhöhen, ist hilfreich.

Tonböden sind wegen der geringen Partikelgröße und des hohen Wasseranteils wesentlich verdichtungsanfälliger. Wer Tonböden hat, sollte auf Anbauflächen möglichst wenig herumgehen, vor allem nicht, wenn sie nass sind.

Beim Lockern von verdichtetem Boden mit der Doppelgrabegabel arbeiten Sie sich nach rückwärts.

REGENWURMANTEIL

Regenwürmer sind ein großartiger Indikator für die Bodengesundheit, denn sie leben von organischer Substanz und Mikroorganismen. Wenn sich viele Regenwürmer in Ihrem Boden tummeln, hat das also einen guten Grund. Außerdem leisten sie ganze Arbeit bei der Wiederverwertung von Nährstoffen sowie der Verbesserung der Bodenbelüftung und -struktur.

Um herauszufinden, wie viele Regenwürmer Ihr Boden enthält, graben Sie an einem warmen Frühlings- oder Herbsttag, wenn es in den letzten 3–4 Tagen davor geregnet hat, ein 30 cm tiefes, breites und langes Loch und geben den Aushub auf einen großen Bogen Karton. Zählen Sie nun alle Regenwürmer im Aushub und notieren Sie das Ergebnis. Das Prozedere wird mindestens drei- bis viermal auf einer Fläche von 3–5 m wiederholt, damit Sie einen Durchschnittswert bekommen. Ziel sind mindestens zehn Regenwürmer pro Probe.

Beim Wurmzählen sollten Sie 8–10 Stellen im ganzen Garten analysieren, um einen groben Überblick zu bekommen.

MINIMALE STÖRUNG

In meinem Garten lege ich Wert auf einen ausgewogenen, praxisorientierten Anbau, bei dem die Erzeugung von Essbarem mit hohem Nährwert und die langfristige Bodengesundheit den gleichen Stellenwert haben. Ich bezeichne diesen Ansatz gern als »minimale Störung«.

NO-DIG-GÄRTNERN

Zu den populärsten Moden in der Gartenwelt der letzten Jahre gehört das »No-Dig-Gärtnern«, das Gärtnern ohne Umgraben, das wir der fantastischen Arbeit des Briten Charles Dowding verdanken. Erste Ansätze gab es schon seit den 1940er-Jahren. So haben damals Albert Guest und Frederic Charles King erste Bücher zum Thema veröffentlicht.

Das No-Dig-Gärtnern hat eine sehr wichtige Zielsetzung: den Boden so wenig wie möglich zu stören. Allerdings beobachte ich bei Verfechtern einen zunehmenden Dogmatismus, vor allem zurückzuführen auf eine Obsession für Bodengesundheit und ein mangelndes Verständnis für viele Herausforderungen, denen man sich im Garten stellen muss, wie die damit verbundenen finanziellen Belastungen.

Nachteile des No-Dig-Gärtnerns

Zunächst zur Bodengesundheit. Die meisten Nutzpflanzen im Küchengarten sind ein- oder zweijährig. Nun setze ich meinen Permakulturhut auf: Wo finden wir in der Natur Einjährige? In frisch aufgebrochenem Boden. Aber warum? Einjährige sind wüchsig und nährstoffhungrig und die Pioniere der Natur – ins Feld geschickt, um nackte Erde mit Pflanzen zu besiedeln. Bodenmikroben wie Bakterien (und Pilze, obwohl diese für Einjährige wesentlich weniger Bedeutung haben) zersetzen Nährstoffe in eine für Pflanzen verfügbare Form. Freigesetzt werden sie, wenn Bodenmikroben sterben, etwa bei einer Störung des Bodens. Die hohe Nährstoffkonzentration kommt dem Hunger der Pflanzen entgegen.

Durch Anlegen ertragreicher No-Dig-Beete aus angehäufter Erde schützt man die Pflanzen vor Staunässe. Dafür sind aber erhebliche Mengen Kompost erforderlich, der viel kostet, falls es einem nicht gelingt, große Mengen selbst zu erzeugen. Sie müssen also jährlich Kompost hinzufügen, um die Fruchtbarkeit zu erhalten.

Wendet man andere Methoden zur Anreicherung von Böden mit organischer Substanz an, wie in diesem Kapitel erklärt, kann man die Vorteile der No-Dig-Strategie genießen und gleichzeitig Zeit und Geld sparen, weil man mit den Ressourcen arbeitet, die man im Garten hat. Ich sage nicht, dass man auf einmal wieder holländern sollte, sondern dass geringfügige Störungen des Bodens nichts Schlechtes sind.

WAS ZÄHLT ALS MINIMALE STÖRUNG?

Beim Gärtnern geht es um das Erlangen eines Gleichgewichts. Dabei gilt es mehrere Dinge ins Gleichgewicht zu bringen: Zeit, Energie, Finanzen und Ziele. Mein Ziel ist es, den Anbau von Nahrungspflanzen für so viele Leute wie möglich so leicht und praktikabel wie möglich zu machen. Das geht nur, wenn man versteht, dass es viele bestehende Wege gibt, das zu erreichen, und dass alle diese Wege Vor- und Nachteile haben. Sie müssen etwas pflanzen, haben aber nicht genug Geld, um Kompost zu kaufen? Dann versuchen Sie es mit Kompostgräben (siehe S. 70–71).

Ich bleibe durch die Strategie der minimalen Störung flexibel. Außerdem lässt sich »minimal« wesentlich leichter umsetzen als »gar nicht«. Entscheiden Sie selbst, was in Ihrer Situation als minimal anzusehen ist. Niemand kennt Ihren Garten, die Herausforderungen und Möglichkeiten dort besser als Sie. Deshalb brauchen Sie sich nicht schuldig zu fühlen, nur weil Sie den Spaten oder die Grabgabel in die Hand nehmen. Nahrungspflanzen für sich und seine Familie anzubauen, ist obendrein unendlich wichtiger als die Frage, welche Gartenmethoden man dafür anwendet.

Wenn ich meinen Boden störe, dann aus strategischen Gründen, und weil ich mir Gedanken gemacht und vieles in Betracht gezogen habe. Vielleicht wäre ein besserer Begriff dafür »Gärtnern mit gesundem Menschenverstand«.

Hier mulche ich im Spätherbst ein Rahmenbeet mit Kompost aus Eigenproduktion. Anschließend decke ich die Erde mit einer schützenden Schicht aus Laubmulch und Grasschnitt ab.

DIE FÜNF PRINZIPIEN DER MINIMALEN STÖRUNG

Diese Prinzipien sind wie die Permakulturprinzipien (siehe S. 14–25) nicht in Stein gemeißelt. Zu viele Vorgaben ersticken die Kreativität, die man braucht, um Ziele zu erreichen.

1. Erst evaluieren, dann handeln

Wenn Sie sich an eine Gartenarbeit machen, die eine Störung des Bodens erfordert, evaluieren Sie alle Optionen und finden Sie heraus, welche am geeignetsten und vorteilhaftesten ist.

2. Das Ökosystem hat Vorrang

Betrachten Sie den Garten als umfassendes Ökosystem, statt nur den Boden im Blick zu haben. Der Schwerpunkt liegt auf der Förderung der Artenvielfalt und Individuendichte von Mikroben, Wirbellosen und anderen lebenden Organismen im Garten. Erreicht wird das durch Anlegen von Habitaten (mit Rückzugsräumen und Nahrungsquellen), durch Kohlenstoff im Boden und durch Ausbringen selbst angesetzter biologischer Zusätze (flüssig und auf Kompostbasis).

3. Verantwortungsvolle Beschaffung von Material

Nutzen Sie lokale und nachhaltige Quellen, um Kosten zu sparen und die Erträge zu erhöhen, etwa Gemüsereste aus Restaurants, Herbstlaub vom Nachbarn oder Kartons aus nahe gelegenen Geschäften. Ebenfalls wichtig ist verantwortungsbewusstes Wirtschaften. So können Sie zum Beispiel durchaus nicht biologisches, also konventionelles Saatgut kaufen, um Geld zu sparen, das anderswo sinnvoller eingesetzt ist.

4. Dynamische Polykultur

Arbeiten Sie, soweit möglich, mit einer Vielzahl von Pflanzmethoden, um eine dynamische Polykultur zu etablieren (siehe S. 228–255). Dazu gehören Nachfolgeanbau, Zwischenanbau, Staffelsaaten oder die Kultur von Hauptgemüse in mehr als einem Block (siehe S. 244–247). Durch den Anbau vieler Pflanzentypen im Lauf der Saison entsteht ein produktiver, resilienter Garten.

5. Dauerbewuchs

Vermeiden Sie nach Möglichkeit nackte Erde. Diese fördert Erosion, die Ansiedlung von Unkraut und verschlechtert die Bodenbiologie. Die einfachste und unkomplizierteste Maßnahme gegen nackte Erde im Winter ist das Mulchen mit Kompost. Sie können auch mit Nachfolgeanbau oder Zwischenfrüchten arbeiten oder den Boden mit atmungsaktivem Material abdecken, damit so wenig Erdreich wie möglich den Elementen ausgesetzt ist.

Wer einen Garten neu anlegt, kann mit vor Ort besorgten Abfallprodukten, etwa solchen Hackschnitzeln, rasch gesunde, kohlenstoffreiche Böden aufbauen.

Ein gesunder Garten braucht Vielfalt: an Pflanzen, Schichten, Insekten, Bodenorganismen, Anbaubereichen und -methoden.

Das Permakulturprinzip »Vielfalt nutzen und wertschätzen« erinnert daran, dass es eine Vielzahl unterschiedlicher Methoden gibt, die wir ausprobieren können, um unsere wichtigsten Anbauziele zu erreichen. Vielfalt führt zu Resilienz, und um resiliente Vielfalt zu erreichen, muss Raum sein für Flexibilität. Je flexibler wir sind, desto größer ist die Chance, dass wir unsere Ziele erreichen. Flexibilität gehört zu den größten Stärken der Permakultur, denn sie lässt zu, dass man sich an unterschiedliche Umgebungen anpasst, maßgeschneiderte Lösungen erarbeitet, auf Veränderungen reagiert, ganzheitlich plant und sich in einem ständigen Lernprozess befindet.

MEINE KERNSTRATEGIEN

Folgende Strategien behalte ich beim Gärtnern stets im Hinterkopf. Sie sorgen dafür, dass ich in der Spur bleibe.

Bleib aufmerksam Wer beobachtet, sammelt Informationen, aus denen Wissen entsteht.
Sei neugierig Stelle ständig Fragen und suche immer nach neuen Erkenntnissen.

KOMPOST

Kompost entsteht durch Zersetzung organischer Materialien zu sogenannter organischer Substanz. Sie enthält viele Nährstoffe, Mikroben und Kohlenstoff. Hier gehe ich auf die Hauptkomponenten ein. Mehr zu den diversen Kompostiermethoden und Alternativen auf S. 58–61.

DIE BASICS

Man kann einen ertragreichen Garten aus Mehrjährigen ohne Kompost haben, aber wenn man Einjährige kultiviert, ist das schwarze Gold ein Muss – selbst wenn man nur Sämlinge damit heranzieht. In seiner einfachsten Form lässt sich Kompost als Dünger betrachten, denn er macht den Boden fruchtbarer. Dank seines hohen Kohlenstoffanteils schafft er ein für Mikroben günstiges Umfeld und erhöht die Wasserspeicherfähigkeit des Bodens. Für Kompost braucht man zwei Rohstoffe: »grünes« und »braunes« Material. Grünes enthält viel Stickstoff, braunes viel Kohlenstoff. Für guten Kompost ist ein Grün-Braun-Verhältnis von 2:1 oder 1:1 ideal. Enthält er zu viel braunes Material, dauert der Zersetzungsprozess zu lang und das Ergebnis enthält weniger Nährstoffe; ist hingegen zu viel grünes dabei, entsteht eine stinkende Pampe. Den meisten Pflanzen ist egal, in welchem Kompost sie wachsen, solange das Verhältnis halbwegs ausgewogen ist. Geben Sie also auf einen oder zwei Eimer grünes Material einen Eimer braunes.

Eine Handvoll schöner, selbst angesetzter und einsatzbereiter Kompost.

Grünes Material

- Kaffeesatz und Teebeutel ohne Plastikanteile
- Unkräuter ohne Samenstände
- Grasschnitt (nicht mit Unkrautvernichtern behandelt)
- Obst- und Gemüsereste
- Pferde-, Kuh-, Kaninchen- und Hühnermist
- frisch geschnittenes Pflanzenmaterial
- Seetang (im Regen liegen lassen, damit das Salz herausgeschwemmt wird)
- Biertreber (aus örtlichen Brauereien)
- grünes Laub von Stauden
- Wolle (aus Verpackungsmaterial)

Braunes Material

- Karton, Zeitungen, geschreddertes Papier (nicht Hochglanz, mit natürlichen Farben bedruckt)
- Inhalt von Staubsaugerbeuteln und Trocknersieben
- fragmentiertes Zweigholz (kurz: FZH; siehe S. 66–67)
- Sägespäne (von unbehandeltem Holz)
- Herbstlaub (nach Möglichkeit mit dem Mäher geschreddert)
- Heu und Stroh
- holziger Herbst- und Winterschnitt
- abgefallene Kiefernnadeln
- Holzasche
- Küchen- und Papiertaschentücher
- alte Topferde (diesjährig)

Kombinierte Materialien

Wer vorab vermischte Materialien wie Einstreu bekommt, hat bereits die ideale Mischung aus Grün und Braun! Mehr dazu im Abschnitt zu den Mistbeeten auf S. 60–61.

Nach dem Jäten wandert ein Eimer voll mit grünem, stickstoffreichem Material in den Komposter.

AUSSAATERDE

Für die Aufzucht von Sämlingen spielt der Komposttyp eine Rolle, denn niemand will, dass er Unkrautsämlinge enthält, die in Konkurrenz zu denen der Nutzpflanzen treten. Wer Erde für Aussaaten kauft, sollte daher hochwertige, torffreie Universalerde oder spezielle Aussaaterde kaufen, die komplett unkrautfrei ist.

Wenn Sie Aussaaterde selbst mischen möchten, nehmen Sie einen Teil gesiebten Kompost und zwei Teile gesiebten Laubhumus (siehe S. 58) oder kompostierte Hackschnitzel. Verwenden Sie dafür Kompost aus Heißkompostern (siehe S. 60–61), denn durch die Hitze werden Unkrautsamen abgetötet. Man kann den Winter über größere Posten Kompost ansetzen, damit er im Frühjahr fertig ist. Lagern Sie ihn in Erd- oder Bausäcken, die nicht im Regen stehen dürfen. Wer unter Dach keinen Platz hat, kann sie mit einer Plane abdecken.

TOPFERDE

Das Heranziehen gesunder Setzlinge ist nicht so schwierig, wie viele Bücher und Gartenwebsites glauben machen wollen. Die Topferde dafür lässt sich aus einem Teil Kompost, einem Teil Gartenerde und einem Teil Laubhumus mischen. Sie enthält zwar einige Unkrautsamen, aber weil die Setzlinge bereits größer sind, kann man die Unkräuter leicht erkennen und auszupfen. Wer keine Eigenmischung einsetzen will, kauft torffreie Universal- bzw. Pflanzerde im Handel.

HUWS TIPP

Wie in vielen anderen Bereichen der Permakultur ist auch für einen guten Kompost Vielfalt wichtig. Deshalb sollten so viele unterschiedliche Zutaten wie möglich in den Komposter wandern.

PROBLEME MIT KOMPOST

Kompost bringt zwei Probleme mit sich. Erstens: Zugekaufter Kompost ist teuer. Zweitens: Wer eigenen Kompost ansetzt, braucht genug Material, um den Bedarf zu decken.

In der Permakultur wird die volle Kontrolle über die Fruchtbarkeit des Gartenbodens angestrebt. Mit anderen Worten: Der Garten sollte nicht von zugekauftem Kompost und anderen Zusätzen abhängig sein, sämtliche Nährstoffe sollten aus dem eigenen Garten, der eigenen Küche oder von kostenlosen Quellen der örtlichen Gemeinde stammen.

EINE LISTE REALISTISCHER LÖSUNGEN

Alle hier aufgeführten Materialien, Quellen und Verfahren tragen direkt zur Erhöhung der organischen Substanz im Boden Ihrer Anbaufläche bei (wobei die jährliche Erzeugung von Nutzpflanzen im Mittelpunkt steht). Nehmen Sie diese Liste als Vorlage, um herauszufinden, was in Ihrer speziellen Situation möglich ist. Ein Stern verweist auf Methoden, die sich für Gärten mit vielen Schnecken eignen.

- Laubhumus (siehe S. 58)*
- Komposter (siehe S. 58)*
- Kompostwege (siehe S. 58)
- Mulchen (siehe S. 62)
- Gründünger (siehe S. 74–76)*
- Heißkompostierung und Mistbeete (siehe S. 60–61)*
- Kompostgräben und -gruben (siehe S. 70–71)*
- Chop-and-Drop-Methode (siehe S. 62)
- Wurmkomposter (siehe S. 64–65)*
- fragmentiertes Zweigholz (FZH; siehe S. 66–67)
- Einarbeiten organischer Substanz (siehe S. 72) *
- Biokohle (siehe S. 68–69)*
- die Wurzeln beim Ernten in der Erde lassen (siehe S. 74)*

»Zu viel selbst angesetzten Kompost kann es in einem Garten gar nicht geben.«

Es gibt viele Möglichkeiten, den Bedarf an Kompost im Garten zu reduzieren (siehe dazu S. 80–81). Indem wir uns darauf konzentrieren, den Anteil organischer Substanz im Boden zu erhöhen, und gleichzeitig die Abhängigkeit von fertigem Kompost reduzieren, machen wir unseren Garten immer resilienter. Diese Lösungen zeigen, wie viele Möglichkeiten wir haben, hohe Erträge einzufahren!

SCHNECKEN

Schnecken sind ganz wild auf den zarten jungen Wuchs vieler einjähriger Nutzpflanzen. Daher sind sie auch einer der Hauptgründe, warum man Einjährigen Nährstoffe und organische Substanz am besten mithilfe von Kompost zuführt. Durch andere Verfahren zur Verbesserung des Bodens wie zum Beispiel Mulchen lädt man Schnecken förmlich dazu ein, sich in dem Mulchmaterial zu verstecken, während das bei einer dünnen Lage Kompost nicht so leicht möglich ist. Die gute Nachricht ist zwar, dass es im Permakulturgarten zahlreiche Tricks gibt, Schneckenfraß auf ein Minimum zu begrenzen (siehe S. 262–263), aber in neu angelegten Gärten sollte man erst einmal vorsichtig sein.

Wer Kompostiersysteme mit mehreren Kammern anlegt, verfügt stets über Kompost in verschiedenen Phasen der Zersetzung. Wenn eine Kammer geleert ist, sollte der Kompost in der nächsten ebenfalls schon fast reif sein.

KALT-KOMPOSTIERUNG

Am einfachsten gewinnen lässt sich Kompost durch Kaltkompostierung, auch Kaltrotte oder langsame Kompostierung genannt. Man füllt Material immer sofort in den Komposter, wenn es anfällt, und bekommt irgendwann hochwertigen Kompost für die nächste Anbausaison.

EIN SIMPLES VERFAHREN

Ein Kaltkomposter sollte ein Fassungsvermögen von mindestens einem Kubikmeter haben, damit genug Volumen für einen Kern entsteht, der durch das Material außen herum gut isoliert wird und in dem die Hauptkompostiertätigkeit stattfindet. Kompostmaterial wird hineingeworfen, sobald es anfällt. Ist der Komposter voll, deckt man ihn mit ein paar Lagen Karton ab und lässt den Kompost 6–12 Monate reifen. Man muss den Inhalt von Kaltkompostern nicht wenden, aber wenn man es alle acht Wochen tut, ist er schneller reif. Auch das Schreddern des grünen und braunen Materials und das Impfen mit selbst gemachten mikrobiellen Zusätzen wie LAB (siehe S. 273) beschleunigen den Reifeprozess beträchtlich.

»Kompostwege sind eine super Option für Folientunnel im Winter. Der Kompost ist dann rechtzeitig zur Tomatensaison fertig.«

KOMPOSTWEGE

Eine alternative Kaltkompostiermethode, die sich vorzüglich für kleine Gärten eignet, sind Kompostwege. Als Vorbild dienen Liz Zorabs Hackschnitzelwege, deren Belag sie nach zwei Jahren aufsammelt, um ihn zum Mulchen der Hoch- bzw. Rahmenbeete zu beiden Seiten zu verwenden. Kompostwege gehen noch einen Schritt weiter. Man legt den Weg mit Kartons oder Hackschnitzeln aus und behandelt ihn anschließend wie eine Art linearen Kaltkomposter, streut also eine Mischung aus grünen und braunen Materialien darauf, kann ihn aber trotzdem noch benutzen. Sobald das Material eine Höhe von 20–30 cm erreicht hat, gibt man nichts mehr dazu und mischt es alle paar Wochen. Ein paar Monate später darf man sich dann über guten Kompost freuen, der zum Mulchen von Hoch- bzw. Rahmenbeeten verwendet oder in Pflanzlöcher gegeben werden kann.

LAUBHUMUS

Legen Sie einen Komposter mit einem Volumen von einem Kubikmeter an – etwa, indem Sie vier Paletten zu einer Box zusammenbinden – und füllen Sie ihn mit Herbstlaub. Nach Möglichkeit sollte das Laub vorher mit einem Rasenmäher oder einem ähnlichen Gerät zerkleinert werden, sonst dauert es ein Jahr länger, bis es sich zersetzt hat. Wenden Sie den Haufen zweimal im Jahr, einmal im Frühjahr und einmal im Herbst, dann sollten Sie im Frühjahr des folgenden Jahres feinen Laubhumus haben. Wer zwei Haufen anlegt und sie wechselweise füllt, bekommt jedes Frühjahr einen Posten.

HACKSCHNITZEL

Wer Hackschnitzel kaltkompostieren möchte, bildet einen Haufen mit einem Volumen von mindestens einem Kubikmeter und lässt ihn drei Jahre lang verrotten. Alle sechs Monate wird der Haufen gewendet. Trocknet der Kern aus, wässert man ihn. Der Prozess ist langwierig, aber das Warten lohnt sich.

Wie bei Laubhumus kann man jedes Jahr einen neuen Haufen anlegen. Nach drei Jahren ist dann jedes Jahr ein Haufen »erntereif«. Weitere Einsatzmöglichkeiten für Hackschnitzel siehe S. 66–67.

Der Vorher-nachher-Vergleich zeigt einen Kompostweg (gegenüber oben links und darunter) innerhalb eines 6-monatigen Zeitfensters. In den Komposter aus Weidenruten (ganz rechts) gebe ich gerade eine Lage Grasschnitt.

HEISS-KOMPOSTIERUNG UND MISTBEETE

Im Gegensatz zum Kaltkomposter, der allmählich gefüllt wird, kommt beim Heißkomposter das ganze Material am Anfang hinein. In Kleingärten kann man mit einem Mistbeet die Produktivität optimieren, da Kompost und Nutzpflanzen an einem Ort vereint sind.

EINEN HEISSKOMPOSTER ANLEGEN

Für die Heißkompostierung braucht man ein Volumen von mindestens einem Kubikmeter, damit sich das Material aufheizt. Vor dem Anlegen muss das grüne und braune Material separat gelagert werden. Sobald Sie das erforderliche Volumen haben, kann der Haufen in Angriff genommen werden. Sie brauchen einen Grün-Braun-Anteil von etwa 1:1. Alles muss ausreichend zerkleinert oder sogar geschreddert werden. Karton beispielsweise zerkleinert man zu Streifen.

Mischen Sie das Material als Haufen oder in einer festen Kompostkammer, wobei abwechselnd grüne und braune Schichten angelegt werden. Hin und wieder wird ordentlich durchmischt. Beim Anlegen feuchtet man den Haufen außerdem an, denn ist er zu trocken, entsteht nicht genug Wärme. Sobald alle Zutaten hineingegeben wurden, steckt man ein Kompostthermometer hinein und deckt alles mit einer Plane oder Ähnlichem ab. Wenn die Temperatur sinkt, wird der Haufen gewendet – was vorher außen war, kommt ins Innere. Ein Heißkomposter liefert nach rund acht Wochen Kompost.

MISTBEETE

Wie man Mistbeete nutzt, habe ich vom Experten Jack First gelernt. Sie sind im Grunde Heißkomposthaufen mit einem Wuchsmedium und einer Frühbeetabdeckung (zum Bau siehe S. 274–275). Mistbeete gehören zu den produktivsten Gartenelementen. Sie liefern nicht nur große Mengen Kompost hervorragender Qualität zum Saisonende, sondern ermöglichen auch das sehr frühe Vortreiben im Freiland, da in ihnen ein frostfreies Ambiente entsteht. Die durch den natürlichen Zersetzungsprozess entstehende Hitze führt zu rascher Keimung und schnellem Wachstum. Mistbeete sind Minigewächshäuser, die Wärme halten, sodass die Sämlinge es in kalten Nächten kuschelig warm haben.

In Mistbeeten entsteht so zuverlässig Wärme, dass man schon drei Monate vor dem letzten Frost und lange bevor Schädlinge aktiv werden, aussäen kann. Durch die frühe Aussaat lassen sich auch die länger werdenden Tage gut nutzen. Außerdem können Mistbeete Folgesaaten wie Kürbisse und Tomaten aufnehmen, wenn sie nach der ersten Ernte im Mai frei werden.

Angelegt werden Mistbeete im Spätwinter, wenn sonst wenig im Garten zu tun ist. Das eröffnet die Möglichkeit, benötigte Materialien, zu denen man nicht direkt Zugang hat, rechtzeitig zusammenzubekommen, etwa ein paar große Säcke Seetang oder Stallmist von Pferden (siehe gegenüber).

Ein Mistbeet kann während der ertragsarmen Zeit eine ganze Familie mit Salat versorgen.

Die durchsichtigen Abdeckungen halten die im Spätwinter ausgesäten Kulturen warm.

Ein Mistbeet braucht eine Grundfläche von mindestens 1,5 m², ein Frühbeet kommt mit 1,2 m² aus. Von der Materialtiefe im Mistbeet hängt grob ab, wie lange es warm bleibt:

80–90 cm: 3 Monate	
60–70 cm: 2 Monate	
35–45 cm: 1 Monat (ideal für einen Folientunnel im zeitigen Frühjahr, um die ersten Aussaaten auf den Weg zu bringen)	

Material für ein Mistbeet

Traditionell wird für Mistbeete gebrauchte Pferdeeinstreu verwendet. Ideal wäre es, einen Pferdehof zu finden, der etwas liefert (evtl. gegen einen kleinen Obolus). Achten Sie aber darauf, ob die Einstreu ein Unkrautvernichtungsmittel wie Aminopyralid enthält, das bei vielen Gartennutzpflanzen Kümmerwuchs und eingerollte Blätter verursacht. Anstelle von Einstreu aber kann man auch anderes Material verwenden. Infrage kommt zum Beispiel FZH (siehe S. 66–67), das ich in einem meiner Mistbeete eingesetzt habe. Die Lage war 90 cm hoch und hat etwa vier Monate lang kontinuierlich Wärme produziert. Ebenfalls möglich ist ein Gemisch aus Seetang und Laub in einem Verhältnis von rund 1:1, gut durchmischt. Geschreddert habe ich den Seetang dafür aber nicht. Auch Grasschnitt und Herbstlaub können eingesetzt werden.

Aussaaten

In einen Mistbeetrahmen (Innenrahmen) passen bei einem Abstand von 17–18 cm rund 6–7 Reihen Sämlinge. In der Tabelle oben rechts ist aufgelistet, was sich für frühe Aussaaten im Mistbeet eignet und wie lange es dauert, bis geerntet werden kann.

Gemüse	Dauer bis zur ersten Ernte
Radieschen	4 Wochen
Erbsensprossen	2 Wochen
Blattsalate (Kopfsalat, Blattsenf usw.)	5–6 Wochen
Frühlingszwiebeln	12 Wochen
Möhren	10 Wochen
Speiserüben	6 Wochen
Pak Choi	8 Wochen
Rote Beten	8 Wochen

Mit Mistbeeten können frostempfindliche Aussaaten ohne den Einsatz elektrischer Heizmatten zum Keimen gebracht werden. Arbeiten Sie mit Töpfen oder niedrigen Topfplatten, die zwischen die Reihen gestellt werden.

Sie werden staunen, wie schnell Saatgut in einem Mistbeet keimt und wächst.

Belüftung

In den ersten Wochen nach dem Anlegen muss das Mistbeet nicht gewässert werden, da durch das Frühbeet eine Art selbstbewässerndes System entsteht und vom Anlegen noch genug Feuchtigkeit vorhanden ist. An warmen, sonnigen Tagen sollte man das Frühbeet ein paar Stunden öffnen, damit eine gute Belüftung gewährleistet ist. Mit dem Wässern beginnen Sie am besten, wenn sich die obersten 5 cm trocken anfühlen.

Abbau

Zum Ende des Jahres wird das alte Material herausgenommen. Man kann das Mistbeet nun als vorübergehenden Komposter nutzen. Vom Spätherbst bis zum zeitigen Frühjahr öffnet man eine der Seiten, um Kompost als Mulch für die Beete herausholen zu können. Ein Teil des Komposts wird in Säcken aufbewahrt und für das nächste Mistbeet als Substrat verwendet.

MULCH

Mulch ist eine Lage Material, die auf die Bodenoberfläche aufgetragen wird, in erster Linie, um die Verdunstung von Bodenfeuchtigkeit zu verringern, Unkraut zu unterdrücken und – falls es sich um organischen Mulch handelt – das Erdreich zu düngen.

Es gibt viele organische Materialien, die man normalerweise kompostieren würde, die sich aber gut als Mulch eignen, etwa Grasschnitt, Stroh, Laub, Karton, Wolle, Hackschnitzel, Pflanzenreste und Seetang. Auch Kompost selbst kann zum Mulchen eingesetzt werden, was in No-Dig-Gärten praktiziert wird – er eignet sich vor allem für Bereiche, die von Schnecken geplagt werden. Nicht kompostierbare Mulchmaterialien wie Geotextilien und schwarze Kunststofffolie werden ebenfalls als Mulch eingesetzt; es gibt sie sogar in natürlich abbaubaren Versionen auf Stärkebasis. Letztere leisten bei der Bepflanzung großer Flächen mit Mehrjährigen gute Dienste und halten Unkraut in Schach, während die Pflanzen einwachsen.

MEHRJÄHRIGE MULCHEN

Ich mulche jede mehrjährige Pflanze in meinem Garten mindestens einmal im Jahr, meist zum Frühjahrsanfang und mit einer mindestens 5 cm dicken Schicht. Weil Mehrjährige weit weniger von Schnecken attackiert werden als Einjährige, verwende ich das organische Material, das mir gerade zur Verfügung steht. Der Mulch um Mehrjährige mit einem Stamm, etwa Apfelbäume und Rote Johannisbeeren, darf nicht bis zum Stamm reichen. Ich lasse 3–5 cm Abstand zwischen Holz und Mulch. Wer den Boden vor dem Mulchen zusätzlich mit 2–3 Lagen Karton auslegt, hat für den Großteil der Saison keine Probleme mehr mit Unkräutern.

EINJÄHRIGE MULCHEN

Einjährige Nutzpflanzen sollten jährlich mit 2–4 cm Kompost gemulcht werden. Gelegentlich mulche ich auch während der Saison mit 1–2 cm Grasschnitt. Einjährigenbeeten tut eine 3–5 cm dicke Decke aus Seetang, halb verrottetem Stallmist oder geschreddertem Pflanzenmaterial im Herbst gut.

PFLANZGEFÄSSE MULCHEN

Auch Töpfe lassen sich mulchen. Für sie ist es sogar noch wichtiger als für das Freiland, denn sie trocknen wesentlich schneller aus. Sie zu mulchen, spart Wasser und Zeit, die man zum Gießen braucht.

CHOP AND DROP

Diese beliebte Permakulturmethode verbessert nicht nur den Boden, sondern erhöht auch die Effizienz. Statt Unkraut und anderes Pflanzenmaterial wegzuräumen und in den Komposter zu werfen, nur um es ein Jahr später wieder dorthin zu verfrachten, wo es hergekommen ist, spart man sich die ganze Mühe, indem man das Material direkt auf die Oberfläche wirft, wo es sich zersetzen kann (unten). Das ist Effizienz pur, vor allem in mehrjährigen Pflanzungen, wo man Gras und Unkräuter wegräumen und Nutzgewächse schneiden muss. Die Chop-and-Drop-Methode lässt sich aber auch sehr gut bei Einjährigen anwenden, die nicht von Schnecken attackiert werden.

Wenn im Sommer viel Grasschnitt anfällt, streut man ihn um Gemüsepflanzen – das verringert die Verdunstung von Bodenfeuchtigkeit und unterdrückt Unkrautwuchs.

WURMKOMPOST

Wurmkompost, auch Vermicompost genannt, ist die Bezeichnung für Kompost, der anfällt, wenn Kompostwürmer organisches Material zersetzen. Dieser nährstoff- und außerordentlich mikrobenreiche Langzeitdünger gehört zu den besten Ressourcen, die man im Garten einsetzen kann.

Ein Wurmkomposter ist die ertragreichste »Nährstofffabrik«, die ein Garten haben kann. Selbst auf kleinstem Raum lässt er sich einsetzen. Er verwandelt nicht nur gekochte Essensreste in Naturdünger, man kann obendrein noch »Wurmtee« gewinnen, einen hochwertigen Flüssigdünger (siehe S. 273).

Wurmkomposter bestehen aus mehreren Etagen. Wenn die unterste Schale mit Zutaten gefüllt ist, kommt eine leere Schale obenauf und wird gefüllt. Die untere Schale wird entfernt, um die Wurmerde zu ernten. Danach kommt sie obenauf. So ist ein kontinuierlicher Kreislauf gewährleistet.

1. *Geben Sie jeweils wenig Gemüsereste und andere Materialien in die unterste Schale, aber dafür oft.*
2. *Würmer verwandeln das Material in sehr nährstoffreiche Wurmerde und arbeiten sich durch die Schalen nach oben.*
3. *Wurmtee lässt sich als Dünger abzapfen.*

Auf dem Markt sind viele verschiedene Fabrikate erhältlich. Jedes Modell wird mit einer Anleitung geliefert, die man sich zu Gemüte führen muss, bevor man den Kompostiervorgang startet. Sie brauchen Kompostwürmer (keine Regenwürmer!), die entweder mitgeliefert oder separat gekauft werden. Nicht in den Wurmkomposter gehört holziges Material, stattdessen:

- rohe und gekochte Gemüsereste
- alle Obstreste (außer von Zitrusfrüchten)
- Eierschalen, Kaffeesatz, Teebeutel (ohne Plastikelemente) und altes Brot

Um den Komposter immer gut zu füttern, können Sie sich auch von Nachbarn und Freunden Küchenreste besorgen. Je mehr Wurmkompost anfällt, desto höhere Erträge dürfen Sie in Ihrem Garten erwarten.

HUWS TIPP

Wenn Sie den Wurmkomposter draußen aufstellen, sollte er nicht in der prallen Sonne stehen. In kalten Klimazonen ist er gut in einer Garage oder einem Schuppen aufgehoben, wo die Würmer vor extremen Minustemperaturen geschützt sind. Alternativ wickelt man den Komposter dick in atmungsaktives Isoliermaterial oder packt ihn mit Strohballen ein.

WURMKOMPOST

Wurmkompost ist ein fantastischer Zusatz für Topferde von Setzlingen. Mischen Sie dazu einen Teil Wurmkompost auf fünf Teile Universalerde oder vier Teile selbst gemischtes Topfsubstrat.

Auch beim Auspflanzen ins Freiland leistet er ausgezeichnete Dienste. Mischen Sie eine Handvoll Wurmkompost mit einer Handvoll Erde und verteilen Sie das Ganze auf dem Boden des Pflanzlochs. Dann setzen Sie das Gewächs hinein und wässern ordentlich, bevor Sie die Erde um die Pflanze festdrücken. Alternativ kommt auch eine Kopfdüngung mit einer 1–2 cm dicken Lage in Betracht, die geringfügig in die obersten 5 cm Boden eingeharkt wird. Bei größeren Exemplaren, etwa Kürbissen und Tomaten, mulcht man alle zwei Wochen den Wurzelraum mit zwei Handvoll Wurmkompost und wässert gut ein.

WURMTEE

Wurmtee enthält jede Menge Nährstoffe und Mikroben. Man kann die Flüssigkeit aus dem Komposter abziehen und sofort in verdünnter Form (siehe S. 273) mit dem Gießwasser einsetzen, um Setzlingen und Jungpflanzen etwas Gutes zu tun.

SELBST GEFERTIGTER, IM BODEN VERSENKTER WURMKOMPOSTER

Warum nicht einen im Boden versenkbaren Wurmkomposter selbst basteln? Der Nutzen ist zwar weit geringer als bei einer Wurmkiste, aber es entsteht ein nährstoffreicher Hotspot, der mit hungrigen Nutzpflanzen bepflanzt werden kann, etwa einer Gurkenpyramide.

Und so geht's: Ein Abflussrohr in 60 cm lange Abschnitte schneiden. Pro Abschnitt auf einer Länge von 45 cm 1–1,5 cm große Löcher in jeden Abschnitt bohren; an einem Ende damit beginnen. Am anderen Ende auf einer Länge von 15 cm kein Loch bohren. Das Rohr 50 cm tief senkrecht im Boden versenken, sodass das nicht mit Löchern versehene Ende aus dem Boden ragt. Zum Schluss eine großzügige Handvoll Hackschnitzel und darüber Küchenabfälle hineinfüllen. Das obere Ende des Rohrs mit einer Kappe oder einem Stein verschließen. Wöchentlich weitere Küchenabfälle einfüllen.

Würmer zersetzen das Material. Sie können beliebig ins Rohr kriechen und dort ihre Wurmerde hinterlassen. Das Ergebnis ist nährstoffreicher Boden. Versenkbare Wurmkomposter sind ideal in der Mitte von Hochbeeten.

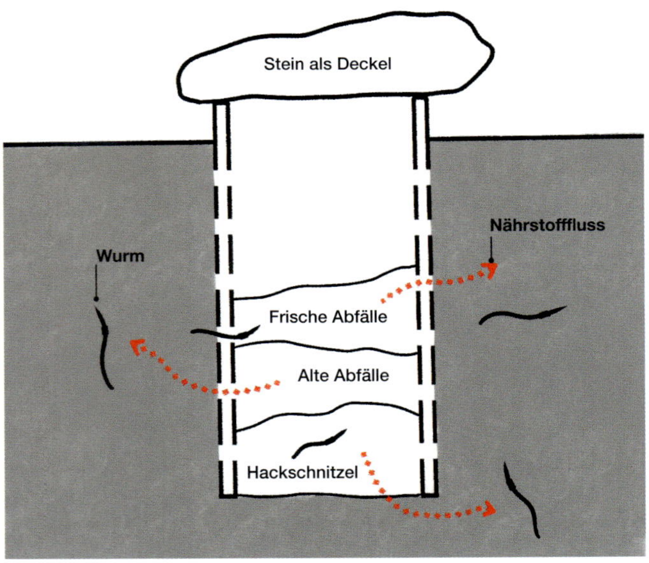

Unterirdischer Wurmkomposter
Die Würmer können jederzeit in den Behälter und heraus kriechen, hinterlassen ihre Häufchen und reichern so den Boden mit Nährstoffen an.

HACKSCHNITZEL

Beim Anlegen von Wegen, beim Mulchen mehrjähriger Nutzpflanzen und zur Erhöhung des Kohlenstoffanteils im Boden leisten Hackschnitzel fabelhafte Dienste. In Hühnerkompost bilden sie eine wertvolle Kohlenstoffquelle und in Hochbeeten eine gute Bodenschicht.

Wer eine verlässliche Quelle an Hackschnitzeln von örtlichen Gärtnereien bzw. Baumpflegern hat, darf sich glücklich schätzen. Idealerweise bestehen die Schnitzel aus verschiedenen Laubhölzern mit bis zu 20 Prozent Kiefernholzanteil.

DAS KOHLENSTOFFPROBLEM

Die meisten Hackschnitzel enthalten im Verhältnis zu Stickstoff einen hohen Kohlenstoffanteil. Das heißt, wenn sie in den Boden gelangen, binden sie dort Stickstoff, bis sie sich zersetzt haben. Deshalb wird das Mulchen einjähriger Nutzpflanzen mit Hackschnitzeln oder der Aufbau organischer Substanz im Erdreich von Küchengärten mit ihnen nicht empfohlen, sofern die Hackschnitzel nicht in Form von FZH (siehe unten) zur Verfügung stehen. Mit dem richtigen Maß an Platz und Zeit kann man fruchtbare Beete anlegen, indem man ein Areal im ersten Jahr 7 cm dick mit Hackschnitzeln mulcht, sie im zweiten Jahr in die obersten 10–15 cm einarbeitet und im dritten Jahr dort mit dem Anbau beginnt.

FRAGMENTIERTES ZWEIGHOLZ (FZH)

Fragmentiertes Zweigholz besteht aus jungen Baumzweigen mit weniger als 7 cm Durchmesser und wird während der Ruhephase geschnitten und gehäckselt. Es enthält 75 Prozent aller Nährstoffe in einem Baum – nirgendwo im Gehölz ist die Konzentration von Mineralien und Nährstoffen höher.

»Erfunden« wurde die Methode von Gilles Lemieux, einem ehemaligen Professor für Forstwirtschaft an der Laval University in Kanada. Er nannte es »Copy and Paste von Waldböden in landwirtschaftliche Böden ohne den Baum«. FZH hat ein wesentlich günstigeres Kohlenstoff-Stickstoff-Verhältnis als Hackschnitzel und eignet sich daher besser zum Mulchen von einjährigem Gemüse. Es gibt jedoch noch viele weitere Einsatzmöglichkeiten dafür.

Innerhalb weniger Wochen nach dem Häckseln haben sich in dieser Handvoll FZH jede Menge Pilzhyphen gebildet.

Essbare Pilze
FZH lässt sich für die Pilzzucht zu Hause nutzen. Zu den Pilzen, die sich am besten für den Anbau auf FZH eignen, gehört der Kultur-Träuschling. Man kann Beete unter Obstbäumen oder Beerenbüschen anlegen, sie mit Träuschlingsmyzel impfen und jahrelang darauf Pilze kultivieren.

Wärme für Mistbeete
FZH aus etwas dünneren Zweigen (höchstens 5 cm) ist das ideale Material zum Füllen von Mistbeeten (siehe S. 61). Es gibt bis zu vier Monate lang kontinuierlich Wärme ab. Zum Saisonende kann man die teilweise zersetzten Hackschnitzel auch noch zum Mulchen von Mehrjährigen nutzen oder auf den Komposter werfen.

Kompostmaterial
FZH wertet jeden Kompost auf. Durchläuft es ein Jahr lang ein Kompostsystem, kann man es zum Mulchen von Einjährigen einsetzen oder unter Topferde mischen. Ich habe gesehen, wie es als Kohlenstoffzutat im Hühnerkompost (siehe S. 78) verwendet wurde – besser lässt es sich in Gärten nicht nutzen.

FZH erzeugen
Der Nachteil von FZH ist, dass man Baumschnitt und einen Häcksler braucht. Gartenhäcksler sind für kleinere Mengen geeignet und können gemietet werden. In größeren Gärten oder kleinen landwirtschaftlichen Betrieben lässt sich das Material nachhaltig durch Stockschneitelung gewinnen. Dabei wird ein Gehölz im Winter bis auf den Stock gekappt, um seine Biomasse zu nutzen. Im Frühjahr treibt es neu aus und kann nach ein paar Jahren erneut geschneitelt werden.

Das Mulchen älterer Apfelbäume mit fragmentiertem Zweigholz verbessert langfristig die Bodengesundheit.

BIOKOHLE

Biokohle, auch Pflanzenkohle oder Biochar genannt, wird weniger als Brennstoff denn als Bodenzusatz eingesetzt. Sie hat eine sehr poröse Struktur, trägt also zur Speicherung von Feuchtigkeit und Nährstoffen bei und bietet Mikroorganismen im Boden ein geschütztes Habitat.

VORTEILE VON BIOKOHLE

Holz- und Biokohle sind stabile Formen von Kohlenstoff, die durch Pyrolyse entstehen. Hierbei wird organisches Material unter sauerstoffarmen Bedingungen verbrannt. Biokohle lässt sich gut selbst herstellen (siehe rechts) und bietet im Permakulturgarten mehrere Vorteile.

Verbesserung der Bodenfruchtbarkeit

Biokohle ist reich an essenziellen Nährstoffen, die Pflanzen für ihr Wachstum brauchen. Dank ihrer Struktur gibt sie diese Nährstoffe langsam ins Erdreich ab, sodass sie den Pflanzen über einen längeren Zeitraum zur Verfügung stehen.

Erhöhte Wasserspeicherfähigkeit

Dank ihrer porösen Struktur kann Biokohle Wasser wesentlich besser absorbieren und halten als herkömmliche Erde. Es muss nicht mehr so oft gewässert werden, sodass der Garten weniger unter Trockenheit leidet.

Erhöhung der Biodiversität

Mit ihrer porösen Struktur bietet Biokohle einen idealen, geschützten Lebensraum für Bodenmikroorganismen, die für gesunde, resiliente Böden unverzichtbar sind.

HERSTELLUNG VON BIOKOHLE

Mit kaum etwas lässt sich die Fruchtbarkeit von Gartenböden besser verbessern als mit Biokohle. Wenn Sie in Ihrer Gegend weiches, brüchiges Holz (Reisig) auftreiben, können Sie daraus Biokohle herstellen und Ihren Garten unabhängiger von Kompost machen. Im Handel ist Biokohle teuer, doch kann man sie mit der Kegelmethode (rechts) oder auch nur mithilfe einer Dose (gegenüber) selbst erzeugen.

Biokohle mit der Kegelmethode herstellen

Die Kegelform der Vertiefung sorgt für eine gute Pyrolyse. Damit erspart man sich die Anschaffung eines Brennofens.

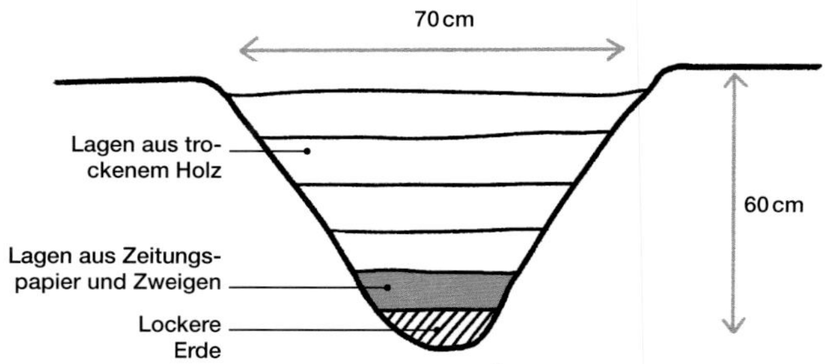

KEGELGRUBE FÜR DIE BIOKOHLEHERSTELLUNG

1. Im Garten eine etwa 70 cm breite und 60 cm tiefe kegelförmige Grube ausheben. Erde am Boden lockern, dann zerknülltes Papier und zum Schluss kleinere trockene Zweige hineinwerfen und anzünden.
2. Sobald das Feuer brennt, 10 cm trockenes holziges Material daraufwerfen, etwa Äste, Schnittabfälle, Blätter und getrocknetes Pflanzenmaterial, jedoch kein behandeltes Holz.
3. Sobald die oberste Lage weiß wird, eine weitere 10 cm dicke Lage trockenes Holzmaterial hineingeben. Wiederholen, bis der Kegel voll ist.
4. Ist die oberste Lage verbrannt, Wasser einfüllen, um das Feuer zu löschen. Über Nacht abkühlen lassen.
5. Am nächsten Tag die Biokohle aus der Grube holen und zu kiesgroßen Stücken zerstoßen. In einem Eimer aufbewahren oder gleich aktivieren.

DIE ANFÄNGE DER BIOKOHLE

Im Amazonasbecken wird Biokohle schon seit Jahrtausenden beim Nutzpflanzenanbau eingesetzt. Indigene Gemeinschaften kultivierten dort ein fruchtbares Land, Terra Preta genannt. Dank des hohen Kohlenstoffanteils, der für einen gesunden Boden sorgt, ist diese Erde bis heute sehr nährstoffreich.

Biokohle aus der Dose

Diese simple Methode der Biokohleherstellung in kleinem Maßstab habe ich von John Nitkowski und dem YT-Kanal *Live on What You Grow*. Dieses narrensichere Herstellungsverfahren für Pflanzenkohle kann überall eingesetzt werden, wo ein Feuer gemacht wird. Man kann die Dose beispielsweise in ein Lagerfeuer oder eine brennende Feuerschale stellen.

1.
Zwei Metalldosen bereitstellen. Eine mit Hackschnitzeln, Zweigen, Topinamburstängeln usw. füllen. Den oberen Rand der anderen mit einer Zange nach innen biegen und mit diesem Rand auf die untere Dose stecken.

2.
Mit einem Nagel ein Loch in den Boden einer Dose schlagen, damit die Gase entweichen können. Direkt in ein Feuer stellen.

3.
Nach drei Stunden ist die Biokohle fertig. Die Dosen mit Stöcken aus dem Feuer heben, dann trennen. Sind die Kohlestücke groß, zwischen zwei Kartonbögen legen und darauf herumspringen, damit sie zerbrechen. Sofort aktivieren (siehe unten) oder in einem Eimer lagern, um sie später postenweise zu aktivieren.

BIOKOHLE EINSETZEN

Biokohle muss für den Nutzpflanzenanbau aktiviert werden. Unbehandelte Biokohle bindet Stickstoff im Boden und bremst damit das Pflanzenwachstum, während aktivierte es verbessert. Zum Aktivieren wird die Kohle mindestens einen Monat lang in unverdünnte Pflanzenjauche gelegt oder drei Monate lang im Verhältnis 1:1 mit Kompost gemischt.

Eingesetzt wird Biokohle am besten, indem man sie in den Gartenboden einarbeitet. Anfangs reicht 1 Liter aktivierte Biokohle auf 1 Quadratmeter Fläche. Sie wird mit der Gabel in die obersten 15 cm Boden eingearbeitet (bei der Mischung mit Kompost müssen es wegen des 1:1-Verhältnisses 2 Liter sein). Man kann sie aber auch noch anderweitig einsetzen:

Hühnerkompost Fügen Sie die Biokohle zu Beginn des Nährstoffflusses (siehe S. 78) hinzu, als eines der Hauptkohlenstoffmaterialien neben Hackschnitzeln und Sägespänen.

Mulch Statt Biokohle direkt in den Boden einzuarbeiten, kann man sie auch beim jährlichen Mulchen dem Kompost hinzufügen (ein Teil Kohle auf neun Teile Kompost).

Topferdenmischung Wer nur wenig Biokohle hat, kann sie beim Eintopfen von Setzlingen in die Topferde mischen, bevor sie ausgepflanzt werden. Ideal ist ein Anteil von einem Teil Kohle auf neun Teile Topferde.

Im Folientunnel

Oftmals werden die nährstoffhungrigsten Pflanzen im Folientunnel angebaut, man denke nur an Tomaten, Auberginen und Gurken. Dort ist auch ein fast ganzjähriger Anbau möglich, für den man möglichst hochwertige, gesunde Böden braucht. Wenn Sie das erste Mal Biokohle herstellen, empfehle ich Ihnen daher nachdrücklich, sie zu aktivieren und im Folientunnel statt in den Freilandbeeten einzusetzen.

KOMPOST-GRÄBEN UND -GRUBEN

Damit lassen sich Nahrungspflanzen ganz ohne Kompost anbauen. Statt das Material in einen Komposter zu werfen und zu warten, bis es sich zersetzt hat, gibt man es frisch in den Boden, wo es vor Ort verrottet und dabei gleichzeitig die Pflanzen düngt.

GEEIGNETES MATERIAL

Wie beim herkömmlichen Komposter sollte eine Mischung aus Grün und Braun (siehe S. 54–55) in einem Verhältnis von etwa 1:1 in die Vertiefungen gegeben werden. Zerkleinern Sie das Material so gut wie möglich, um den Zersetzungsprozess zu beschleunigen. Als Rohstoffe eignen sich:

- zerkleinerte Unkräuter ohne die Samenstände, also Nesseln, Ampfer, Löwenzahn, Disteln, Vogelmiere usw.
- Obst- und Gemüsereste
- zerstoßene Eierschalen und Panzer von Schalentieren
- Fischköpfe
- teilweise verrotteter Stallmist
- Grasschnitt (unbehandelt)
- geschredderter Karton und Zeitungspapier (nicht Hochglanz und mit Farben auf pflanzlicher Basis bedruckt)
- geschreddertes Herbstlaub

Diese Materialien zersetzen sich rascher als andere, die auf den Kompost geworfen werden, weshalb die Nährstoffe schneller für die Pflanzen verfügbar sind. Wichtig dabei ist aber immer, das Grün-Braun-Verhältnis von 1:1 oder 2:1 zu bewahren.

Beim Ausheben der Gräben bzw. Gruben kann man zudem aktivierte Biokohle (siehe S. 68–69) hineingeben und so den Nährstoff- und Mineraliengehalt zusätzlich erhöhen.

KARTOFFELANBAU IN GRÄBEN

Diese Methode empfehle ich allen, die die Böden zusätzlich verbessern möchten. Heben Sie einen Graben aus und setzen Sie späte Kartoffeln 10 cm tief. Sie müssen dick mit einer Mischung der oben genannten Materialien gemulcht werden und wachsen durch diesen Mulch. Beim Ernten gelangt die organische Substanz ins Erdreich, sodass in der darauffolgenden Saison ein überaus fruchtbares Beet zur Verfügung steht. Mehr über die Bodenverbesserung mit Kartoffeln auf S. 81.

KOMPOSTGRÄBEN

Mit dieser Methode lassen sich neue Anbauflächen erschließen oder sehr magere Beete verbessern. Mit der Zeit muss man evtl. nachlegen, damit die Gräben nicht absinken.

1.
Mindestens acht Wochen vor dem Bepflanzen einen 30 cm tiefen und breiten Graben ausheben.

2.
Den Graben großzügig mit einer Mischung aus grünem und braunem Material füllen. Stark stickstoff- und nährstoffhaltiges Material wie Stallmist mindestens 20 cm tief eingraben.

3.
Material gut festdrücken. 5 cm hoch mit Erde bedecken, dann Karton darauflegen, damit sich kein Unkraut festsetzt. Nach acht Wochen den Karton entfernen und die Erde auf dem Kompostgraben direkt bepflanzen.

KOMPOSTGRUBEN

Sie unterscheiden sich nicht groß von Kompostgräben, sind aber nur für Einzelpflanzen gedacht. So kann man eine Grube für Tomaten oder Kürbisse anlegen. Heben Sie dazu eine 30 cm breite und 30–45 cm tiefe Grube aus. Sie wird mit grünen und braunen Materialien gefüllt, die man festdrückt und dünn mit Erde bedeckt. Mit einem Stock lässt sich die zu bepflanzende Stelle markieren. Nach acht Wochen kann der entsprechende Setzling eingepflanzt werden. Kompostgruben ähneln versenkten Wurmkompostern (siehe S. 65), werden aber nur temporär und nur für eine einzelne Pflanze angelegt.

Markieren Sie mit einem Stock die Kompostgrube, damit Sie später noch wissen, wo Sie den Setzling pflanzen müssen.

MIKROGRUBEN

Mikrogruben sind im Prinzip etwas tiefer als normal gegrabene Pflanzlöcher, in die ein, zwei großzügige Handvoll besonders nährstoffreiches, kompostierbares Material gegeben werden. Darauf kommt eine rund 3–4 cm dicke Lage Erde. Dort wird der Setzling hineingepflanzt, vielleicht mit etwas Kompost. Mit der Zeit kommen seine Wurzeln in den Genuss der zusätzlichen, langsam freigesetzten Nährstoffe. Mit dieser Methode reichert man den Boden auch mit zusätzlicher organischer Substanz an. Sie wertet Anbauflächen auf und kann auch beim Auspflanzen von Mehrjährigen angewendet werden. Meine »Handvoll« besteht idealerweise aus einem Teil Laubhumus, einem Teil zerdrückten Schalen oder einem Fischkopf und zwei Teilen Grasschnitt bzw. zerkleinerten Unkräutern.

FLÜSSIGE BODENZUSÄTZE

Damit verbessert man den Boden und die Pflanzengesundheit oder stellt direkt Nährstoffe für die Pflanzen bereit. Auf S. 272–273 sind alle Rezepte für flüssige Bodenverbesserer aufgelistet. Hier ein paar Tipps, warum und wie man sie anwendet.

MIKROBIELLE ZUSÄTZE

Mit ihnen werden dem Boden bzw. den Pflanzen Bioorganismen zur Verfügung gestellt. Beim Boden ist das Ziel, ihn mit Mikroben anzureichern, durch die ein für Pflanzen förderliches Ambiente entsteht, in dem sie Nährstoffe für Pflanzen verfügbar machen und Platz einnehmen, der ansonsten von Pathogenen in Beschlag genommen würde. Mikrobielle Zusätze müssen mit Bearbeitungsmethoden einhergehen, die den Anteil guter organischer Substanz im Boden erhöhen, damit die Mikroben sich festsetzen und ernähren können.

Mikroben sind allgegenwärtig: auf Trieben und Blättern, im Boden, auf unserer Haut und in der Luft. In mikrobiellen Zusätzen werden sie gebunden und vermehrt, sodass eine konzentrierte Flüssigkeit entsteht, etwa die Jadam-Lösung (JMS, siehe S. 273), in der Mikroben aus Laubhumus kultiviert werden, damit sie das biologische Leben karger Böden bereichern.

Manche mikrobiellen Zusätze wie LAB (siehe S. 273) sind auch dazu da, Pflanzen vor Krankheitserregern zu schützen. Mithilfe von LAB werden Blätter und Triebe mit Mikroben besiedelt, wodurch Pathogene sich schwerer festsetzen und vermehren können.

NÄHRSTOFFZUSÄTZE

Nährstoffzusätze versorgen Pflanzen über das Gießwasser direkt mit Nährstoffen, die sie aufnehmen können. Mineralien müssen wasserlöslich sein, damit sie für die Wurzeln verwertbar sind. Ermöglicht wird das durch Mikroben, die komplexe Moleküle aufspalten. Sobald Pflanzenmaterial komplett zersetzt ist, lassen sich die Nährstoffe in Wasser mischen. Mit dem entstehenden Tee können die Pflanzen versorgt werden. Nährstofftee kann aerob oder anaerob sein. Anaerobe Zusätze lassen sich wesentlich einfacher und preiswerter erzeugen. Einer der besten anaeroben Pflanzendünger ist selbst angesetzter Beinwell- oder Brennnesseltee. Man legt einfach Beinwell oder Nesseln ein paar Wochen in einen Eimer, wo sie sich zersetzen. Die dabei entstehende Brühe wird verdünnt, dann wässert man Pflanzen damit.

ANWENDUNG

Verwenden Sie für Flüssigzusätze nicht irgendein Wasser. Ideal ist Regenwasser. Gechlortes Leitungswasser kann die Mikroorganismen abtöten. Auf S. 272 erfahren Sie, wie Sie Leitungswasser behandeln, damit es gefahrlos eingesetzt werden kann.

Einweichen

Am häufigsten werden Flüssigzusätze den Pflanzen zugeführt, indem man den Boden kräftig tränkt. Das kann mit der Gießkanne beim normalen Wässern oder kurz nach Regenfällen passieren, damit die Flüssigkeit tief in den Boden gelangt, statt nur die ausgetrocknete Oberfläche zu benetzen.

Das Wässern mit verdünntem Flüssigdünger alle paar Wochen hält Pflanzen gesund, vor allem in nährstoffarmen Böden.

Blattdünger

Blätter nehmen Nährstoffe aus Flüssigkeiten schneller auf als Pflanzenwurzeln. Der Zusatz wird wie üblich in Wasser verdünnt, dann jedoch mit einer Sprühflasche auf die Oberfläche von Laub und Trieben aufgetragen (nicht vergessen, dabei auch die Blattunterseiten zu besprühen). Mikrobielle Zusätze wie zum Beispiel LAB werden ebenfalls als Pflanzenschutz auf die Blätter gesprüht.

Von unten gießen

Beim Wässern von Setzlingen sollte von unten gegossen werden, sodass die Erde das Wasser aufsaugen kann (siehe S. 92). Dieses Wasser kann mit einem Flüssigzusatz angereichert werden, der dann ebenfalls von der Erde aufgenommen wird und dadurch den Wurzeln zur Verfügung steht.

LAB wird als Blattdünger auf die Pflanzen (hier Pak Choi) gesprüht und senkt das Krankheitsrisiko.

NÄHRSTOFFE UND MIKROBEN ZUGLEICH

Es gibt Flüssigzusätze, die sowohl Nährstoffe als auch Mikroben enthalten. Wurmtee (siehe S. 273), Kompostextrakt (siehe S. 272) und JMS (siehe S. 273) sind nur einige Beispiele für solche Mehrzwecklösungen. Während Tee und der Extrakt mehr Nährstoffe liefern, steuert die JMS-Lösung eher Mikroben bei.

JMS, einsatzbereit. Die Lösung gehört zu den einfachsten und wirksamsten Zusätzen für den Garten.

GRÜNDÜNGER UND ZWISCHEN-FRÜCHTE

Gründüngerpflanzen und Zwischenfrüchte werden angebaut, um die Gesundheit, Struktur und Fruchtbarkeit von Böden zum Anbau von Nahrungspflanzen zu verbessern. Mit ihnen lassen sich minderwertige Böden hervorragend aufwerten.

ZWISCHENFRÜCHTE

Sie sollen vor allem dazu beitragen, den Boden zu begrünen und seine Oberfläche zu schützen sowie durch ihre Wurzelsysteme und -exsudate die Bodenstruktur zu verbessern. Zwischenfrüchte schützen den Boden, wenn er während der Anbausaison für kurze Zeit nicht bewachsen ist, aber auch so lang wie möglich im Winter. Entfernt werden sie in der Regel durch Mähen im Früh- bis Hochwinter und Verwendung der Pflanzenmasse als Chop and Drop (siehe S. 62), oder indem man sie zu Beginn bzw. während der Anbausaison wie Gründünger in den Boden einarbeitet.

GRÜNDÜNGER

Dabei handelt es sich vereinfacht gesagt um Zwischenfrüchte, die überwiegend deshalb angebaut werden, damit man sie später mähen und in den Boden einarbeiten kann, um ihn mit organischer Substanz und Nährstoffen zu verbessern. Gründüngerpflanzen pflanzt man in der Regel zu Beginn einer Anbausaison und lässt sie bis kurz vor der Samenbildung wachsen. Dann werden sie geschnitten und als Chop and Drop auf der Oberfläche liegen gelassen.

DIE WURZELN IM BODEN LASSEN

Zwischenfrüchte und Gründünger, vor allem einjährige, tragen viel zur Bodengesundheit bei: Statt die Wurzeln auszureißen, mäht man die Pflanzen einfach knapp über dem Boden und lässt den unterirdischen Wuchs im Erdreich. Er zersetzt sich langsam und reichert den Boden mit Nährstoffen und organischer Substanz an, was seine Struktur verbessert. So kann man mit den meisten einjährigen Nutzpflanzen verfahren, außer es handelt sich um Wurzelgemüse wie Kartoffeln und Möhren.

VORTEILE VON ZWISCHENFRÜCHTEN UND GRÜNDÜNGERN

Sie verhindern Bodenerosion, weil sie nackte Erde bedecken, was gerade außerhalb der Saison oder zwischen Pflanzungen entscheidend sein kann. Der dichte Bewuchs kann Unkräuter verdrängen oder zumindest unterdrücken und die Beete außerhalb der Saison unkrautfrei halten, sodass weniger gejätet werden muss. Ihre Wurzeln belüften den Boden, geben ihm Struktur und führen ihm Kohlenstoff zu, was eine Verdichtung verhindert und die Wasserspeicherfähigkeit des Erdreichs verbessert. Manche Zwischenfrüchte und Gründüngerpflanzen locken außerdem Nützlinge an, angefangen von Bestäubern bis zu Fressfeinden von Schädlingen, leisten also ihren Beitrag zum natürlichen Gleichgewicht und zur Biodiversität im Garten.

Gründünger und Zwischenfrüchte werden zwar ähnlich eingesetzt, haben aber dennoch im Permakulturgarten einen unterschiedlichen Nutzen und kommen auch zu geringfügig anderen Zeiten zur Anwendung. Zwischenfrüchte sät man im Februar oder März, um den Boden zu schützen, in dem ab dem Spätfrühling frostempfindliche Gewächse wie Kürbisse wachsen sollen. Manchmal sät man sie auch zum Saisonende aus, um den Boden im Winter zu schützen. Gründünger kann während der Saison jederzeit gesät werden. Selbst Anbauflächen unter Glas eignen sich dafür, vor allem im Winter, wo sie wegen der höheren Temperaturen eine längere Saison haben.

Nicht alle Zwischenfrüchte und Gründünger eignen sich für Permakulturgärten – etwa, weil sie zu komplex, speziell, teuer oder schwierig zu entfernen sind. In diesem Buch empfehle ich nur die nützlichsten und praktischsten. Damit sie den höchsten Nährstoffwert für den Boden haben, müssen sie alle vor Blühbeginn gemäht werden.

Im Spätherbst mähe ich die Bienenweide, damit sie im Winter verrottet. Bleiben die Wurzeln im Boden, bewahren sie die Bodenstruktur und mindern niederschlagsbedingte Erosion.

Geeignet als Zwischenfrucht und Gründünger

1. Bienenweide
2. Senf
3. Inkarnat-Klee
4. Futter-Wicke*
5. Buchweizen
6. Futtererbse*
7. Dicke Bohne*
8. Blaue Lupine
9. Kapuzinerkresse
10. Borretsch

* Winterhart

BEINWELL

Man kann kein Buch über Permakultur schreiben, ohne auf Beinwell einzugehen! Beinwell ist eine Staude, die als Gründünger und Kompostzutat angebaut wird. Im Gegensatz zu anderen Gründüngern, die dort wachsen, wo sie sich auch zersetzen sollen, wird Beinwell dauerhaft angebaut und drei- oder viermal im Jahr geerntet, um ihn an anderer Stelle im Garten einzusetzen. Die beste Sorte ist Bocking 14. Ihre Samen sind steril, sodass sie sich nicht im Garten ausbreiten kann. Bocking 14 wird durch Wurzelschnittlinge und Teilung vermehrt. Kontaktieren Sie Permakulturorganisationen – dort finden Sie sicher jemanden, der Ihnen einige Schnittlinge überlässt.

Beinwell wächst gut im Halbschatten und bevorzugt durchlässige Böden, verträgt aber auch andere. Wenn Sie den Boden vorbereiten, um die Wurzelschnittlinge oder geteilten Pflanzen hineinzusetzen, arbeiten Sie etwas reifen Stallmist ein und wässern Sie den frisch gepflanzten Beinwell ordentlich. Im ersten Jahr sollte man ihn gut jäten und großzügig mulchen, aber noch nicht abschneiden. Danach kann man ihn fast ohne zusätzlichen Aufwand viele Jahre lang ernten.

Beinwellblätter sind eine außerordentlich nährstoffreiche, nachhaltige Ressource, die sich vielfältig einsetzen lässt, insbesondere als wirksamer Flüssigdünger für Fruchtgemüse (siehe S. 272). Auch als Chop and Drop zum Verbessern von Beeten für einjährige Nutzpflanzen leistet er unschätzbare Dienste.

Beinwell liefert im Verlauf der Saison Unmengen an Biomasse. Zwischen Frühjahr und Herbst sind bis zu fünf Ernten möglich.

1. *Beinwell teilen: Wurzel aufnehmen und Pflanze mit dem Spaten teilen.*

2. *Die Teile wieder genauso tief wie zuvor einpflanzen.*

Wurzelschnittlinge: Wurzeln in 5 cm lange Abschnitte teilen und 5 cm tief pflanzen.

HÜHNER-KOMPOST

Hühner sind Kompostprofis! Ihr Scharren – ein natürliches Verhalten, mit dem sie im Boden nach Insekten und Samen suchen – kann man sich zunutze machen, um große Mengen an hochwertigem, nährstoffreichem Kompost zu erzeugen.

Bei der Erzeugung von Hühnerkompost nutzt man die natürlichen Instinkte von Federvieh aus, um mit sehr wenig Aufwand hochwertigen Kompost zu erhalten. Das ist ein typisches Beispiel für die Umsetzung des Permakulturprinzips, aus Mustern Details zu gestalten: Wir sehen uns das natürliche Verhalten der Hühner an (Muster) und gestalten daraus ein produktives Nährstoffsystem (Detail) für den Garten.

Es gibt mehrere Ansätze, mithilfe von Hühnern Kompost zu produzieren. Gemeinsam haben alle, die Tiere auf der Suche nach Insekten, Samen und Blättern Kompostmaterial durchwühlen zu lassen. Dabei reichern sie das Material durch ihren Mist mit Nährstoffen an. Das Scharren beschleunigt außerdem den Zersetzungsprozess – ähnlich wie das Wenden eines Komposthaufens.

Für die Produktion von Hühnerkompost stehen mehrere Verfahren zur Verfügung. Sehr gut gefällt mir das von Sean Dembrosky von Edible Acres. Er säumt einfach den Weg mit fixierten Brettern, die das Kompostmaterial am Entweichen hindern. Die Palette reicht von rohen Abfällen, die mit nicht aktivierter Biokohle (siehe S. 68–69) vermischt werden, bis zu fertigem Kompost, der am Schluss dabei herauskommt. Mithilfe einer Mistgabel wird das Material entlang eines »Nährstofffluss«-Pfads gewendet. Dabei werden keimende Samen, Larven und andere Happen freigelegt, die Hühnern schmecken. Die Hühner bleiben gesund, weil sie eine breite Vielfalt an Nahrung bekommen und ihr natürliches Verhalten an den Tag legen können. Sie »impfen« das Material mit Hühnermist und machen es nährstoffhaltiger, wodurch es zum perfekten Mulchmaterial für Einjährigenbeete wird.

DAS HÜHNERKOMPOSTSYSTEM

Diese Produktionsstraße ist so klein, dass sie in einen Schrebergarten mit einer Handvoll Hühner passt, aber sehr ertragreich. An einem Ende kommt rohes Material hinein, am anderen Ende kann man fertigen Kompost herausholen. Zum System gehört eine abgedeckte Kammer, in der der fertige Kompost gelagert wird. Die Mistgabel steht an einem festen Platz, damit sie nicht verloren geht. Nachteil von Hühnerkompostsystemen: Die Lage ist nicht hoch und kann bei ausbleibendem Regen austrocknen, was den Zersetzungsprozess verlangsamt. Dem ist hier dadurch Rechnung getragen, dass man sie mit dem Gartenschlauch wässern kann. Auch das Auffangen von Regenwasser am Hühnerhaus in einem Eimer sollte nicht fehlen, genauso wie ein transportabler Schattenspender, unter den sich die Hühner flüchten können, wenn die Sonne zu heiß wird.

Am Ende der Kompoststraße befindet sich ein kleiner, mit Maschendraht eingezäunter Abschnitt. Hier wird Beinwell gepflanzt, der Nährstoffe wie ein Schwamm aufnimmt, sodass sie später wieder dem Garten zugeführt werden können. In wärmeren Gegenden ließen sich hier auch gut Tomaten anpflanzen.

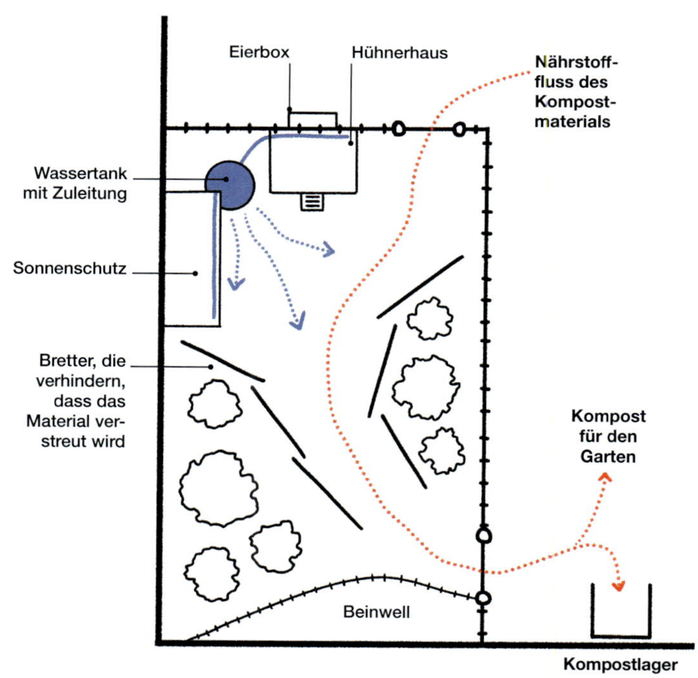

Hühnerkompoststraße
Dieses System würde gut neben einem Küchengarten funktionieren. Auf einem geneigten Grundstück müsste es hangabwärts verlaufen.

Beim Ernten des Komposts bekommen die Hühner noch einmal Gelegenheit, letzte Insektenlarven und Samen zu erhaschen.

Hat man einen großen Hühnerkompost, kann man hier sogar einen Niederwald aus Weiden anlegen.

HUWS TIPP

Statt die Hühner mit einem speziellen Futterspender zu füttern, kann man das Futter direkt in den Kompost werfen. Sie scharren dann mit großem Eifer darin herum und beschleunigen damit gleichzeitig den Kompostvorgang.

HOLZ IM HÜHNERKOMPOST

Weil Hühnerkompost durch das grüne Pflanzenmaterial und den Hühnermist einen hohen Stickstoffanteil aufweist, kann man dem Kompost gut kohlenstoffhaltiges Material wie Hackschnitzel, Sägespäne und Biokohle hinzufügen, ferner Herbstlaub, Papier und Karton, die zwar viel Kohlenstoff enthalten, ansonsten aber wenig andere Nährstoffe.

NÄHRSTOFF-ARMER ANBAU

Sie wollen den Kompostbedarf im Garten senken? Dann kultivieren Sie einfach Nutzpflanzen, die einen geringen Bedarf an Nährstoffen haben, aber dennoch erkleckliche Erträge liefern.

MEHRJÄHRIGE NUTZPFLANZEN

Wer Nutzpflanzen in kargen Böden anbaut, sollte sich dabei auf Mehrjährige konzentrieren. Sofern Unkräuter kein Problem sind, kann man sie mit lediglich einer Mulchschicht pro Jahr düngen – Kompost braucht man dafür gar nicht. Der wird höchstens dann benötigt, wenn die Pflanzen frisch gesetzt werden und der Boden von außerordentlich schlechter Qualität ist. Mit Tests (siehe S. 48–49) finden Sie heraus, ob Ihr Boden an einem extremen Ende des Spektrums angesiedelt ist. In diesem Fall mischen Sie den Aushub 1:1 mit Kompost.

Die folgenden Nutzpflanzen eignen sich für Böden mit geringer Fruchtbarkeit:

- Rote, Schwarze und Weiße Johannisbeeren
- Stachelbeeren und Jostabeeren
- Brombeeren
- Himbeeren
- Heidelbeeren
- Obstbäume
- mehrjährige Kräuter
- Topinambur

BIOMASSE UND BIODIVERSITÄT

Falls Sie nährstoffarme Böden in einem Garten haben, in dem Sie langfristig planen können, pflanzen Sie Weiden, Erlen und Haselsträucher, um FZH (siehe S. 66–67) zu gewinnen. Nährstoffarme Böden eignen sich außerdem sehr gut für Wildblumenmischungen, die für den Boden und das Klima maßgeschneidert sind. Wildblumenwiesen sind ein Geschenk für die örtliche Fauna, selbst wenn sie nur klein sind. Sie erhöhen die Biodiversität und bereichern das Ökosystem.

EINJÄHRIGE

Will man einjährige Nutzpflanzen, sollte man auf Blattgemüse und Kräuter zurückgreifen, die zusammen mit essbaren Blüten am wenigsten nährstoffhungrig sind. Auch Hülsenfrüchtler wie Dicke Bohnen und Erbsen eignen sich für magere Böden. In den meisten Fällen bietet karger Untergrund eine gute Möglichkeit, Zwischenfrüchte und Gründüngerpflanzen zu kultivieren. Sie können in das Erdreich eingearbeitet werden, das dadurch im Verlauf von zwei, drei Jahren nährstoffreicher wird, sodass Sie danach mehr Optionen haben.

Wer die Abhängigkeit von Kompost verringern möchte, ist mit Obstbäumen sehr gut bedient. Manchmal ist sogar das Laub von Bäumen essbar (siehe S. 165).

Diese Blattgemüsemischung stammt von Böden, die zur Verbesserung des Nährstoffgehalts nur mit pflanzlichem Material gemulcht wurden.

BODENAUFBAU MIT KARTOFFELN

Bei der Idee, Kartoffeln auf eine Art und Weise zu kultivieren, die nicht nur eine ordentliche Ernte liefert, sondern auch den Boden aufbaut, habe ich mich zum Teil von Nigel Palmer inspirieren lassen. Kartoffeln sind ein ganz besonderes Gemüse, denn sie wachsen sogar in Mulch, den man auf Rasen verteilt. Entwickelt habe ich diese Methode, weil sie einfach ist und mit verschiedenen Materialien umgesetzt werden kann. Sie brauchen etwas Karton, Saatkartoffeln und eines der folgenden Mulchmaterialien:

- Seetang
- Beinwell
- gebrauchte Einstreu
- Hackschnitzel und FZH (möglichst mit Grasschnitt vermischt)
- Herbstlaub (geschreddert, falls möglich)
- Heu und Stroh
- Grasschnitt und geschredderte Unkräuter wie Nesseln

1. Baut man Kartoffeln auf Gras an, schneidet man es vorher mit einer Motorsense kurz, lässt den Schnitt aber liegen.
2. Geben Sie mehrere Lagen Karton und eine mindestens 10 cm dicke Mulchschicht darauf. Vier Wochen liegen lassen.
3. Danach kann man die Saatkartoffeln setzen. Schaffen Sie dazu ein Loch in der Mulchschicht und im Karton, um die Knollen auf dem ursprünglichen Bodenniveau zu pflanzen, und bedecken Sie das Pflanzloch mit Mulch.
4. Sobald sich die Kartoffeltriebe zeigen, gibt man weitere 10 cm Mulch darauf. Wird Heu, Stroh oder Seetang als Mulch verwendet, nimmt man doppelt so viel, damit die Kartoffeln kein Licht abbekommen, denn sonst werden sie grün.
5. Zum Saisonende lässt man die Kartoffeln auf natürliche Weise einziehen. Dann werden die Knollen geerntet. Den verbliebenen Mulch verteilt man gleichmäßig auf dem Boden, damit der Zersetzungsprozess weiterläuft.
6. Im Winter wird alles mit Karton oder biologisch abbaubarem Geotextil abgedeckt, damit kein Unkraut Fuß fasst.
7. Im darauffolgenden Frühjahr werden verbliebene, nicht verrottete Mulchklumpen weggeharkt und auf den Komposter geworfen. Danach kann man den neu entstandenen, fruchtbaren Boden mit Setzlingen bepflanzen oder direkt besäen.

HUWS TIPP

Wer Kartoffeln später in der Saison anbaut, sollte eine fäuleresistente Sorte wie 'Sarpo Mira' wählen.

Wasser

WASSER-BEDARF UND TROCKENHEIT

Wasser, Licht und gesunde Böden sind die Grundvoraussetzungen für einen erfolgreichen Küchengarten. Die ausreichende Versorgung mit Wasser wird vor allem zur Saisonmitte ein Thema. Hier einige Strategien, um den Wasserbedarf zu senken.

Ist ein Garten nicht gegen Trockenperioden gefeit, führt ausbleibender Regen zwangsläufig dazu, dass mehr gewässert werden muss und die Pflanzen nicht mehr optimal gedeihen. Aber genauso, wie sich gesunde Böden aufbauen lassen (siehe S. 46–79), gibt es viele Tricks, den Wasserbedarf im Garten zu senken und die Pflanzen vor Wassermangel zu bewahren.

ORGANISCHE SUBSTANZ EINARBEITEN

Zunächst einmal eine gute Nachricht: Alles, was man tut, um den Anteil der organischen Substanz im Boden zu erhöhen, etwa das Hinzufügen von Kompost und Biokohle oder die Chop-and-Drop-Methode, verbessert seine wasserspeichernden Eigenschaften. Näher erklärt wird das auf S. 88, aber wenn man weiß, dass organische Substanz im Boden das bis zu Zehnfache ihres Gewichts an Wasser aufnehmen kann, bekommt die Erhöhung der Bodengesundheit plötzlich ein ganz neues Gewicht.

MULCHEN

Die Erhöhung des Anteils organischer Substanz im Boden ist zwar wichtig, um den Feuchtigkeitsgehalt im Boden zu steigern, doch das Mulchen (siehe S. 63–63) liefert sofort Ergebnisse und ist kurzfristig die beste Maßnahme. Eine Mulchschicht von mindestens 5 cm ist wie nichts sonst geeignet, die Verdunstung von Bodenfeuchtigkeit zu verringern. Wer Mulch als Maßnahme gegen Trockenheit ausbringt, muss den Boden am Abend gründlich wässern und anschließend sofort mulchen. Durch die kühleren Nachttemperaturen kann so viel Wasser wie möglich in den Boden eindringen. Die meisten Mulchmaterialien sind sehr durchlässig, sodass das Wasser langsam zu den Wurzeln sickert, statt von der Oberfläche abzulaufen, wie es bei trockener, nackter Erde oftmals der Fall ist. Meine bevorzugten Mulchmaterialien zur Erhöhung der Bodenfeuchtigkeit sind Grasschnitt, Hackschnitzel und Herbstlaub.

Wer nackte Erde um Paprikapflanzen herum mit geschreddertem Stroh mulcht, kann viel Wasser sparen.

Mehrjährige Kräuter wie Thymian, Lavendel und Salbei sowie Winterzwiebeln (alle links zu sehen) müssen nur bei extremer Trockenheit gewässert werden. Bei mir in Wales kommt das nur alle paar Jahre einmal vor.

MEHRJÄHRIGE ANBAUEN

Ein resilienter Küchengarten ist einer mit einem hohen Anteil Mehrjähriger. Sie haben verglichen mit Einjährigen ein wesentlich ausgeprägteres Wurzelsystem und damit eine größere Wurzeloberfläche, um Wasser aufzunehmen. Außerdem kommen sie schon allein genetisch besser mit Trockenheit zurecht. Einjährige haben nicht viel Zeit, um sich zu vermehren, und schossen – setzen also verfrüht Samen an –, wenn die Bedingungen zu unwirtlich werden, damit sie sich noch schnell fortpflanzen können. Mehrjährige hingegen haben die Zeit auf ihrer Seite und sparen bei Extrembedingungen Energie, statt sie für die Vermehrung zu verpulvern. Je mehr Mehrjährige Sie also haben, desto weniger müssen Sie wässern.

AUFBAU EINER INFRASTRUKTUR ZUM WÄSSERN

Ungeachtet der auf der linken Seite erwähnten Punkte ist das Wässern in vielen Fällen unabdingbar. Zieht man Einjährige durch Aussaat, muss man die empfindlichen Sämlinge wässern, damit sie optimal gedeihen und gesund bleiben. Dafür braucht man eine angemessene Infrastruktur zur Bewässerung, um die lebensnotwendige Flüssigkeit sammeln und ausbringen zu können. Was dafür notwendig ist, erfahren Sie auf den nächsten Seiten.

RESSOURCE REGENWASSER

Die meisten Niederschläge fallen im Herbst und Winter, wenn wir sie am wenigsten brauchen. Das Regenwasser zu dieser Zeit zu sammeln, um es im Frühjahr und Sommer nutzen zu können, gehört zu den wichtigsten Schritten hin zu einem resilienten, ertragreichen Küchengarten.

DEN BEDARF ERRECHNEN

Zu den wichtigsten Berechnungen, die man im Garten anstellen sollte, gehört der potenziell anfallende Wasserertrag auf Dächern, von denen Regenwasser gesammelt werden kann. Dazu gehören Schuppen, Garagen, Gewächshäuser und auch Wohngebäude. Sie brauchen dafür nur die gesamte Dachfläche (Länge mal Breite) und die durchschnittliche monatliche Niederschlagsmenge in Ihrer Gegend (in Millimetern). Online findet man viele detaillierte Angaben zur Erfassung der lokalen Regenmenge. Vom Ergebnis zieht man 10 Prozent Verluste ab, die dadurch entstehen, dass Wasser über Dach- und Rinnenränder läuft oder verdunstet. Selbst diese Verluste lassen sich aber durch Installation leichter Barrieren an den Dachrändern minimieren.

Formel

Dachfläche × durchschnittliche jährl. Regenmenge = X Liter

Abzug von 10 % Verlust

X Liter × 0,9 = gesamter potenzieller Ertrag

Beispiel

Ein Gartenschuppen hat eine Dachfläche von 2 × 3 m und steht in einer Gegend mit einer jährlichen Niederschlagsmenge von 1400 mm.

6 (m^2) × 1400 (mm) = 8400 (Liter) × 0,9 = 7560 (Liter Gesamtpotenzial)

BAU EINES REGENWASSER-SAMMELSYSTEMS

Nachdem Sie errechnet haben, wie viel Wasser Ihre Dächer potenziell liefern, können Sie sich schon an die Einrichtung eines Sammelsystems machen. Die Auswahl ist groß, aber ich schlage eine einfache und kostengünstige Variante vor – insbesondere, wenn es um Tanks geht, die stets der teuerste Faktor sind. Wenn Sie die folgende Anleitung beachten, bekommen Sie ein System, das perfekt auf Sie und Ihren Garten zugeschnitten ist.

1. Standort

Der günstigste Platz für Ihr System ist in der Nähe eines Fallrohrs, über das Wasser von der Dachrinne am Haus, der Garage oder dem Schuppen nach unten geführt und in Ihren Behälter geleitet werden kann.

HUWS TIPP

Bewahren Sie Wasser immer am schattigsten Platz auf, den Sie finden können, damit es keine wertvolle Anbaufläche wegnimmt. Mit einem langen Zuleitungsrohr vom Fallrohr zum Behälter bleiben Sie flexibel.

2. Speicherung

Wählen Sie einen passenden Wasserbehälter aus. Es gibt Plastikfässer, IBC-Tanks (Gittertanks), Metalltanks und sogar Holzfässer. Berechnen Sie vorher, wie viel Volumen der Behälter haben sollte (siehe links), und besorgen Sie sich ein Fabrikat mit der entsprechenden Größe. Wichtig ist, das anfallende Wasser auf mindestens zwei Behälter aufzuteilen, damit Sie im Fall eines Lecks nicht alles verlieren (siehe S. 23).

3. System

Stellen Sie den Wasserbehälter an seinen Standort. Der Boden bzw. das Fundament müssen eben sein, damit der Behälter stabil steht. Überlegen Sie, wie Sie das Wasser zapfen wollen. Ich stelle meine Gittertanks auf gestapelte Holzpaletten, damit ich noch eine Gießkanne unter den Hahn bekomme. Das Fallrohr wird über einen Abzweig mit dem Behälter verbunden. So kann Wasser weiter durch das Fallrohr fließen, wenn der Tank voll ist, ohne dass er überläuft.

4. Filter

Wichtig ist, einen einfachen Filter einzubauen, damit kein Schmutz wie Blätter, Moos und Zweige in den Tank gelangt. Gut eignet sich dafür ein Drahtgitterfilter, der am Ende des Rohrs kurz vor seinem Eintritt in den Behälter zwischengeschaltet wird. Fixieren Sie das Gitter mit einem Draht.

Hier messe ich mein Schuppendach ab, um errechnen zu können, wie viel Wasser ich damit sammeln kann.

Es sollte so angebracht werden, dass es sich leicht herausnehmen lässt, um die Schmutzreste zu entfernen. Für oben offene Behälter empfehle ich eine Abdeckung, damit keine Tiere hineinfallen können und die Verdunstung verringert wird. Bei mir ist es eine Holzplatte, die ich mit ein paar Ziegeln beschwere.

5. Wartung
Ist das System erst einmal eingerichtet und funktionsfähig, müssen Sie nur noch sicherstellen, dass es nicht leckt und nicht verstopft ist. Ich prüfe es immer Ende Februar, damit alles bis zum Frühjahr einsatzbereit ist.

IMPROVISIERTER WASSERKOLLEKTOR

Wenn Sie zusätzliches Wasser brauchen, können Sie bei Starkregen eine große Plane zwischen vier Pfosten befestigen, um Regen aufzufangen und das Wasser in einen Behälter zu leiten. Das lässt sich sogar als vorübergehende Methode länger einsetzen, etwa über einen oder zwei Tage. Halten Sie die Plane bei Trockenheit bereit, damit Sie das wertvolle Nass sofort einsammeln können, falls es vom Himmel fallen sollte.

IBC-TANKS ALS WASSERSPEICHER

Jahrelang habe ich als preisgünstige Wasserbehälter 1000-Liter-Tanks eingesetzt. Diese großen Kunststofftanks werden normalerweise für die Lagerung und den Transport größerer Flüssigkeitsmengen verwendet und sind daher die idealen Wasserspeicher. Man kann sie gebraucht kaufen, doch müssen Sie sicherstellen, dass vorher nicht etwas Umweltschädliches oder Giftiges darin aufbewahrt wurde. Zum Glück geben die meisten Verkäufer an, wofür die Tanks genutzt wurden. Damit sich in den leicht durchsichtigen Behältern keine Algen bilden, kaufen Sie eine IBC-Abdeckung oder schrubben Sie das Innere im Winter mit einer langstieligen Bürste und spülen Sie den Tank danach aus. Ich weiß, dass ich mit einem vollen Tank meine 10-Liter-Gießkanne hundertmal füllen kann, habe also bei ausbleibendem Regen immer den Überblick, wie viel ich verwendet habe und wie viel noch übrig ist.

WASSERSPEICHER BODEN

Das Erdreich ist ein natürlicher Wasserspeicher, denn die organische Substanz darin saugt Regenwasser wie ein Schwamm auf und hält es, sodass die Pflanzen darauf zurückgreifen können, wenn es einmal nicht regnet. Reichert man den Boden durch Mulchen und weitere No-Dig-Methoden (siehe S. 52) mit organischer Substanz an, erhöht man seine Wasserspeicherfähigkeit. Nach Angaben der US-Behörde zum Schutz natürlicher Ressourcen deuten zurückhaltende Schätzungen darauf hin, dass eine nur einprozentige Erhöhung der organischen Substanz im Boden die Verfügbarkeit von Wasser im Boden pro Hektar um rund 180 000 Liter steigern kann – das sind 18 Liter pro Quadratmeter! Die Ergebnisse schwanken zwar in Abhängigkeit vom Bodentyp und dem bereits vorhandenen Anteil an organischer Substanz im Erdreich, aber dennoch ergibt sich daraus, dass mehr organische Substanz zu besserer Wasserspeicherfähigkeit führt. Mit anderen Worten: Die wichtigsten Wassertanks sind die Beete selbst.

Viele halten IBC-Tanks und andere Wasserbehälter für hässlich. Aber durch Begrünung mit Kletterpflanzen wie Duftwicken (im Bild) oder Verkleiden mit Paletten lassen sie sich unkompliziert optisch aufwerten.

BEWÄSSERUNGS-GERÄTE

Ein paar Bewässerungsutensilien sollte jeder in seinem Garten haben, um für alle Eventualitäten gerüstet zu sein. Qualität geht dabei vor Quantität – schaffen Sie sich also Fabrikate an, die möglichst lange halten. Hier die Gerätschaften in meinem Gartenarsenal.

SCHLÄUCHE

Gartenschlauch

Ich habe einen Gartenschlauch auf einer Rolle, der vom Hauptwassertank bis in die hintersten Winkel des Gartens reicht. Für größere Gärten bräuchte man einen Verbindungsschlauch. Die Rolle zieht ihn ein, sodass er sauber bleibt.

Bewässerungsbrause

Ein hochwertiger Multifunktions-Schlauchaufsatz deckt alle Verwendungszwecke ab. Er sollte auch eine sehr feine Sprühfunktion haben, mit der sich Sämlinge wässern lassen, und eine Spritzfunktion für ältere, größere Pflanzen.

Sprühlanze

Mit diesem unterschätzten Gartenutensil können Sie den Ansatz einer Pflanze direkt und rückenschonend wässern. Besonders gut eignen sich Sprühlanzen für Setzlingsreihen, Einzelpflanzen und mittelgroße bis große Pflanzgefäße.

HUWS TIPP

Achten Sie beim Kauf von Schlauchaufsätzen darauf, dass sie frost- und UV-beständig sind.

TROPFSCHLAUCH

Ein Tropfschlauch ist ideal für Töpfe, denn man kann an jeder beliebigen Stelle eine Tropfdüse anschließen, die direkt den Ansatz der Pflanze bewässert. Man muss also nur den Wasserhahn aufdrehen und wässert damit alle Gefäße auf einmal.

AKKUPUMPE

Wenn Sie wie ich keinen Wasseranschluss im Garten haben, lohnt sich vielleicht die Anschaffung einer Akkupumpe für Tanks. Sie erzeugt 2 bar Wasserdruck, was ausreicht, um ordentlich zu wässern. Gute Dienste leistet sie auch, wenn Wasser hangaufwärts bewegt werden muss, entweder zum Wässern oder um einen weiteren Tank zu füllen. Die Alternative ist eine Solarpumpe. Sie kommt ohne Akku aus, ist aber wesentlich teurer.

Eine Wand-Schlauchbox mit Akkupumpe ist das ideale Bewässerungssystem für kleinere Gärten ohne Wasserhahn.

Diesen Sickerschlauch habe ich zur Vorbereitung auf Sommerfruchtgemüse im Spätwinter in einem Folientunnelbeet verlegt.

SICKERSCHLAUCH

Dieser Schlauch hat durchlässige Wände, sodass der Bereich, in dem er verlegt ist, dezent und beständig tropfbewässert wird. Pro Schlauchmeter wird ein Quadratmeter Boden bewässert. Sickerschläuche verlegt man am besten auf der Oberfläche und bedeckt sie dann mit Mulch oder versenkt sie rund 5 cm im Boden, damit bei Hitze kein Wasser verdunstet, sondern direkt zu den Wurzeln gelangt. Besonders sinnvoll sind Sickerschläuche unter Abdeckung (siehe S. 92).

GIESSKANNE UND »TUNKEIMER«

Eine haltbare 10-Liter-Gießkanne lässt sich rasch einsetzen und ist gut manövrierbar für gezieltes Wässern. Man spart sich damit das Ausrollen des Schlauchs. Mit einem passenden »Tunkeimer« – einer kleinen Abfalltonne mit Wasser aus dem IBC-Tank und versehen mit einem Schwimmer, sodass sie stets gefüllt ist – lässt sie sich im Handumdrehen füllen.

WANNE

Eine Wanne mit hohen Seitenwänden, die sich mit Wasser füllen lässt, ist ideal zum Wässern von Topfplatten, Aussaaten und Setzlingstöpfen von unten (siehe S. 92).

Dieser Tunkeimer hat einen Schwimmer mit Stoppfunktion, ist also immer voll, wenn ich ihn brauche.

WIE MAN WÄSSERT

Hier erfahren Sie alles, was Sie wissen müssen, um gut zu wässern. In späteren Kapiteln finden Sie außerdem Tipps speziell für bestimmte Nutzpflanzen, etwa die »Brettermethode« für direkt ausgesätes Gemüse.

AUSSAATEN UND SETZLINGE

Neu angesäte Topfplatten und Setzlinge müssen behutsam gewässert werden, damit Blätter und Triebe keinen Schaden nehmen. Für Setzlinge in Topfplatten und Töpfen füllt man am besten eine große, wasserdichte Wanne 3–5 cm hoch mit Wasser, setzt die Gefäße hinein und stellt einen Timer auf zehn Minuten. Das Substrat saugt das Wasser auf, sodass es den Wurzeln zur Verfügung steht. Wird dagegen von oben gewässert, ob in Topfplatten oder im Freiland, muss man sichergehen, dass das Wasser die Wurzeln auch tatsächlich erreicht. Nur weil die Oberfläche feucht ist, heißt das noch nicht, dass gut gewässert wurde. Mit dem Finger können Sie überprüfen, ob die Erde auch tiefer durchfeuchtet ist.

PFLANZGEFÄSSE

Große Töpfe und andere Pflanzgefäße sind wesentlich durstiger als Hochbeete. Deshalb muss unbedingt gemulcht werden, um Zeit und Wasser zu sparen. Für Terrassen- oder Balkongärten mit vielen Pflanzgefäßen empfehle ich, ein Tropfbewässerungssystem in Betracht zu ziehen (siehe S. 90). Ansonsten wässert man Ein- und Mehrjährige in Töpfen, wenn die obersten 5 cm des Substrats trocken sind.

BEETE IN FOLIENTUNNELN

Beete in Folientunneln und Folienbeete bekommen keinen Regen ab. Deshalb müssen sie gründlich künstlich gewässert werden, während der Anbausaison mindestens einmal pro Woche. Zeit spart ein Sickerschlauch (siehe S. 91), der alle zwei Tage für zwei Stunden eingeschaltet wird. Im Winter reicht einmal wässern alle zwei Wochen, um Schimmelbildung zu verhindern, aber die Bodengesundheit zu bewahren.

ERHÖHTE BEETE UND FLACHBEETE

Hier verfährt man wie bei Pflanzgefäßen: Sie werden gewässert, wenn die obersten 5 cm der Erde trocken sind. Mehrjährige sind fast immer gemulcht, weshalb sie normalerweise nur während der Entwicklung als Jungpflanzen und bei länger ausbleibendem Regen Wasser brauchen.

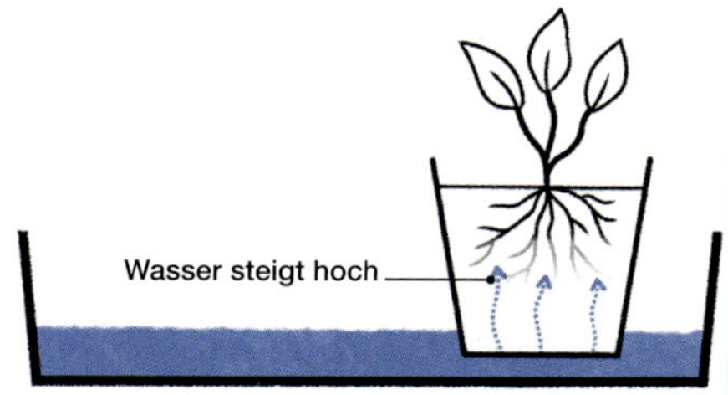

Setzlinge wässern
Das Substrat saugt die Feuchtigkeit wie ein Docht nach oben zu den Wurzeln.

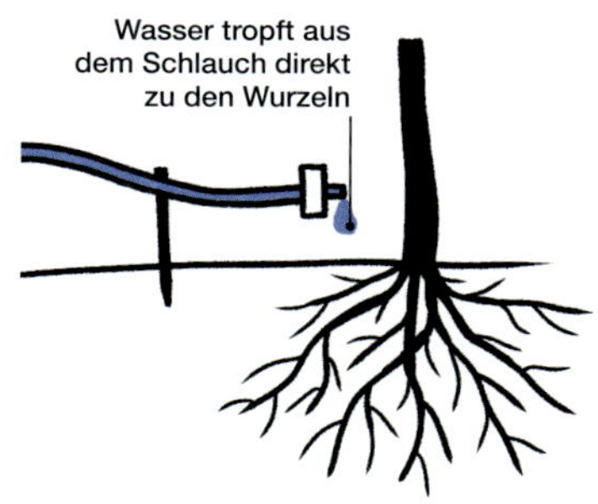

Pflanzgefäße wässern
Tropfbewässerungssysteme bringen das Wasser möglichst nah zu den Wurzeln, wodurch wenig Wasser verloren geht.

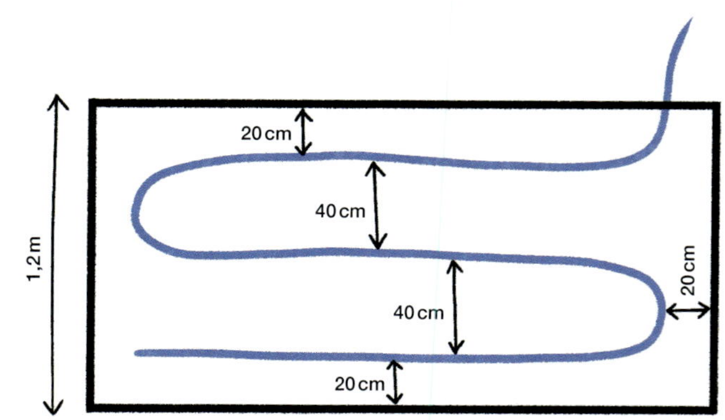

Beete in Folientunneln wässern
Hier sieht man, wie ich den Sickerschlauch verlegt habe, damit das Wasser in einem 1,2 m breiten Rahmenbeet möglichst breitflächig verteilt wird und keine trockenen Stellen bleiben.

Wenn Sämlinge nur ein bisschen Wasser brauchen, reicht auch Wässern von oben.

Jungpflanzen werden am besten direkt um den Ansatz herum gewässert.

DAS TIMING

Wässern Sie nach Möglichkeit nur an verhangenen Tagen, entweder frühmorgens (vor allem wenn Schnecken im Garten ein Problem sind) oder am frühen Abend. Wird in der prallen Sonne bzw. zur Mittagszeit gegossen, ist die Verdunstungsrate am höchsten und das Wässern daher am ineffizientesten.

HUWS GIESSTIPPS

1. Wässern Sie möglichst nah am Ansatz der Pflanze, damit das Wasser direkt zu den Wurzeln sickert. Gießt man auf das Laub, läuft es ab, sodass weniger in den Wurzelraum gelangt.
2. Damit das Wasser tief einsickert, wässert man einmal gründlich und wiederholt es 10–15 Minuten später. Das erste Wässern verbessert die Durchlässigkeit der Oberfläche, sodass sie mehr Wasser aufnimmt.
3. Wässern Sie den Rand der Beete etwas gründlicher als die Mitte, denn die Ränder trocknen rascher aus.

Die Hierarchie der Anbaufläche

EINTEILUNG DES GARTENS

Im Permakulturgarten ist es Ihre Aufgabe, seine Stärken und Herausforderungen zu nutzen, um ein möglichst resilientes, produktives System zu entwickeln. Wer jeden Bestandteil der Anbaufläche gut versteht, hat schon einen großen Schritt in die richtige Richtung getan.

Ich teile meine Anbaufläche hierarchisch ein. Das ist meine Art zu organisieren, was ich kultiviere. Manche Bereiche sind um ein Vielfaches produktiver als andere, aber alle haben ihre spezifischen Vorteile, aufgrund derer wir den Garten möglichst effizient gestalten können. Ein wichtiger Aspekt ist die Bodengesundheit – sie wird in den Abschnitten »Großräumige Abdeckungen« (siehe S. 100) und »Pflanzgefäße« (siehe S. 114) erklärt. Zum Ende des Kapitels gebe ich Empfehlungen, wo man Elemente wie Schuppen, Komposter und Wassertank am besten unterbringt.

Die Hierarchie ist auf einen Garten in einer gemäßigten Klimazone zugeschnitten, also einer Gegend, in der ausgeprägte Unterschiede zwischen Sommer und Winter herrschen und die Anbausaison mit dem letztem Frost beginnt und mit dem ersten endet.

DIE HIERARCHIE

In diesem Kapitel sind die Flächen hierarchisch vom produktivsten bis zum unproduktivsten Bereich aufgelistet. Hier der Überblick:

1. Großräumige Abdeckungen
2. Kleinräumige Abdeckungen
3. Vertikale Strukturen
4. Erhöhte Beete
5. Beete ohne Einfassung
6. Weiche Begrenzungen
7. Pflanzgefäße
8. Schatten

Es gibt zahlreiche Wege, das Potenzial einer Anbaufläche zu steigern. So kann man ein erhöhtes Beet in ein kleines Folienbeet umwandeln, eine sonnige Wand in einer helleren Farbe streichen, damit sie das Licht besser reflektiert, und in Beeten Klettergerüste aufstellen, um mehr vertikale Anbauflächen zu bekommen.

Mein Küchengarten aus der Vogelperspektive. Zu sehen sind die wichtigsten Bestandteile, vom Folientunnel und den vertikalen Anbausystemen bis zu den »weichen« Begrenzungen und dem Wassertank in einer schattigen Ecke.

HIERARCHIE NACH SONNENEINSTRAHLUNG

Die meisten Nutzpflanzen in den Gärten gemäßigter Zonen brauchen möglichst viel Sonne, weshalb die sonnigsten Flecken auch die produktivsten sind. Es gibt vier Arten von Lichtverhältnissen, die ebenfalls hierarchisch geordnet sind: vollsonnig, absonnig, halbschattig und vollschattig (Letzteres mit weniger als vier Sonnenstunden am Tag). Selbst im Vollschatten kann man noch bestimmte Nutzpflanzen anbauen (siehe S. 116). Was wohin gehört, erfahren Sie in den Kapiteln über Mehrjährige (siehe S. 124–173) und Einjährige (siehe S. 176–225).

GARTENPROFIL

Bei der Gestaltung eines produktiven Gartens ist es überaus wichtig, die Geländeform in die Planung mit einzubeziehen. Liegt der Garten an einem Hang, ist er überwiegend eben oder ein Mix aus beidem?

Jedes Gelände, ob eben oder geneigt, hat Vorteile und Nachteile – sie sind unten aufgeführt. Wenn man ihre Charakteristiken versteht, kann man den Garten passgenauer planen.

Flächenprofil	Wesentliche Vorteile	Wesentliche Nachteile
Eben	• besserer Zugang für Mensch und Material • bessere Eignung für Gebäude und Folientunnel • gleichmäßigere Verteilung von Wasser über die Fläche	• Gefahr von Staunässe • begrenzte Mikroklimata • geringere Sonneneinstrahlung
Geneigt	• weniger Gefahr von Staunässe • je nach Lage am Hang unterschiedliche Mikroklimata • bei Süd- und Ostausrichtung viel Sonne	• Gartenanlage ist evtl. arbeitsintensiver • schwerer zu pflegen • eher ungleichmäßiger Wassereintrag

POSITIONIERUNG VON BEETEN IN HANGLAGE

Erstreckt sich der Garten an einem leichten Hang, der zum unteren Ende hin abflacht, sammelt sich an diesem flachen Teilstück das meiste Wasser. Sollte es nach starkem Regen und in den nassesten Monaten dort sumpfig werden, schaffen Hochbeete Abhilfe. Alternativ kann man Beete am Hang anlegen und auf dem Flachstück Pflanzen anbauen, die Nässe besser wegstecken, wie Beinwell, Heidelbeeren und Weiden.

In Hanglage müssen Beete horizontal statt hangabwärts angelegt werden (siehe rechts). Verläuft der Boden schräg, ist bei Starkregen mit Erosion zu rechnen – das ablaufende Wasser schwemmt die fruchtbarste Erde nach unten.

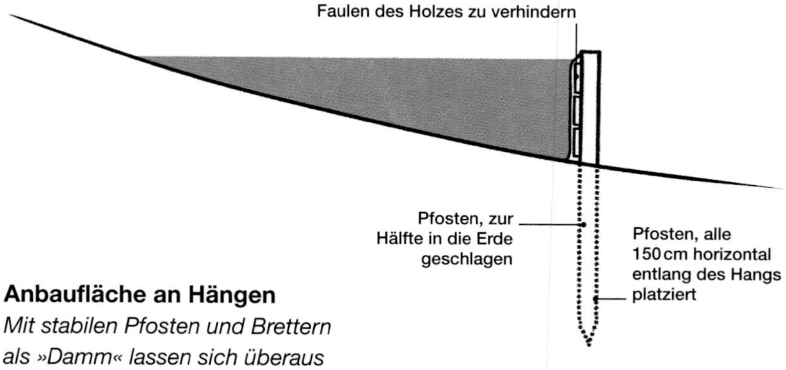

Anbaufläche an Hängen
Mit stabilen Pfosten und Brettern als »Damm« lassen sich überaus produktive Anbauflächen anlegen.

Hier ermittle ich mit einem A-förmigen Gerüst die Geländekonturen für eine weiche Begrenzung (siehe S. 112–113).

HÖHENLINIEN

Eine Höhenlinie ist eine Linie, deren Punkte sich alle auf gleicher Höhe befinden; Höhenlinien auf einer Karte werden oft auch als Fingerabdruck des Geländes bezeichnet.

Was hat das mit Gärten in Hanglage zu tun? Zunächst einmal ergibt sich eine natürliche Ästhetik, wenn man die Höhenlinien in die Planung einbezieht: Statt mit geraden Linien zu arbeiten, berücksichtigt man die Form des Geländes und arbeitet mit geschwungenen Linien.

Das Pflanzen entlang von Höhenlinien verlangsamt auch den Wasserfluss hangabwärts, sodass mehr Wasser versickert, anstatt abzufließen. Weiche Begrenzungen und lineare essbare Wälder werden oft entlang von Höhenlinien gepflanzt, auch Beete und Rabatten so angelegt, um die Ernte zu erleichtern.

Höhenlinien mit einem A-förmigen Gerüst ermitteln

Ein A-förmiges Gerüst, kurz A-Gerüst, ist ein selbst gebasteltes Messinstrument, mit dem sich Höhenlinien ohne weitere technische Ausrüstung feststellen lassen. Sie brauchen dafür zwei etwa 1,8 m lange Latten und eine rund 1 m lange sowie eine Schnur mit einem Gewicht (z. B. einem Stein), das ans Ende der Schnur gebunden wird (siehe Diagramm unten).

Ausgerichtet wird das A-Gerüst, indem man eine Wasserwaage auf die horizontale Latte legt. Mit einem Stift wird der Punkt an der Latte markiert, an dem die Schnur herabhängt, wenn das Gerüst exakt eben steht.

Stellen Sie nun das A-Gerüst an den Anfang des Bereichs, den Sie messen möchten. Bewegen Sie die Latte, die in ihre Blickrichtung zeigt, bis die Schnur sich an der markierten Stelle befindet. Nun wird die Latte wie ein Zirkel um 180 Grad geschwenkt. Wiederholen Sie das Ganze entlang der Höhenlinie. Immer wenn Sie sie schwenken, markieren Sie die Höhe, an der sich das Bein befindet, mit einem Pflock. Am Ende entsprechen alle Pflöcke der Höhenlinie.

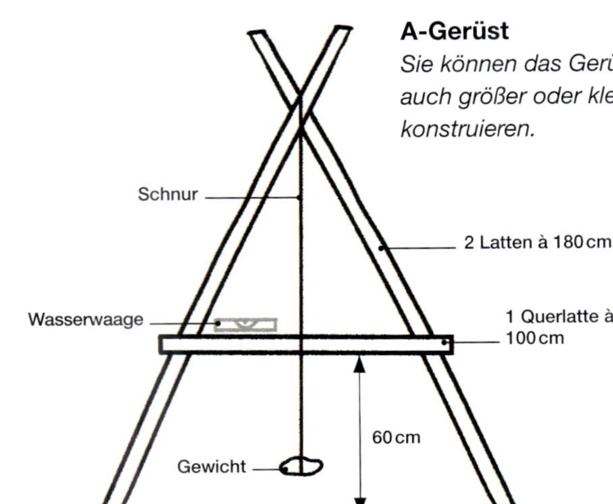

A-Gerüst
Sie können das Gerüst auch größer oder kleiner konstruieren.

GROSSRÄUMIGE ABDECKUNGEN

Folientunnel und Gewächshäuser sind oft das zentrale Element eines Küchengartens. Hier werden Sämlinge herangezogen und Sonnenanbeter wie Tomaten gezogen. Bei schlechtem Wetter kann man sich darin aufhalten. Und im Winter lässt sich sogar Federvieh dort einquartieren!

Zwei Voraussetzungen müssen gegeben sein, wenn man eine großräumige Schutzabdeckung im Garten errichten möchte: Sie braucht volle Sonne und darf nicht in einer Frostsenke stehen. Weniger wichtig ist die Ausrichtung. Abgedeckte Anbauflächen nehmen relativ viel Platz in Anspruch, erweitern jedoch zugleich das Potenzial eines Gartens beträchtlich. Deshalb muss man gut planen und sollte auf jeden Fall wissen, was man von der Konstruktion erwartet. Entsprechend der Hierarchie der Anbaufläche hat die Bodenfruchtbarkeit der Beete Vorrang vor Pflanzgefäßen unter Abdeckung.

Für neue Gärten würde ich immer zu Folientunneln raten, weil sie so preiswert sind. Besorgen Sie sich das größte Fabrikat, das Sie auf Ihrem Grundstück noch unterbringen und das den Kostenrahmen nicht sprengt. Aufgepasst: Die Kosten pro Quadratmeter sinken anteilig, je länger der Folientunnel ist. So kostet etwa ein Folientunnel mit 18 m^2 Grundfläche nur 30 Prozent mehr als ein gleich breiter mit 9 m^2 Grundfläche.

Für ein Glashaus müssen Sie mit rund zehnmal höheren Kosten pro Quadratmeter unter Abdeckung rechnen. Beispiel: Für rund 2000 Euro bekommen Sie etwa 5,5 m^2 Fläche unter Glas, für das gleiche Geld etwa 55 m^2 unter Folie. Ansonsten aber unterscheidet sich der Anbau unter Glas nicht wesentlich von dem unter Folie.

BODENFRUCHTBARKEIT UNTER ABDECKUNGEN

Ich erwarte von meiner Anbaufläche unter Abdeckungen höhere Erträge – und kultiviere dort oft meine hungrigsten Nutzpflanzen, wie Tomaten und Gurken. Damit der Boden möglichst fruchtbar bleibt, mulche ich ihn jährlich 4–5 cm dick mit Kompost, in den ich aktivierte Biokohle (siehe S. 68–69) mische. Beim Pflanzen von Setzlingen füge ich weitere organische Substanz hinzu, entweder vorab wie bei Kompostgräben und -gruben (siehe S. 70–71) oder direkt beim Setzen.

Mulch ist für einen erfolgreichen Anbau unter Abdeckungen unverzichtbar. In Folientunneln und Gewächshäusern herrschen höhere Temperaturen, weshalb die Verdunstung größer ist. Mulch (siehe S. 62–63) hält, kombiniert mit Sickerschläuchen, den Boden feucht und biologisch aktiv.

OPTIMALE PLATZNUTZUNG

Ein weiterer Vorteil: Es steht genug Platz zur Verfügung, um eine große Zahl von Setzlingen heranzuziehen. Man kann früh in die Saison starten, sodass man genug halbreife Setzlinge hat, die nach draußen umgesiedelt werden können, sobald dort geeignete Bedingungen herrschen. Mit Regalen und Stellagen oder schädlingssicher aufgehängten Drahtgitterplattformen über einem Hochbeet lässt sich die Zahl der Setzlinge und damit die Produktivität sogar noch weiter steigern.

Eine gute Idee ist es, im Winter in Folientunneln und Glashäusern Sitzecken einzurichten, die man als Gartenbüro oder Leseecke nutzen kann. Schließlich ist das Abdecken mehrerer Funktionen (siehe S. 27) ein wesentliches Element der Permakultur. Da auch in diesen Elementen ein saisonaler Wandel herrscht, kann man die Fläche kreativ und vielfältig nutzen.

HUWS TIPP

Nordsüdlich oder ostwestlich? Bei der Ausrichtung eines Folientunnels haben Sie freie Wahl. Bei einer ostwestlichen Ausrichtung erreichen Sie höhere Temperaturen im Winter, da die große Südfassade dann durch den niedrigeren Sonnenstand beständiger Licht bekommt. Eine nordsüdliche Ausrichtung sorgt für gleich hohe Sonneneinstrahlung auf beiden Seiten im Sommer, ist aber für Winterkulturen nicht so gut. Meine Elemente sind mehrheitlich ostwestlich ausgerichtet.

ZWEI ZUSÄTZLICHE MONATE

Eine Schutzabdeckung, etwa durch einen Folientunnel, bringt schätzungsweise jeweils vier Wochen zu Beginn und Ende der Anbausaison. Außerdem sind die Innentemperaturen im Winter milder, weshalb man darin Nutzpflanzen durch die kalte Jahreszeit bringen kann, die draußen in erhöhten Beeten nicht überleben würden, etwa Salate, Erbsensprossen, Möhren und Rote Beten.

BELÜFTUNG

Ein Problem bei der Kultur unter Abdeckungen ist der unzureichende Luftaustausch. Er führt zu stehender Luft, die Krankheiten begünstigt, oder einer Überhitzung im Hochsommer. Während der noch kühlen Tage zu Saisonbeginn und in den vier Wochen vor und nach dem ersten Frost lasse ich die Türen über Nacht immer geschlossen. An kühlen Tagen öffne ich eine Tür, an warmen Tagen die Türen auf beiden Seiten. Ab Mitte Juni lasse ich sie in der Regel auch nachts offen, um Zeit zu sparen. Wenn die Temperaturen im September fallen, schließe ich sie abends. Um den durchschnittlich ersten Frost im Herbst herum bleiben die Türen nachts dauerhaft zu. Im Winter und zeitigen Frühjahr öffne ich sie tagsüber so oft wie möglich, um einen guten Luftaustausch zu bekommen.

In gemäßigten Klimazonen ist ein Folientunnel eine überaus wertvolle Anbaufläche.

KLEINRÄUMIGE ABDECKUNGEN

Kleinräumige Schutzabdeckungen gibt es in etlichen Varianten. Sie bringen viele Vorteile mit sich, angefangen von zusätzlicher Fläche für die Aussaat bis hin zur Ausweitung der Saison und Überwinterung von Nutzpflanzen.

AUFKLAPPBARES FOLIENBEET

Mit einem Foliendeckel an Scharnieren lässt sich ein Rahmen- bzw. Hochbeet in einen Minifolientunnel umwandeln (zum Bau eines Folienbeets siehe S. 276–277). Damit kommen Sie in den Genuss aller Vorteile eines großen Folientunnels und müssen lediglich Abstriche bei der Pflanzenhöhe machen. Mit anderen Worten: Statt Stabtomaten können Sie beispielsweise nur Buschtomaten darunter anbauen.

Aufklappbare Folienbeete werden meist dauerhaft installiert. Sie erweitern die Anbausaison und sorgen im Winter für ein wärmeres Ambiente. Falls alle oder einige Rahmen- und Hochbeete die gleiche Grundfläche haben, können Sie die Abdeckung sogar flexibel auf das Beet setzen, dessen Pflanzen Sie mit zusätzlicher Wärme verwöhnen möchten; dazu müssten Sie nur die Scharniere ab- und wieder neu anschrauben.

Da Folienbeete ein bespannbares Gerüst haben, können Sie die Folie austauschen. Ich verwende in der Regel transparente Folie, wie sie bei Folientunneln üblich ist, um die Saison ausdehnen zu können, doch kann man genauso gut andere Abdeckungen wählen, etwa Beschattungsnetze, falls Sie wenig Schatten im Garten haben und Salate im Sommer kultivieren möchten, oder Insektennetze, um Kohlgewächse vor dem Kohlweißling und Möhren vor der Möhrenfliege zu schützen.

Belüftung von Folienbeeten

Die Belüftungsstrategie von Folienbeeten unterscheidet sich nicht groß von der von Folientunneln. Statt Türen zu öffnen, klappt man einfach die Abdeckung an kühleren Tagen 5 cm und an wärmeren Tagen 30 cm weit auf und stützt sie ab.

Ein Folienbeet lässt sich mit einer Stütze unschwer offen halten.

Hier kommt ein Frühbeet als Minigewächshaus über einem Rahmenbeet zum Einsatz, um Salate im Herbst und Winter zu schützen.

FRÜHBEET

Ein Frühbeet ist eine leichte, vielseitige, quadratische oder rechteckige Box mit Glas- bzw. Polycarbonatabdeckung. Sie ist wetterfest, isoliert und lässt Licht ins Innere. Man kann sie aufklappen, um das Frühbeet zu bearbeiten oder zu belüften (zur Belüftung siehe auch Folienbeete gegenüber).

Frühbeete werden traditionell zum Abhärten nicht winterharter Setzlinge genutzt. Damit gewöhnt man die Pflänzchen, etwa Kürbisse oder Tomaten, an die stärkere Sonneneinstrahlung und die kühleren Tagestemperaturen draußen, um den Umpflanzschock zu mildern, wenn sie ins Freiland kommen. Zwar ist es sinnvoll, die empfindlichsten Setzlinge nicht winterharter Nutzpflanzen (wie Kürbisse und Tomaten) durch Gewöhnung an die Freilandtemperaturen über einen Zeitraum von ein, zwei Wochen abzuhärten, aber bei robusterem Gemüse wie Roten Beten oder Kohlgewächsen mache ich das nur selten und bekomme trotzdem hervorragende Ergebnisse (und habe gleichzeitig Zeit damit gespart). Zugegeben, die Setzlinge sind dann zwar etwas geschockt, sie erholen sich jedoch rasch wieder.

Ich nutze Frühbeete aber noch anders. Erstens bilden sie geschützte Räume für die Anzucht von Sämlingen in Modulen oder als Ausweichquartiere für Setzlinge, wenn im Folientunnel kein Platz mehr ist. Zweitens kann man ein Frühbeet ähnlich wie ein aufklappbares Folienbeet einsetzen. Weil es leicht ist, lässt es sich gut an anderen Stellen im Garten positionieren, z. B., damit Direktaussaaten schneller keimen. Daher ist es ideal für frühe Aussaaten, etwa von Möhren oder Salaten. Wird es wärmer, kann man es entfernen. Ich setze Frühbeete zudem als Isolierung auf Mistbeete (siehe S. 274–275).

MINIGEWÄCHSHAUS (ANZUCHTREGALE)

Ein Minigewächshaus ist ideal für die Anzucht bei begrenztem Platz. In den vertikalen Elementen mit mehreren Regalen und einer Abdeckung herrscht ein geschütztes Ambiente. Man kann Minigewächshäuser zusätzlich mit Luftpolsterfolie aus Verpackungen isolieren, die in kalten Nächten um Töpfe oder Topfplatten geschlagen wird. Wer Minigewächshäuser draußen einsetzt, muss sie an sonnige, geschützte Plätze stellen und die Basis beschweren, damit der Wind sie nicht umwirft.

VERTIKALE STRUKTUREN

Ich habe den vertikalen Anbau in der Hierarchie vor dem in erhöhten Beeten eingeordnet, denn wo Platz Mangelware ist, ist er besonders wertvoll, etwa in Großstädten, da dort die verfügbare Grundfläche besonders knapp ist.

Unter »vertikalen Strukturen« verstehe ich alle senkrechten Anbauflächen, angefangen von Mauern und Zäunen über die Seiten von Kompostern bis hin zu Rankhilfen und kleinen Gefäßen wie Blumenampeln oder Dachrinnengärten. Das größte Problem bei Rinnen und Ampeln ist ihr hoher Wasserbedarf, da sie wenig Substrat enthalten und das Wasser in erhöht platzierten Gefäßen schneller verdunstet als in solchen, die auf dem Boden stehen. In einem Permakulturgarten haben bodenbasierte vertikale Strukturen Priorität, dann folgen größere Gefäße und schließlich Rinnen und Ampeln.

SÜDWÄNDE

Nach Süden gerichtete vertikale Flächen sind Sonnenfallen. Davor gedeihen erstaunlich viele wärmeliebende Nutzpflanzen. Spalierobst in Kordon- und Fächerform ist erste Wahl, wenn es um mehrjährige Gewächse geht, doch auch Freilandtomaten werden dort häufig kultiviert, denn sie gedeihen vor Südwänden wesentlich besser als in erhöhten Beeten in der Gartenmitte. Beste Ergebnisse erzielt man mit erhöhten, viel Erde enthaltenden Beeten am Fuß einer Südwand.

»Falsche« Wände

Man kann in einem Garten künstlich zusätzliche Südwände schaffen, indem man kleinere Holzwände errichtet und hell streicht. Diese Minisonnenfallen sind eine erstklassige Anbaufläche für Zwergobstbäume und erzogene Beerensträucher, aber auch Gemüse, das viel Sonne braucht. An exponierten Standorten wiederum spenden sie willkommenen Schatten.

Hier ernte ich meinen ersten Kürbis der Sorte 'Jumbo Pink Banana' im Jahr. Er wächst an der Südseite meines Zauns.

KASKADENHOCHBEETE

Diese ebenso schönen wie praktischen Hochbeete bestehen aus mehreren Etagen, sodass die vertikale Ebene optimal genutzt wird und die Pflanzen zugleich wie Kaskaden über die Ränder wachsen können. Sie haben außerdem eine größere sonnenexponierte Oberfläche, weshalb sich der Boden stärker erwärmt, wovon die Pflanzen nachts profitieren. Ich setze am liebsten auf der obersten Etage eine Pflanze mit besonderer Wirkung (etwa eine Zwergsonnenblume), platziere an den äußeren Rändern überhängende Nutzpflanzen (z. B. Hängetomaten) und fülle den verbliebenen Platz mit ertragreichem Gemüse (wie Wurzelgemüse).

A-RAHMEN-STÄNDER FÜR TÖPFE

In manchen Gärten gibt es befestigte Flächen, die für Hochbeete ungeeignet sind. Mit einem Ständer in A-Form lassen sich Pflanzgefäße auf 2–3 Ebenen staffeln, sodass eine optimale Südausrichtung gewährleistet ist. Die Pflanzgefäße können so arrangiert werden, dass jede Nutzpflanze in den Genuss ihrer optimalen Wuchsbedingungen kommt.

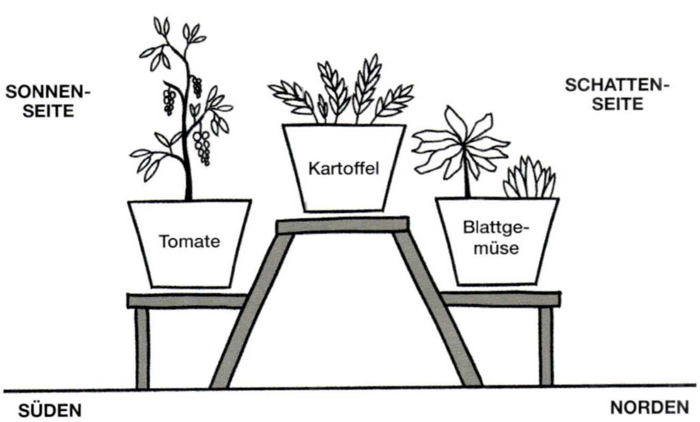

Nutzpflanzen in Töpfen auf einem A-Rahmen

Die Kartoffel in der Mitte trägt zu einem warmen, geschützten Mikroklima für die Tomate bei. Blattgemüse gedeiht im Halbschatten am besten.

ANBAU AN RANKHILFEN

Zu den gängigsten vertikalen Anbausystemen gehören Rankhilfen für kletternde Nutzpflanzen. A-Rahmen, Stangenzelte, Obelisken, hochgestellte Paletten und Pyramiden sind weitere Möglichkeiten; sie können sogar im Boden versenkt werden (siehe S. 186–187). Wer seinen Garten nach oben erweitert, schafft ein besonderes Mikroklima mit einer Sonnenfalle auf der Südseite und einer schattigen Fläche auf der Nordseite. Das beeinflusst entsprechend die Entscheidung, was um die Rankhilfe gepflanzt wird. Rankhilfen werten einen Garten zudem optisch auf und sollten daher bewusst platziert werden.

Vertikale Stützstrukturen, von oben links im Uhrzeigersinn: ein Netzvorhang an Bambusstäben, ein Stangenzelt aus Bambusstäben und ein Klettergerüst aus Haselnussstangen und Schnüren.

ERHÖHTE BEETE

Erhöhte Beete sind das Nonplusultra für alle, die in kleinen bis mittelgroßen Gärten einen intensiven Anbau einjähriger Gemüsesorten betreiben. Sie brauchen zwar nicht unbedingt Seitenwände (siehe S. 110–111), doch haben diese Begrenzungen allerlei Vorteile und erhöhen den Ertrag.

VOR- UND NACHTEILE VON BEETEN MIT SEITEN

Beete mit Seitenwänden haben vielerlei Vorzüge:

- Eine dauerhafte Größe, die sich leicht bepflanzen lässt; man muss nicht befürchten, dass Unkräuter oder Gräser über die Ränder hineinwachsen.
- Eine Sitzgelegenheit; außerdem sorgt die erhöhte Platzierung der Pflanzen dafür, dass man sich nicht mehr so weit zu bücken braucht.
- Stabile Ränder, an denen sich Rankhilfen und Folienbeete befestigen lassen.
- Ein erhöhtes Bodenniveau, sodass bei Starkregen keine Staunässe droht, die Wurzeln sich aber trotzdem ungehindert ausbreiten können.
- Ränder, durch die sich die Anbaufläche ähnlich wie bei Kaskadenbeeten erweitern lässt.
- Sie lassen sich wesentlich leichter und exakter mulchen, vor allem mit Kompost, da das Material im Beet bleibt.
- Durch die Ränder ist eine feste Einteilung des Gartens möglich, sodass man sich stets auf nur ein Beet konzentrieren kann, statt eine undefinierbare Masse vor sich zu haben, die vielleicht eher verwirrt oder abschreckt.

Es gibt zwei Hauptargumente, die gegen erhöhte Beete mit Einfassungen angeführt werden: Schnecken und Kosten. Zunächst zu den Schnecken. Es heißt, sie würden sich zwischen Rand und Erde verstecken. Ich halte das für die perfekte Gelegenheit, Brettfallen zu platzieren (siehe S. 262). Zudem verkriechen sich Schnecken meiner Erfahrung nach in einem regenreichen, feuchtwarmen Klima am liebsten in Mulch und hohem Gras sowie unter Steinen und Holzstämmen, statt eingezwängt zwischen Einfassung und Substrat zu darben.

Die Kosten sind ein gewichtiges Argument, aber man kann erhöhte Beete aus etlichen Materialien konstruieren, von denen viele für wenig Geld oder sogar umsonst zu haben sind.

Beeteinfassungen aus Metall (oben) sind leichter und lassen sich bei einem Umzug einfacher transportieren als solche aus Holz (rechts), sind aber auch teurer.

Durch Kombination mehrerer Materialien für Einfassungen – hier Metall und Holz – entstehen reizvolle Kontraste.

MATERIALIEN FÜR BEETEINFASSUNGEN

Holz

Holz wird am häufigsten als Beeteinfassung eingesetzt. Am besten sind Bretter, Holzstämme dagegen sehr dekorativ. Ich besorge mir mein Bauholz von Onlinehändlern. Sie sägen dickere Bretter, die unbehandelt bis zu zehn Jahre halten. Außerdem kaufe ich von zwei Anbietern in meiner Nähe Lärchenholz zu sehr gutem Preis. Holzaufsatzrahmen sind wie geschaffen für kleinere Gärten. Eisenbahnschwellen enthalten giftige Chemikalien und dürfen nicht verwendet werden.

Stein

Darunter fallen Materialien wie Backsteine und Hohlblocksteine, die man sich preiswert von Abbruchbaustellen besorgen kann. Sie haben eine ganz eigene Ästhetik, denn Gartenbeete mit Steinbegrenzung sind eine Seltenheit. Wer Backsteine bzw. Mauerziegel verwendet, muss sie mit Mörtel binden, bei einer einzelnen Reihe aus Hohlblocksteinen ist das allerdings nicht unbedingt notwendig.

Metall

Einfassungen aus Metall sind als Bausätze erhältlich und die teuerste Option, doch halten sie auch viel länger als Holz. Noch relativ erschwinglich ist Wellblech, das sich an hölzerne Eckpfosten schrauben lässt. Nach vielen Jahren müssen zwar auch sie irgendwann ausgetauscht werden, dennoch sind sie immer noch kostengünstiger als Holzbeete.

Beete aus IBC-Tanks

Mit ein paar Elektrowerkzeugen lassen sich sogar IBC-Tanks (siehe S. 88) zu erhöhten Beeten umfunktionieren. Man kann sie auf die gewünschte Höhe zuschneiden und das abgetrennte obere Ende als zeitweilige Abdeckung für Sämlinge in den Beeten verwenden. Die starre Basis dient als Hochbeet, doch müssen Löcher hineingebohrt werden, damit ein guter Wasserabzug gewährleistet ist. Ein IBC-Tank-Beet ist im Grunde ein großer Container, lässt sich aber aufgrund seiner Dimensionen wie ein Hochbeet nutzen.

DAS IDEALE ERHÖHTE BEET

Das für mich ideale Beet, das ich normalerweise für den Intensivanbau einjähriger Nutzpflanzen bevorzuge, ist rund 1,2 × 3 m groß. Das ist schmal genug, damit ich von beiden Seiten gut an die Mitte komme, und so kurz, dass ich nicht in Versuchung gerate, über das Beet auf die andere Seite zu steigen. Außerdem lässt es sich noch gut mit vertikalen Stützsystemen und Rankhilfen, Folienbeeten und Netzabdeckungen kombinieren. Auf Rasen oder nackter Erde rate ich zu einer Höhe von rund 30 cm, auf befestigten Flächen von 60 cm.

BEETFÜLLUNGEN

Option 1: Oberboden und Universalerde

Diese Füllung besteht aus einer 1:1-Mischung aus torffreier Universalerde und gesiebtem Oberboden aus der Gegend. Man kann sie vor dem Befüllen der Beete ordentlich mischen oder den Oberboden in die untere Hälfte geben und die Universalerde in die obere. Beides funktioniert bestens, aber ich finde, die Mischung eignet sich im ersten Jahr für eine größere Bandbreite von Nutzpflanzen. Danach kommen sowieso schichtenweise organische Substanz oder Kompost dazu. Wer knapp bei Kasse ist, kann das Beet auch komplett mit Oberboden füllen und im ersten Jahr eine 5 cm dicke Schicht Kompost in die obersten 5 cm mischen.

Option 2: Material und Erde

Füllen Sie zwei Drittel des Beets mit Material, dass sich gut zersetzt. Das kann Stallmist, Laub, Seetang oder fragmentiertes Zweigholz sein. Das Beet lässt sich sogar wie ein Komposthaufen mit Karton, Gemüseresten usw. füllen (siehe S. 54).

In das oberste Drittel kommt dann Erde. Mit der Zeit verrottet das Material darunter. Dadurch setzt sich der Inhalt zwar ein bisschen, dafür aber bekommen Sie ein unglaublich fruchtbares Gartenbeet.

Option 3: Geringe Füllung im ersten Jahr

Wie beim Bodenaufbau mit Kartoffeln (siehe S. 81) lassen sich erhöhte Beete mit organischem Material füllen, in das direkt Kartoffeln gepflanzt werden. Alternativ kann man darin pro Quadratmeter ein Loch ausheben, ein paar Schaufeln Erde hineingeben und Sommer- oder Winterkürbisse hineinpflanzen. Am Ende der Saison wird sich das Material größtenteils zersetzt haben, sodass man im Winter mehr Mulch hinzufügen kann. Im zweiten Jahr kann man das Beet dann wie ein normales Gartenbeet behandeln.

Wenn Sie mehr Kompost produzieren, können Sie damit nach und nach Rahmenbeete befüllen.

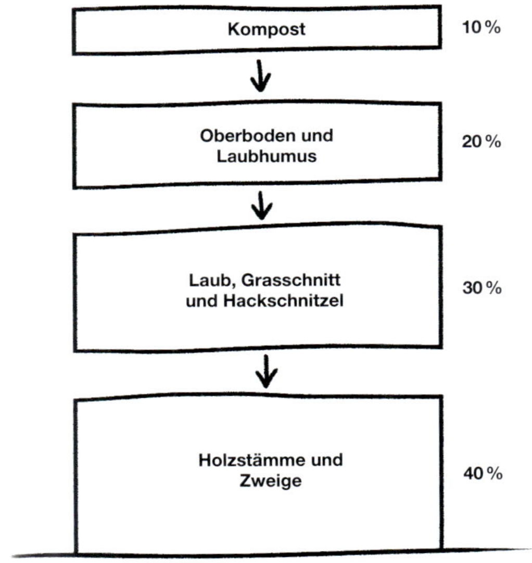

Schichten in Hügelkulturbeeten
Hier (anteilig) die unterschiedlichen Materialien, die man beim Befüllen eines Hochbeets nach der Hügelkulturmethode braucht.

Die Hügelkulturmethode

Diese Methode wurde von dem österreichischen Permakulturspezialisten Sepp Holzer entwickelt. Er legt fruchtbare Hügelbeete an, auf denen sich Nutzpflanzen anbauen lassen (siehe oben). Manche befüllen auch Hochbeete mit dieser Methode. Das funktioniert zwar gut und eignet sich hervorragend zur Schaffung eines nährstoff- und kohlenstoffreichen Wuchsmediums, doch sackt die Beetfüllung im Vergleich zum ersten Befüllen sehr stark ab. Man kann dem entgegenwirken, indem man das Beet überfüllt und am Ende der ersten Saison reichlich organisches Material dazugibt, um den Mengenverlust zu kompensieren.

HUWS TIPP

Beim Befüllen eines Beets sollte man pro Quadratmeter 1–3 Liter Biokohle in die obersten 15 cm des Inhalts einarbeiten (siehe S. 68–69).

BEETE OHNE EINFASSUNG

Erhöhte Beete ohne Einfassung bestehen in der Regel aus einem aus Gartenboden und organischer Substanz geformten Hügel, der an den Seiten schräg nach unten abfällt. Diese Ränder reduzieren die Erosion, vor allem bei Starkregen oder während der Ernte.

Da diese Beete leicht erhöht sind, bewahren sie Nutzpflanzen vor Staunässe, was gerade in feuchteren Klimazonen oder in ebenem Gelände wichtig ist. Nachfolgend stelle ich mehrere Varianten vor. Vergessen Sie nicht die Wege und Umrandungen (rechts), bevor Sie sich für einen Typ entscheiden.

BODENBEETE

Für Gärten an einem leichten Hang, der Wasser ablaufen lässt, sind Bodenbeete eine ausgezeichnete Wahl, um ertragsstarke Feldfrüchte wie Kartoffeln oder Winterkürbisse und mehrjährige Nutzpflanzen anzubauen. Wer ein Bodenbeet in einer Rasenfläche anlegt, wartet, bis es 3–4 Tage lang nicht geregnet hat, da sich das Erdreich dann wesentlich leichter bearbeiten lässt. Entfernen Sie die Grasnarbe (umgedrehte Soden kann man zu bepflanzbaren Hügeln stapeln oder als Basisschicht für erhöhte Beete mit Einfassung nutzen). Dann graben Sie die obersten 30 cm mit einer Grabegabel um, brechen dicke Brocken auf und entfernen größere Steine. In die obersten 20 cm Boden wird nun eine 5–10 cm dicke Lage Kompost oder reifer Stallmist eingearbeitet. Falls möglich, kann auch Biokohle (siehe S. 68–69) eingearbeitet werden. Danach noch darüberharken und schon kann das Beet bepflanzt werden.

No-Dig-Beete

Ein No-Dig-Beet in einer Rasenfläche anzulegen, ist simpel. Bedecken Sie die Fläche mit 3–4 Lagen Karton (ohne Klebebänder), wässern Sie gut und geben Sie 10–15 cm Kompostmulch oder reifen Stallmist auf den Karton. Mit einem Rechen werden die Ränder saubergeharkt, dann kann das Beet besät oder bepflanzt werden. Wer mehrere Beete anlegt, kann einen Holzrahmen basteln, um das Material beim Befüllen zusammenzuhalten, oder in Metalleinfassungen investieren.

Kartoffelkiste

Mit dem Bodenaufbau für Kartoffeln (siehe S. 81) können Sie ebenfalls neue Bodenbeete anlegen. Im folgenden Jahr wird das Material angehäuft. Dann verlegen Sie Kartons als Wegbelag, bringen die Beete in Form und geben Hackschnitzel dazu.

Sodenbeete

Ganz einfach lassen sich einzelne Bodenbeete im Herbst für das folgende Frühjahr anlegen, indem man die Soden aus der Grasfläche hebt, umdreht und mit 5–7 cm Mulch bedeckt. Dann kommt eine Folie über diesen Mulch, um zu verhindern, dass sich Unkraut festsetzt. Im Frühjahr nimmt man die Folie ab und bepflanzt das Beet. Die Soden verrotten unten und reichern die Erde mit Nährstoffen an.

UMRANDUNG UND WEGE

Da Bodenbeete keine festen Einfassungen haben, muss man ein bisschen etwas tun, um zu verhindern, dass Gras in sie hineinwächst. Halten Sie einmal jährlich mit einem Rasenkantenspaten die Ränder sauber. Leichter allerdings lässt sich die Ausbreitung von Gras ins Beet langfristig verhindern, indem man einen Weg aus Hackschnitzeln um das Beet anlegt – oder, falls es mehrere sind, dazwischen.

Hackschnitzelwege

Wege aus Hackschnitzeln lassen sich auf nackter Erde oder Rasen anlegen. Sie sind sauber und leisten einen direkten Beitrag zur Bodengesundheit in den Beeten. Da Hackschnitzel kohlenstoffreich sind, halten sie auch die Feuchtigkeit gut und sorgen für eine rege Mikrobentätigkeit, von der die Beete zu beiden Seiten profitieren.

Wer mehr als ein Boden- oder No-Dig-Beet anlegt, mulcht zunächst die gesamte Fläche mit Karton und stellt zwei Holzrahmen zum sauberen Füllen der Beete 1 und 2 mit Kompost auf. Anschließend werden die Lücken zwischen den Beeten 5–7 cm hoch mit Hackschnitzeln gefüllt. Nun nimmt man den Rahmen von Beet 1 weg, um damit Beet 3 zu formen, und legt zugleich den Weg zwischen Beet 2 und 3 an, und so weiter. Die äußeren Umrandungen der Beete sollten also aus Hackschnitzelwegen bestehen. Graswege sind zwar möglich, aber schwer und zeitintensiv zu mähen. Hätte man beispielsweise zehn erhöhte Beete, bräucht man weniger als die Hälfte der Zeit, um statt jeder Seite der Beete nur den äußeren Rand aller zu pflegen.

Von oben links im Uhrzeigersinn: Beete ohne Einfassung im Folientunnel, Ernte von Freilandbeeten im Marktgartenstil, Bodenbeete mit Hackschnitzelwegen.

WEICHE BEGRENZUNGEN

Als weiche Begrenzung bezeichne ich eine Randbepflanzung bzw. Hecke aus Nutzgewächsen, die in einer Reihe stehen und Gartenbereiche sowie -grenzen markieren, zugleich aber die Produktivität der Fläche erhöhen.

Herbsthimbeeren oder Topinambur können beispielsweise eine »essbare« weiche Begrenzung bilden, für kleinere Gärten eignet sich Beinwell, für größere stockgeschneitelte Weiden. Solche weichen Begrenzungen dienen zudem als Sicht- oder Windschutz und werten den Garten optisch auf.

Die verwendeten Pflanzen müssen mehrjährig und pflegeleicht sein. Man sollte sie nur einmal pflanzen müssen und anschließend jährlich ernten können, wobei ein jährliches Schneiden und Mulchen die einzigen Pflegemaßnahmen sein sollten. Hat man weiche Begrenzungen in Grasflächen, kann man das Gras nach dem Mähen einfach als zusätzlichen Mulch und Nährstofflieferanten unter die Pflanzen harken.

WELCHE PFLANZEN EIGNEN SICH?

Die meiner Ansicht nach geeignetsten Pflanzen für weiche Begrenzungen sind Beerensträucher, Zwergobstbäume, einige mehrjährige Kräuter wie Rosmarin und Zitronenmelisse, mehrjähriges Gemüse (wie Topinambur, Rhabarber und Grünkohl), Beinwell und Bäume, die man kopfschneiteln kann, etwa Weiden, Haseln und Winterlinden (mit essbarem Laub).

Bei der Standortwahl gilt es zu überlegen, welche Pflanzen am sinnvollsten sind. Beinwell wäre ideal in der Nähe von Kompostierecken, Weiden dagegen setzt man eher in die feuchtesten Winkel. Schwarze Johannisbeeren wachsen gut im Halbschatten, Rosmarin braucht volle Sonne.

Herbsthimbeeren

Meine erste Wahl bei Beerensträuchern als weiche Begrenzung sind Herbsthimbeeren (siehe S. 157). Sie tragen an diesjährigen Ruten, was bedeutet, dass der Schnitt kinderleicht ist, weil man sie ganz einfach im Frühwinter bis auf den Boden zurückschneidet. Herbsthimbeeren sind ferner ausbreitungsfreudig und eignen sich daher besonders für breite Begrenzungen. Und tanzen doch einmal Ruten aus der Reihe, mäht man sie einfach beim regulären Grasschnitt mit.

Beinwell

Beinwell ist eine ausgezeichnete niedrige Begrenzung. Da man ihn in einer sauberen Linie pflanzt, kann man ihn leicht mit einer Sense oder Sichel ernten, indem man ihn von einem Ende zum anderen abmäht, mit einem Rechen auf einen Haufen harkt und für den Transport mit einer Mistgabel in einen Schubkarren schaufelt.

Rosen als weiche Begrenzung

Eine geometrisch-formalere bzw. dekorativere Begrenzung bilden Rosen, speziell *Rosa rugosa* (Kartoffel-Rose). Sie wachsen kräftig, lassen sich leicht schneiden, liefern essbare Blüten und Hagebutten und sehen unfassbar gut aus, vor allem wenn man sie farbthematisch kombiniert.

WEICHE BEGRENZUNGEN PFLANZEN

Das Anlegen weicher Begrenzungen bereitet man am besten vor, indem man schmale Bodenbeete anlegt. Diese Methode eignet sich für fast jede Art von Begrenzung mit Ausnahme von Zwergobstbäumen, die in einzelne Pflanzlöcher gesetzt werden müssen (siehe S. 162–164). Entfernen Sie die Grasnarbe auf einer Breite von 30 cm – wie lang die Reihe sein soll, liegt ganz bei Ihnen. Ich breche anschließend den Oberboden mit einer Grabegabel auf, arbeite eine 5–7 cm dicke Schicht Kompost oder reifen Stallmist in die obersten 20 cm ein oder gebe eine ordentliche Handvoll in jedes einzelne Pflanzloch.

Rosa rugosa *bildet verglichen mit anderen Rosen sehr große Hagebutten, die sich ausgezeichnet in der Küche verwerten lassen.*

LINEARE ESSBARE WÄLDER

Weiche Begrenzungen lassen sich auch zu äußerst ertragreichen linearen essbaren Wäldern aufwerten (mehr dazu im Polykultur-Kapitel auf S. 240–241). Wo das nicht möglich ist – etwa, wenn Bäume zu viel Schatten werfen –, kann man auch zwei, drei Pflanzen innerhalb einer weichen Begrenzung einsetzen, um die Produktivität der Begrenzung zu erhöhen. Eine Möglichkeit wäre, Erdbeeren an der Südseite zu pflanzen, dahinter Rosmarin und ganz hinten Beinwell (rechts). Feste Regeln für Kombinationen gibt es nicht, man sollte lediglich die Charakteristiken und Ansprüche der einzelnen Pflanzen kennen.

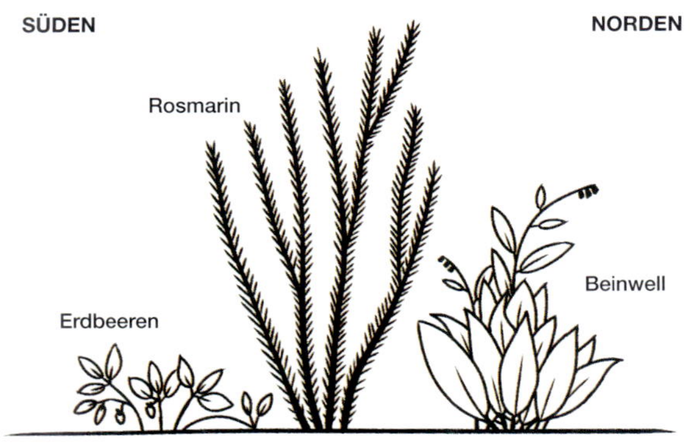

PFLANZ-GEFÄSSE

Pflanzgefäße können ausgesprochen gute Erträge liefern, brauchen jedoch wesentlich mehr Zuwendung als Beete, vor allem beim Wässern. Wichtig ist auch, für einen guten Nährstoffgehalt des Substrats zu sorgen, denn einen gesunden Boden auf so kleinem Raum zu schaffen, ist sehr schwer.

Pflanzgefäße machen den Anbau von Nutzpflanzen dort möglich, wo man keine Hochbeete errichten kann und auch keinen Freilandboden hat. Für Klein- oder Balkongärten sind sie wesentlich wertvoller als in größeren Freilandgärten.

Beim Bepflanzen von Polykulturbehältern lässt man die Pflanzen vorerst in ihren Töpfen, um das beste Arrangement zu finden. Erst dann wird eingepflanzt.

PFLANZGEFÄSSE AUSWÄHLEN

Nach Effizienz- und Produktivitätsaspekten ist die Zielsetzung simpel: Bauen Sie Ihre Nutzpflanzen in den größten Gefäßen an, die Sie haben. Statt ein Sammelsurium vieler Töpfe, in denen jeweils nur ein mehrjähriges Kraut wächst, besorgt man sich ein größeres Gefäß und setzt alle dort hinein. Das erleichtert das Wässern, senkt die Verdunstungsrate und schafft ein biologisch diverseres und aktiveres Substrat.

Für die Anzucht mehrerer Pflanzen in einem Gefäß eignen sich auch große Kartoffelbottiche und Stofftöpfe. In quadratische oder rechteckige Stoffgefäße lassen sich mehrere Gewächse Seite an Seite setzen. Sie sind eine lohnenswerte Alternative für Mietwohnungen oder die Pflanzenzucht auf befestigten Flächen wie Terrassen, Einfahrten oder Balkonen.

Wer gesunde Böden möchte, braucht eine Art kritischer Masse, damit das Boden-Ökosystem in ein Gleichgewicht kommt. Wie groß diese Masse in einem Pflanzgefäß sein muss, lässt sich schwer beziffern, aber man erreicht ein diverses System viel leichter in großen Gefäßen mit Polykultur, als wenn eine einzige Pflanze in einen Topf gezwängt wird und die meiste Zeit mit einem verdichteten Wurzelballen leben muss.

Beim Befüllen der Pflanzgefäße bedeckt man zunächst den Boden 10 cm dick mit Laubhumus oder kompostierten Hackschnitzeln. Das dient als Kohlenstoffspeicher für Bodenmikroorganismen, als Wasserspeicher und zur Sicherung langfristiger Fruchtbarkeit. Dann wird das Gefäß mit einer 1:1-Mischung aus Kompost und Gartenerde bzw. Lehm gefüllt. Auch bis zu 10 Prozent Biokohle können mit hinein.

Nachdem ich Schneckenattacken im Frühjahr abgewehrt habe, installiere ich für meine Paprikapflanzen in Töpfen drinnen Tropfbewässerungssysteme mit einer Mulchschicht aus Grasschnitt.

MULCHEN UND WÄSSERN

Gefäße brauchen jedes Jahr mindestens 5 cm Kompost als Kopfdüngung, um Nährstoffe aufzufüllen und eine gute Umgebung für die Mikroorganismen zu schaffen. Man kann sie auch mit Grasschnitt und Wolle mulchen, was die Verdunstung verringert – ich empfehle das für alle Mehrjährigen. Wer stressfrei wässern will, installiert Tropfbewässerung (siehe S. 90), am besten mit einem System, das punktgenau bewässert. Dann muss man nur noch den Hahn auf- und abdrehen.

WAS IN GEFÄSSEN ANBAUEN?

Kräuter, Blumen, Gemüse, Beerenobst und sogar Zwergobstbäume lassen sich gut in Pflanzgefäßen ziehen.

Gefäßhöhe	Geeignet für
~30 cm	fast alle einjährigen Gemüse und Kräuter sowie Erdbeeren
~50 cm	mehrjährige Kräuter, Kartoffeln, Tomaten, mehrjährige Knollen
~70 cm	Beerensträucher und Zwergobstbäume

In größeren Gärten muss von Fall zu Fall über die Rolle von Pflanzgefäßen entschieden werden. Ich setze sie vor allem ein, um eher unschöne Ecken optisch aufzuwerten. Dazu verwende ich als dauerhafte Elemente auch Whiskyfässer, die ich mit Blumenarrangements bepflanze. Zum Einsatz kommen sie aber auch für die Anzucht eines Teils meiner Kartoffeln, weil ich sie so in Folientunneln früh vortreiben und später nach draußen bringen kann, sobald es warm genug ist.

Pflanzgefäße für »Wucherer«

Manche Nutzpflanzen neigen dazu, sich ungebührlich stark auszubreiten. Einmal losgelassen kann man sie nur noch schwer bändigen. Minze, Topinambur und Erdbeeren gehören dazu. Kultiviert man Minze in großen Gefäßen auf Flächen ohne Freilanderde, etwa Pflastern, kann man sie damit im Zaum halten. Topinambur treibt selbst aus kleinen Knollenfragmenten im Boden, die man beim Ernten übersehen hat, wieder aus – das lässt sich durch die Kultur in größeren Kartoffeleimern unkompliziert verhindern. Erdbeeren schicken unzählige Ausläufer in die Welt, in Pflanzgefäßen aber entdeckt man sie leicht, kann sie abschneiden und sie für die Vermehrung einsetzen, wenn man möchte (siehe S. 129).

SCHATTEN

Schattenflächen sind für die Produktivität von Gärten genauso wichtig wie sonnige Stellen. Während in der Sonne die schmackhaftesten Genüsse wachsen, kommt schattigen Stellen eher eine unterstützende Funktion für den Rest des Gartens zu.

NUTZPFLANZEN FÜR DEN SCHATTEN

Ich war überrascht, wie gut es mir gelungen ist, etliche Nutzpflanzen an Stellen zu ziehen, die man im konventionellen Gartenbau links liegen lassen würde, weil dort angeblich so gut wie nichts wächst. Eine simple Faustregel aber besagt: Wenn du über dir den Himmel siehst (also nicht unter einer Baumkrone oder einem überstehenden Dach stehst), dann kannst du an dieser Stelle erfolgreich etwas anbauen.

Der wichtigste Ratschlag für den Anbau von Nutzpflanzen im Schatten lautet: ausprobieren! Bauen Sie einige unterschiedliche Gewächse an und schauen Sie, was funktioniert und was nicht. Ich hatte in fast vollschattigen Winkeln Erfolg mit vielen mehrjährigen Kräutern, Roten Johannisbeeren, Stachelbeeren, Rhabarber, Bärlauch, Topinambur, Blattgemüse, Beinwell und sogar Roten Beten. Natürlich sind die Erträge geringer als in der Sonne, aber dennoch liefern diese Pflanzen so viel, dass sich ihr Anbau auf jeden Fall lohnt.

INFRASTRUKTUR

Da Sonnenlicht ein entscheidender Faktor ist, vor allem in gemäßigten Klimazonen, möchte man möglichst wenig nicht wachsende Elemente im Garten haben, die wertvolle Anbaufläche besetzen. Wassertanks, Komposter und Werkzeugschuppen gehören daher in den meisten Gärten an die schattigsten Plätze. Wer einen sehr sonnigen Garten hat, platziert sie an Begrenzungen, die nach Norden oder Westen zeigen.

Ich empfehle auch, einen einladenden Sitzbereich im Schatten anzulegen, selbst wenn es sich nur um eine schlichte Bank handelt. Hierhin kann man sich bei der größten Mittagshitze zurückziehen. Eine Arbeitsbank im Schatten ist während der Anbausaison hilfreich, wenn man säen, eintopfen und Erträge verarbeiten will, ohne in der Sonne zu schmoren.

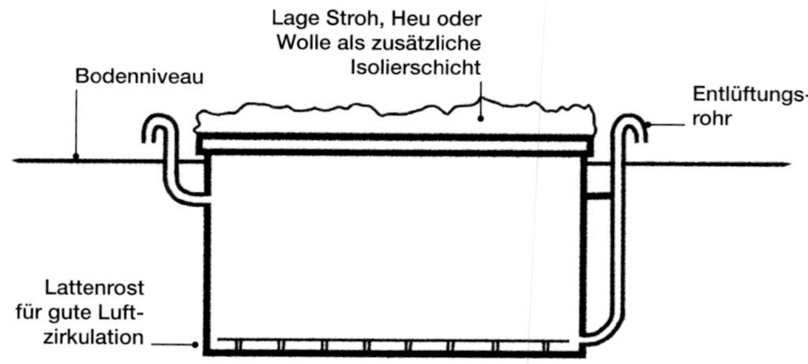

ALTE GEFRIERTRUHE ALS WURZELLAGER

Gefriertruhe als Wurzelkeller

Schattige Plätze lassen sich auch als Aufbewahrungslager für Erträge nutzen. Ausgemusterte Gefriertruhen eignen sich perfekt dafür. Sie sind kühl, wasserdicht und können ganz einfach installiert werden, indem man sie eingräbt. Allerdings muss vorher das Kühlaggregat abmontiert werden, am besten von einer Fachkraft. Wichtig ist gute Durchlüftung, damit der Inhalt länger frisch bleibt. Nach dem Versenken im Erdreich kann man darin Wurzel- und Knollengemüse den Winter über in Jutesäcken aufbewahren (siehe S. 198).

Krimskramsbereich

Jeder Garten sollte ein Eckchen haben, in dem man Nützliches (und Wertvolles) aufbewahrt, das man nur gelegentlich braucht, etwa Insektennetze, Töpfe, Gartenvlies und Holz. Auf Paletten über Geotextil lassen sich Gegenstände lagern, die im Freien bleiben können, ansonsten baut man eine Überdachung, die vor Regen und Sturm schützt. Zur Aufbewahrung von Gartengeräten siehe S. 118–119.

In dieser schattigen Ecke stehen meine Wassertanks und Komposter, bewahre ich Gartengeräte auf und setze Flüssigdünger an.

GARTENGERÄTE UND IHRE AUFBEWAHRUNG

Auf dieser Seite erfahren Sie, welche Gartengeräte ich für wichtig halte. Ich habe sie entsprechend ihrem Einsatz im Garten in Kategorien unterteilt. Um effizient gärtnern zu können, brauchen Sie auch ein einfaches, platzsparendes Aufbewahrungssystem.

GARTENGERÄTE

Wenn es um Gartengeräte geht, ist Qualität immer wichtiger als Quantität. Viele Geräte können mehrfach eingesetzt werden – Gartenscheren etwa zum Schneiden, Ernten, Teilen von Schnüren, Vermehren und Abzwicken welker Blüten.

Schneiden	Boden und Kompost
Gartenschere*	Gartenrechen*
Taschenmesser	Asphaltrechen
Bushcraftmesser	Doppelgrabegabel
Teppichmesser	Mistgabel
Blechschere	Grabegabel*
Astschere*	Grabspaten*
Heckenschere	Schaufel
Astsäge	Schubkarren

Jäten	Säen und Pflanzen
Pendelhacke*	Handschaufel*
Schuffel/Stoßhacke	Pflanzholz*
Handhacke	Stäbe und Schnüre*
Handgabel	Stift*
	Wasserfester Stift*

*Unverzichtbar

KREATIVE GARTENGERÄTEAUFBEWAHRUNG

Ein Geräteschuppen kann teuer sein und nimmt viel wertvolle Anbaufläche in Beschlag. Hier drei Alternativen, mit denen ich Gartengeräte gut organisiert und zugänglich aufbewahre.

Mailbox nach amerikanischer Art

Eine US-Mailbox auf einem Pfosten eignet sich in größeren Gärten gut für die Aufbewahrung von Handwerkzeug. Man kann sie an einem zentralen Ort anbringen, etwa der Gartenmitte, wo ein Geräteschuppen wenig Sinn ergäbe.

Vertikale Aufbewahrung

Wo Platz Mangelware ist, kann man einen Überstand an einer Zaunpaneele oder Wand anbringen, Nägel einschlagen und daran die Werkzeuge mit Drähten aufhängen. Der ideale Platz dafür ist eine windabgewandte Seite, wo sie nicht verwittern und in bestmöglichem Zustand bleiben.

Folientunnel

Ich habe festgestellt, dass sich der Bereich unter einer Topfbank im Folientunnel sehr gut für die Aufbewahrung kleinerer Handwerkzeuge eignet. Langstielige Geräte lassen sich an eine der Seiten der Bank lehnen und sind dort stets griffbereit.

Ich verwende für meine langstieligen Gartengeräte während der Hochphase der Anbausaison einen Werkzeughalter. Im Winter kommen diese Utensilien aber nach drinnen.

HORI-HORI-MESSER

Dieses überaus nützliche japanische Gartentool ist vielseitig einsetzbar: zum Jäten, Einpflanzen von Zwiebeln, Umsetzen von Sämlingen, Zerteilen von Stauden, Ernten, zum Chop-and-Drop (siehe S. 62) und vielem mehr. Ich kenne etliche Gartenbesitzer, die nicht mehr ohne dieses Messer am Gürtel sein können.

ALLE ELEMENTE ZUSAMMENFÜHREN

In diesem Beispiel habe ich alle Elemente der Anbauflächenhierarchie kombiniert und den Garten für optimale Effizienz zoniert (siehe S. 42–43). Es soll einen Eindruck davon vermitteln, wie jedes Element seinen festen Platz haben, aber harmonisch mit den anderen zusammenwirken kann.

Ein Permakulturgarten besteht aus einer Vielzahl von Elementen, die alle auf ein von Ihnen gesetztes Ziel hinarbeiten. Der Garten im gegenüberliegenden Diagramm ist ein prototypisches Permakulturdesign, das veranschaulicht, wie ein Vorstadtgarten für einen Haushalt aussehen könnte, der versucht, möglichst viel Obst, Gemüse und Kräuter für den eigenen Bedarf selbst anzubauen. Er umfasst vier klar unterscheidbare Zonen. Zone 1 besteht aus dem Küchengarten, einem Freizeitbereich und dem Hühnerhaus. Sie sind am stärksten frequentiert und deshalb auch möglichst nah am Haus platziert. Das Mistbeet und der Folientunnel sind wesentliche Bestandteile für den ganzjährigen Anbau. Hinzu kommt eine Option für Folienbeete über erhöhten Beeten für die Wintermonate. Weiche Begrenzungen aus Obstgehölzen, mehrjährigem Gemüse und Kräutern leisten einen Beitrag zur Vielfalt und erhöhen den Ertrag bei minimalem Arbeitsaufwand.

Die Bodenbeete in Zone 2 bilden den Hauptgarten für ertragsstarke Nutzpflanzen. Er muss nur ein paarmal in der Woche aufgesucht werden. Der Hühnerkompost ist die wichtigste Nährstoffquelle für diese Beete und den Küchengarten. Weitere Komposter neben dem Hühnerhof sind dazu da, fertigen Kompost zu lagern und alles zu kompostieren, was sich nicht für die Hühner eignet, also etwa Küchenabfälle. Dank der Graswege und einiger Rasenflächen fällt reichlich Mulchmaterial für alle Pflanzgefäße und Mehrjährigen an, einschließlich der Töpfe und Spalierbäume an der Südseite des Hauses und der Garage. Wasser, eine der wichtigsten Ressourcen, wird an mehreren Orten gespeichert, darunter auch ein Teich, der durch Regenwasser vom Hausdach gespeist wird.

Im Vorgarten (Zone 3) sorgen einige lineare essbare Wälder mit Zwergobstbäumen und mehrjährigem Gemüse für eine konstante Versorgung mit zusätzlichen Nährstoffen das ganze Jahr hindurch.

Eine Zone 4 fehlt. Nicht alle Gärten brauchen fünf Zonen. In den meisten Fällen ist das nicht sinnvoll, in kleineren Gärten oft auch gar nicht möglich. Eine kleine Ecke von Zone 5 ist für die Tierwelt reserviert.

Ein ertragreicher Garten besteht aus vielen harmonierenden Elementen bei optimaler Raumnutzung. Hier Rahmenbeete, ein Mistbeet, ein Folientunnel und eine Begrenzung mit daran befestigtem Wasserspender.

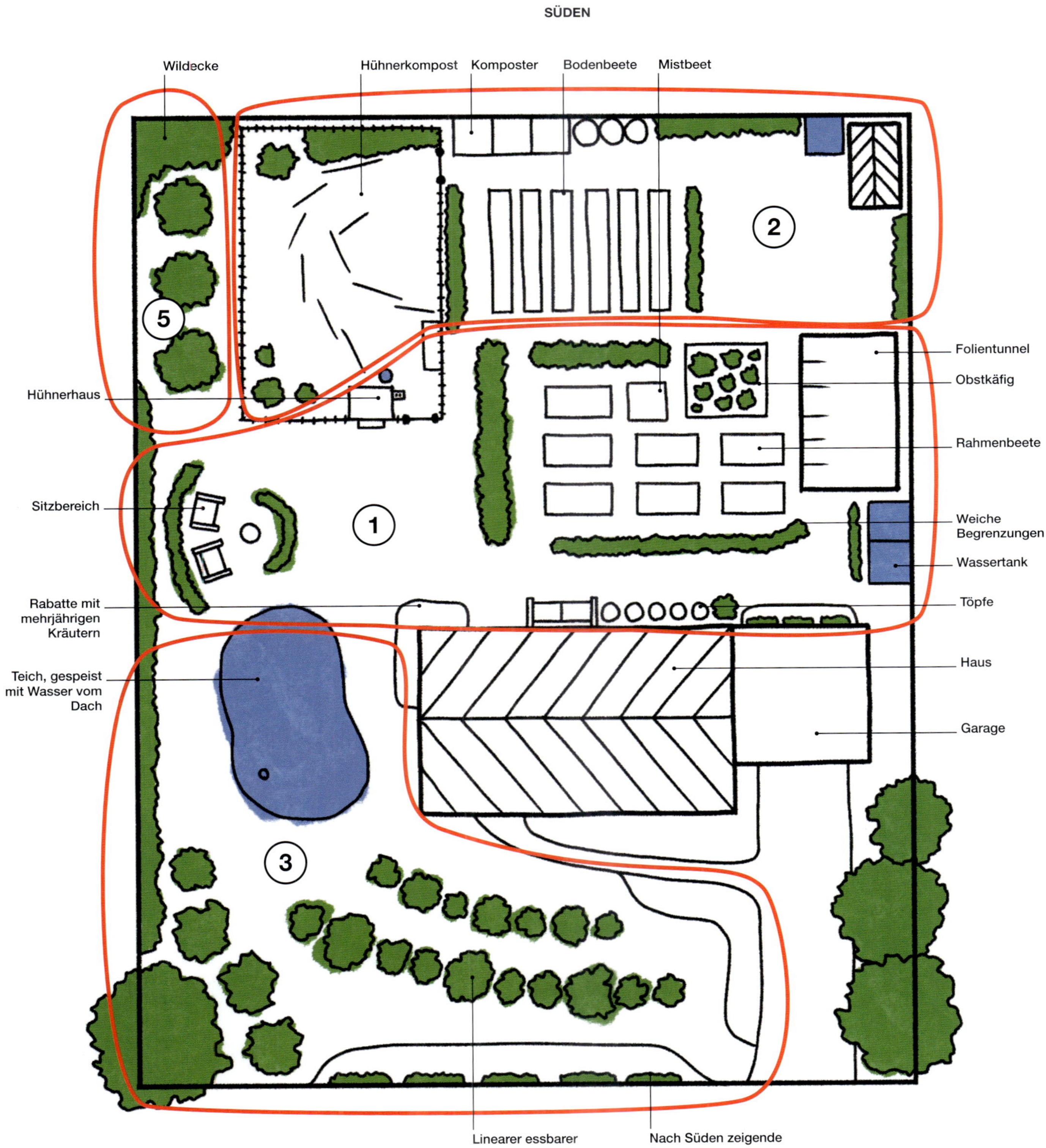

Prototyp für einen Permakulturgarten

Ein nach Permakulturprinzipien gestalteter Garten mit ausgewiesenen Zonen, die durch die rote Umrandung mit entsprechender Nummer hervorgehoben sind.

Mehrjährige

WARUM MEHRJÄHRIGE ANBAUEN?

Das Spektrum an mehrjährigen Nutzpflanzen für Permakultur-Küchengärten ist riesig. Es reicht vom kurzlebigen Baumkohl bis zu Rebstöcken, die über 100 Jahre alt werden können.

Mehrjährige brauchen länger bis zur Reife als Einjährige, liefern dafür aber über viele Jahre hinweg Nachschub. In meinem Garten spielen sie eine zunehmend wichtigere Rolle. Nachfolgend zähle ich einige Vorzüge auf, die verdeutlichen, warum ich so sehr auf Mehrjährige setze.

WENIGER KOMPOST

Weil Mehrjährige keinen Kompost brauchen, kann man sich bei der Komposterzeugung ganz auf die nährstoffhungrigen Einjährigen konzentrieren. Natürlich darf man Kompost zum Mulchen von Mehrjährigen verwenden und die meisten gedeihen damit auch besser als mit einem anderen organischen Mulch. Unbedingt notwendig ist er aber nicht, auch ohne ihn lassen sich respektable Ernten erzielen. Wenn Sie Mehrjährigen also mehr Platz im Garten einräumen, fehlt der Druck, unbedingt Unmengen Kompost erzeugen oder zukaufen zu müssen.

RESILIENZ

Mehrjährige Nutzpflanzen sind resilienter als einjährige, da sie ein tiefer reichendes, ausgedehnteres Wurzelsystem bilden und daher auch bei länger ausbleibenden Niederschlägen noch genug Wasser erhalten. Außerdem wird der Boden mit ihnen weitaus weniger gestört, was langfristig die Bodengesundheit verbessert – vor allem, weil viele Mehrjährige eine symbiotische Beziehung zu Pilzen entwickeln und damit die »Oberfläche« ihres Wurzelwerks vergrößern.

BESSER VERTEILTE ARBEIT

Es liegt in der Natur von Mehrjährigen, dass sie, nachdem sie einmal gepflanzt sind, nur noch wenig Aufmerksamkeit einfordern. Sie sind damit zufrieden, wenn man sie mulcht und schneidet. Der Schnitt erfolgt zudem überwiegend während der Vegetationsruhe, in einer Zeit also, in der man mit Einjährigen sowieso kaum etwas zu tun hat. Im Frühjahr dagegen, wenn die Einjährigen viel Arbeit machen, kann man Mehrjährige ungestört wachsen lassen.

GESCHMACKSVIELFALT

Das Streben nach optimalem Geschmack sollte in allen Küchengärten oberste Priorität haben. Mehrjährige bieten eine unglaubliche Geschmacksvielfalt – viele sind obendrein nicht im Handel aufzutreiben. Das allein ist Grund genug, sie anzubauen. Das Spektrum ist riesig: So gibt es allein in Deutschland rund 2000 Apfelsorten, von denen jede ihren eigenen unverwechselbaren Geschmack hat.

BESSER FÜR DIE TIERWELT

Mehrjährige leisten einen außerordentlich wichtigen Beitrag zur Biodiversität und Gartengesundheit. Bestäuber wissen einen Garten mit vielen Mehrjährigen zu schätzen, ganz gleich, ob es sich um den Frühjahrsflor von Obstbäumen oder die Blüten von Kräutern handelt. Aber auch andere Insekten, Wirbellose und Mikroorganismen gedeihen auf Flächen, auf denen Mehrjährige dominieren.

VERMEHRUNG

Viele Mehrjährige lassen sich leicht durch Stecklinge, Knollen oder Teilung vermehren. Die Nachkommen sind genetische Klone der Elternpflanze, also identisch mit ihr (siehe S. 128). Bei Einjährigen hingegen muss man die Samen sammeln, was manchmal eine recht zeitraubende, komplizierte Angelegenheit ist, wenn man samenechtes Saatgut haben möchte (siehe S. 222–223). Dank der einfachen Vermehrungsmethoden für Mehrjährige sparen Sie außerdem viel Geld, wenn Sie Ihre Pflanzungen erweitern möchten. Oder wenn Sie sicherstellen möchten, frisches Material zu haben, mit dem Sie ältere Exemplare ersetzen können. Außerdem sind Mehrjährige eine erneuerbare Ressource, die sich tauschen oder sogar verkaufen lässt.

Von oben links im Uhrzeigersinn: Artischocke, Birnen, Trauben, Winterzwiebeln, Himbeeren, Brombeeren, Äpfel.

MEHRJÄHRIGE PFLEGEN

Beim Anbau von Mehrjährigen geht es darum, den optimalen Platz zu finden, an dem maximaler Output bei minimalem Input zu erwarten ist. Wer die Pflanzen gut mulcht, schneidet und schützt, darf mit reicher Ernte rechnen.

MULCHEN

Mehrjährige und Mulch sind ein Dream-Team. Mulch bringt Mehrjährige auf jede nur erdenkliche Weise voran (siehe S. 62–63). Sie können sie das ganze Jahr mulchen, so oft Sie wollen, aber mindestens einmal im Spätwinter oder zeitigen Frühjahr ist das absolute Minimum, wenn man das Unkraut halbwegs im Zaum halten will. Nicht vergessen: Das Mulchmaterial darf die Triebe nicht berühren, damit ein guter Luftaustausch gewährleistet ist und die Pflanzen nicht faulen – ein paar Zentimeter Abstand reichen, sodass auch der Konkurrenzdruck durch Unkraut minimal ist. Setzt man Karton als Mulch ein, dürfen die Bögen direkt bis zum Trieb reichen, sollten aber mit Material wie Stallmist oder Hackschnitzeln beschwert werden, damit der Karton nicht weggeweht wird.

Sommerputz

Im Hochsommer kann es sein, dass manche Gräser und Unkräuter trotzdem ihren Weg durch die zu Saisonbeginn ausgebrachte Mulchschicht finden. Ich stutze sie um den Ansatz der Mehrjährigen mit einer Heckenschere und lasse sie dort liegen (siehe S. 62). Man kann auch mehr mulchen, aber unbedingt nötig ist das nicht. Die nach dem Chop-and-Drop-Prinzip liegen gelassenen Reste sind ebenfalls Mulch.

SCHNITT

Viele Mehrjährige, darunter Kräuter, Kohlgewächse und Knollengemüse, können nach dem Einpflanzen links liegen gelassen werden und brauchen erst beim Ernten oder Mulchen wieder Zuwendung. Andererseits trägt Beeren- und Baumobst oft besser, wenn es geschnitten wird. Bei diesem Schnitt werden einige Pflanzenteile entfernt (oder behalten), damit die Gehölze auf dem verfügbaren Platz so reich wie möglich tragen. Schneidet man beispielsweise Apfelbäume kelchförmig oder Pflaumenbäume vor einer Wand in Fächerform, erhöht man den Fruchtansatz auf dem verfügbaren Platz und sorgt auch noch für einen ästhetisch ansprechenden Wuchs.

Nur zu leicht übertreibt man es beim Schneiden, doch habe ich gute Nachrichten: Das Paretoprinzip (80:20 – siehe S. 46) gilt auch beim Schneiden. Als Faustregel kann man sich merken: Ist ein Trieb abgestorben, beschädigt oder krank, muss er weg. Kombinieren kann man das mit einer weiteren Faustregel: Überkreuzte, ungünstig wachsende und schwache Triebe sollten entfernt werden. Überkreuzte Triebe sind solche, die aneinander reiben und so Wunden verursachen, über die Krankheitserreger eindringen – einer davon gehört herausgeschnitten. Unter ungünstig wachsenden Trieben versteht man diejenigen, die in einem ungünstigen Winkel wachsen oder die angestrebte Form verderben. Entfernt man sie, wirkt die Pflanze ausgewogener, falls Ihnen das wichtig ist. Im Zweifelsfall schneidet man schwachen Wuchs zurück, um ein kräftiges Wachstum zu fördern. Bei schwachen Ästen besteht auch die Gefahr, dass sie unter dem Gewicht der Früchte brechen.

Die Schnittdiagramme auf den folgenden Seiten zeigen Ihnen, wo Sie die Schere ansetzen müssen, um hohe Erträge zu erzielen. Arbeiten Sie stets mit gut geschliffenem, sauberem Werkzeug (etwa einem Messer oder einer Gartenschere) und treten Sie hin und wieder zurück, um sich die Form der Pflanze aus einiger Entfernung anzusehen. Im Zweifelsfall gilt hier: besser nicht schneiden.

SCHUTZ VOR SCHÄDLINGEN

Viele Obstgewächse müssen vor Vögeln geschützt werden. Ideal sind dauerhaft installierte Obstkäfige mit Tür. Darin hat man Platz zum Arbeiten, die Pflanzen können sich ungehindert ausbreiten und man kann auf das Spannen von Netzen vor der Ernte verzichten. Allerdings sind sie auch die teuerste Option, wenngleich sie viel Zeit sparen.

In kleineren Gärten, wo ein begehbarer Obstkäfig nicht möglich ist, arbeitet man mit Netzen über Haltegerüsten, unter denen ein paar Beerensträucher Platz finden. Zu den Beeren gelangt man, indem man das Netz auf einer Seite hochhebt.

Hier stutze ich eine Kletterrose zurecht, die weit über meinen Zaun hinausgewachsen ist.

Das ist eine preiswerte Lösung über viele Jahre hinweg, wenn man das Material pflegt. Man kann die Gerüste außerdem jährlich abbauen und zu Saisonbeginn neu aufstellen.

Die letzte, ästhetisch am wenigsten ansprechende Option besteht darin, einfach Netze über die Pflanzen zu legen und mit Holz oder Steinen am Boden zu fixieren. Mit Rohren oder Bambus kann man auch eine Art improvisiertes Stützgerüst bauen. Manchmal gelangen Vögel noch zu einigen Früchten in Netznähe, aber die meisten erreichen sie nicht. Da diese Variante die am wenigsten sichere ist, empfehle ich, sie mindestens einmal am Tag zu überprüfen, um nachzusehen, ob sich ein Vogel darin verfangen hat.

Mehr über Schädlinge und Krankheiten, die ein- und mehrjährigen Nutzpflanzen zusetzen können, auf S. 262–267.

Schädlingsschutz unter Abdeckungen

Für Obst in Gewächshäusern oder Folientunneln, etwa Trauben, kann man wie oben beschrieben ein Netzgerüst errichten. Eine andere Möglichkeit besteht darin, hinter den Zugangsöffnungen aus einem Altholzrahmen mit Drahtgitterfüllung eine zweite Tür zu installieren, wie ich es getan habe. Sie verhindert, dass Vögel hineinfliegen, wenn ich den Folientunnel betrete. Außerdem kann ich die Folientunneltüren an warmen Sommertagen offen lassen, damit das Innere gut durchlüftet wird.

EINFACHE METHODEN ZUR VERMEHRUNG

Weil sich viele Mehrjährige kinderleicht vermehren lassen, kann man bei etlichen Pflanzen völlig autark operieren. Besonders von Knollen, Kräutern und Beerensträuchern lassen sich ganz einfach Nachkommen heranziehen.

Bevor wir uns mit einzelnen Nutzpflanzen befassen, hier ein Überblick über die gängigsten Vermehrungsmethoden. Welche jeweils am besten ist, steht in den einzelnen Einträgen.

TEILUNG

Beim Teilen wird eine ältere Pflanze aus der Erde genommen und geteilt (meist mit einem Spaten). Jeder Abschnitt sollte einige Wurzeln und einen Vegetationspunkt tragen. Er wird dann separat eingepflanzt und wächst zu einer neuen Pflanze heran. Geteilt wird am besten im Frühwinter und Vorfrühling, also zum Anfang und Ende der Vegetationsruhe.

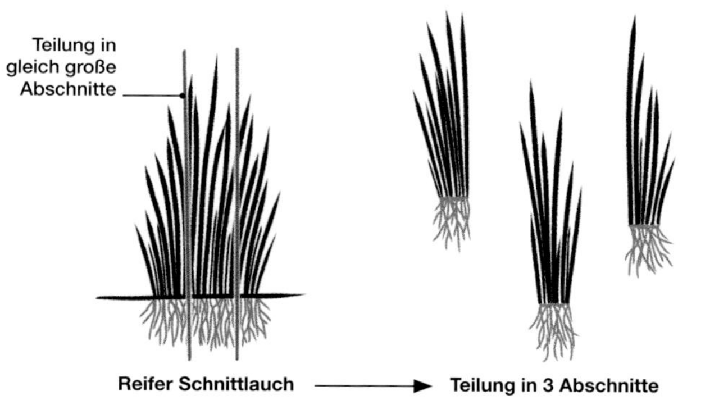

STECKLINGE

Ein Steckling ist ein Triebabschnitt, der von einer Elternpflanze abgeschnitten wird. Steckt man ihn in den Boden oder in ein anderes Substrat, treibt er Wurzeln und oberirdischen Wuchs aus, sodass eine neue Pflanze entsteht.

Krautige Stecklinge werden während der Wachstumssaison genommen, meist im Frühjahr oder Hochsommer, wenn sie weich und grün sind und die Pflanze Blätter trägt. Die Ideallänge für Gewächse wie Kräuter liegt bei rund 10 cm. Sie wurzeln binnen weniger Wochen ein und können in der nächsten Saison ausgepflanzt werden. Minze und Basilikum bilden sogar in Wasser Wurzeln. Andere krautige Stecklinge steckt man in einen Topf mit Erde und stülpt einen durchsichtigen Plastikbeutel darüber, um die Luftfeuchtigkeit hochzuhalten. Halbreife Stecklinge ähneln krautigen, stammen aber von verholzenden Trieben, da sie von Spätsommer bis Herbstmitte geschnitten werden, also zum Saisonende. Steckhölzer schließlich schneidet man während der Vegetationsruhe. Weil sie keine Blätter tragen, brauchen sie keine hohe Luftfeuchtigkeit. Typisches Beispiel: die Schwarze Johannisbeere. Steckhölzer können 20–30 cm lang sein. Sie beginnen im zeitigen Frühjahr einzuwurzeln, werden aber erst im folgenden Winter ausgepflanzt.

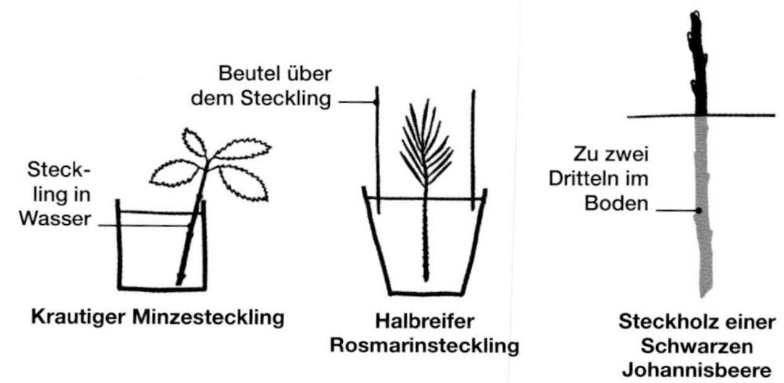

KNOLLEN

Knollengemüse ist am einfachsten zu vermehren. Beim Ernten legt man einzelne gesunde Exemplare beiseite und pflanzt sie neu ein. Manche Knollen, etwa Oca, Mashua und Yacón, reagieren empfindlich auf das Winterwetter gemäßigter Klimazonen. Bei milder, nasser Witterung können sie faulen, bei Frost erfrieren. Daher erntet man sie im Frühwinter und lagert sie kühl, trocken und dunkel ein, um sie im Frühjahr wieder nach draußen pflanzen zu können. Topinambur ist das robusteste Knollengemüse und braucht das nicht.

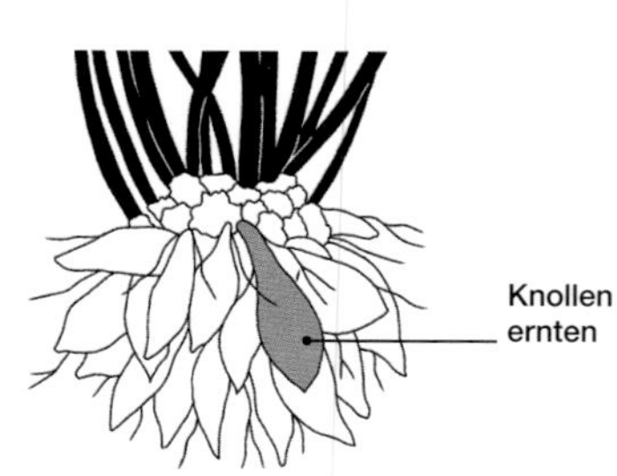

VEREDELUNG

Das Veredeln ist die gängigste Vermehrungsmethode für Obstbäume, allerdings auch die komplizierteste, denn sie erfordert ein präzises Aufpfropfen eines Edelreises (im Prinzip ein Steckling) auf eine lebende Pflanze (Unterlage genannt). Ein durch Aussaat gewonnener Apfelbaum wird zu einem großen Baum, ist aber nicht samenecht. Durch Veredelung bekommt man einen Klon der Sorte, von der der Edelreis stammt, und kann zudem die Baumgröße vorher festlegen, denn sie wird von der Unterlage vorgegeben (siehe auch S. 161). Unterlage und Edelreis werden miteinander verbunden, bis sie zusammengewachsen sind.

Auch einjähriges Gemüse lässt sich manchmal durch Veredelung vermehren. Die Tomoffel ist eine auf eine Kartoffel veredelte Tomate, die sowohl unterirdische Knollen als auch oberirdische Tomaten bildet. Im gewerblichen Anbau werden viele Tomaten auf Tomatenunterlagen wie Maxifort, Beaufort und Estamino veredelt, da diese krankheitsresistent sind und die Pflanzen dann besser wachsen als mit dem eigenen Wurzelsystem.

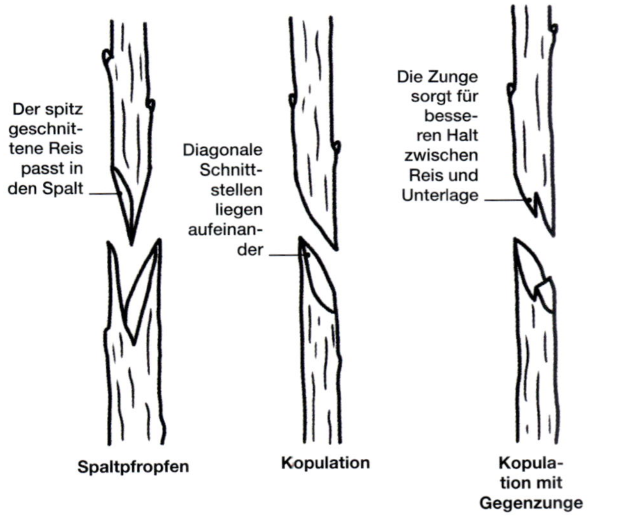

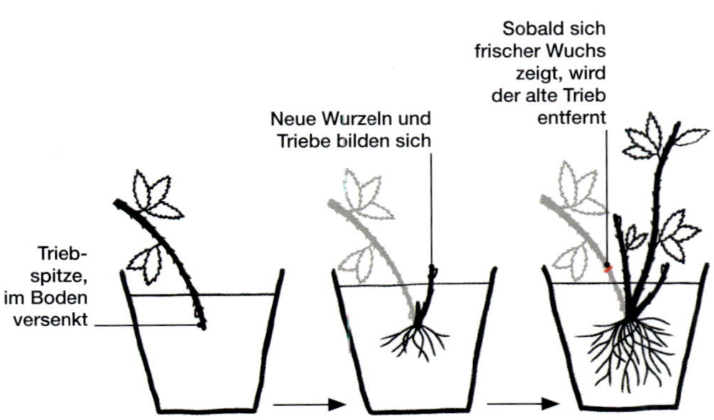

ERDBEEREN MIT AUSLÄUFERN VERMEHREN

Viele Erdbeersorten bilden als Vermehrungsstrategie Ausläufer, eine Art Absenker. Erdbeeren tragen diese Ausläufer aber erst, wenn sie zu vollwertigen Pflanzen mit Wurzeln herangewachsen sind. Anders ist das etwa bei Brombeeren, bei denen schon die Ausläufer Früchte tragen. Man kann Ausläufer eintopfen und sie anschließend von der Elternpflanze trennen, sobald sie neue Blätter austreiben (siehe unten).

ABSENKEN

Beim Absenken macht man sich natürliche Vorgänge in manchen Pflanzen zunutze: Kommt eine Triebspitze mit dem Erdreich in Kontakt, bildet sie Wurzeln, sodass an dieser Stelle eine neue Pflanze entsteht. Die Elternpflanze versorgt sie vorübergehend mit allen Nährstoffen, bis sie ein eigenes Wurzelsystem gebildet hat und unabhängig überleben kann. Das funktioniert zum Beispiel bei kriechenden Beerensträuchern. Das Absenken ist neben der Bildung von Wurzelschösslingen (aus oberflächennahen Wurzeln) typisch für Brombeeren.

KNOLLEN

Knollen sind verdickte unterirdische Pflanzenteile. Sie fungieren als Energiespeicher für neuen oberirdischen Wuchs. Manche schmecken hervorragend und dienen uns zum Auffüllen unserer eigenen Energiereserven.

Optimale Erträge erzielt man mit Knollen nur, wenn man ihnen eine ganze Anbausaison Zeit gibt und viel organische Substanz in den Boden einarbeitet. Geerntet wird ab dem Spätherbst. Mehrjährige Knollen kommen in gemäßigten Klimazonen in der Regel während der Vegetationsruhe auf den Tisch, sofern sie nicht haltbar gemacht werden. Das Laub ist nicht winterhart, weshalb man Knollen erst rund zwei Wochen vor dem letzten Frost auspflanzt. Alle hier erwähnten Knollen überstehen in dieser Zeit aber leichte Fröste. Wenn man die Anbausaison verlängern möchte, treibt man sie ab Anfang April unter Abdeckungen in 10-cm-Töpfen vor und setzt sie nach dem letzten Frost an ihren endgültigen Platz. Ideal ist ein vollsonniges Beet, doch kommen sie auch mit Halbschatten zurecht. Vermehrt wird, indem man bei der Ernte ein paar Knollen beiseite legt und zu Beginn der nächsten Saison wieder einpflanzt, damit daraus neue Pflanzen entstehen.

TOPINAMBUR

Topinambur (*Helianthus tuberosus*) gehört zur Gattung der Sonnenblumen und erreicht wie sie stattliche Höhen. Im Frühherbst öffnet Topinambur bezaubernde kleine, sonnenblumenähnliche Blüten, die eine schöne Kulisse für andere Pflanzen bilden oder als vorübergehender Sichtschutz dienen können. In windigen Lagen kann man die Pflanzen im Hochsommer auf 1,2–1,5 m zurückstutzen. Sie reagieren darauf mit einem buschigen Wuchs, dafür ist die Blüte beeinträchtigt. Es gibt Zwergsorten mit 60 cm Höhe, die kastanienbraune Knollen bilden. Topinambur ist sehr ertragreich und hat gekocht einen süßen, nussigen, cremigen Geschmack.

Pflanzabstand 30 cm

Pflanztiefe 15 cm

Höhe 3 m in der Sonne

MASHUA

Mashua (*Tropaeolum tuberosum*), auch Knollige Kapuzinerkresse genannt und tatsächlich eine Art der Kapuzinerkressen, gehört zu den schönsten Gemüsepflanzen überhaupt. Mit ihrem kletternden Wuchs macht sie optisch etwas her und eignet sich zudem für kleine Gärten. Mashua wächst unglaublich schnell und liefert im Sommer essbare Blätter, im Herbst Blüten und für den Winter Knollen. Sie werden am besten gebraten oder gekocht genossen und haben einen süßen, kohlartigen Geschmack. Besonders Spaß macht der Anbau in zwei Kartoffeleimern mit einem Rankbogen dazwischen, an dem die beiden Pflanzen hochklettern. Bietet man Mashua kein Klettergerüst, wächst sie auch kriechend.

Pflanzabstand 30 cm

Pflanztiefe 5 cm

Höhe 4 m als Spalier an Wänden

YACÓN

Yacón (*Smallanthus sonchifolius*) ist in Südamerika seit Langem ein Grundnahrungsmittel. Die Knollen lassen sich roh oder gekocht genießen. Will man sie roh essen, lässt man sie ein, zwei Wochen an einem sonnigen, warmen Platz liegen (etwa auf einer Topfbank im Folientunnel). Die stärkehaltige Knolle wird dadurch saftig und knackig süß und lässt sich als Ganzes verzehren. Yacón ist hungrig und für eine großzügige jährliche, 10 cm dicke Mulchschicht aus reifem Stallmist und kompostierten Hackschnitzeln dankbar. Je nach Wetter darf man sich im Herbst sogar noch über schöne gelbe Blüten freuen. Braucht man Knollen für die Vermehrung, nimmt man die kleineren roten; zum Essen eignen sich die größeren, die tiefer im Erdreich stecken.

Pflanzabstand 50 cm

Pflanztiefe 10 cm

Höhe Bis 1,8 m

OCA

Oca (*Oxalis tuberosa*), auch Yam oder Knolliger Sauerklee genannt, stammt aus den südamerikanischen Anden. Sie gehört zu meinen liebsten mehrjährigen Gemüsepflanzen. Ihre Blätter beeindrucken mit schöner Textur, sodass die Oca auch als essbare Zierpflanze eingesetzt werden kann, die sozusagen als Dreingabe viele kleine, schmackhafte, nussige Knollen liefert. Sie lässt sich in großen Kartoffelkübeln und anderen voluminösen Pflanzgefäßen anbauen. Je nach Sorte können die Knollen viele verschiedene Farben haben – am gängigsten sind weiße, rote und gelbe Exemplare. Gegen Ende der Anbausaison trumpft Oca sogar noch mit zarten kleinen Blüten in Gelb auf.

Pflanzabstand 20 cm

Pflanztiefe 5 cm

Höhe 30 cm

KNOLLEN-ZIEST

Die kleinen weißen Knollen des Knollen-Ziests (*Stachys affinis*) lassen sich roh genießen und haben dann einen nussigen Biss, doch kann man sie auch einlegen oder kochen. Der krautige oberirdische Wuchs ähnelt Minze.

Pflanzabstand 30 cm

Pflanztiefe 7 cm

Höhe 50 cm

CHINESISCHE YAMSWURZEL

Die wüchsige Kletterpflanze (*Dioscorea polystachya*) trägt herzförmige Blätter und duftende, winzige weiße Blüten. Die Knollen sind gekocht essbar und schmecken ähnlich wie Wasserkastanien. Yamswurzeln brauchen tiefgründige Böden.

Pflanzabstand 50 cm

Pflanztiefe 10 cm

Höhe 4 m

ERDBIRNE

Die Erdbirne (*Apios americana*) ist eine erstaunliche, Stickstoff fixierende Kletterpflanze aus Nordamerika mit schönen Blüten. Beste Ergebnisse sind zu erwarten, wenn man die Knollen ab dem zweiten Jahr nach dem Einpflanzen erntet.

Pflanzabstand 30 cm

Pflanztiefe 5 cm

Höhe 3 m

ZUCKERWURZEL

Die Zuckerwurzel (*Sium sisarum*) war vor der Einführung der Kartoffel in Europa ein beliebtes Gemüse. Sie erinnert im Geschmack an eine mild pfeffrige Möhre. Man vermehrt sie am besten durch Teilung zweijähriger Pflanzen.

Pflanzabstand 40 cm

Pflanztiefe 5 cm

Höhe 90 cm

MEHRJÄHRIGE KOHLGEWÄCHSE

Das ergiebige Blattgemüse gedeiht in der vollen Sonne und im Halbschatten. Da es immergrün ist, bringt es willkommene Farbe in den winterlichen Garten. Man kann es ganzjährig ernten, auch in der ertragsarmen Zeit im Frühjahr.

Diese Kohlgewächse bevorzugen Böden mit viel organischer Substanz, kommen aber auch mit kargerem Erdreich zurecht. Sie tragen zwar Blätter, werden aber nur selten von Schnecken attackiert und sind deshalb für resiliente, ertragreiche Gärten umso wichtiger. Man kann sie aussäen oder mit Triebstecklingen (siehe unten) vermehren. Setzlinge müssen vor Schnecken geschützt werden. Ältere Pflanzen brauchen Mulch. Kohlweißlingsraupen (siehe S. 264) könnten ungebührliches Interesse an Kohl zeigen, behalten Sie ihn daher gut im Auge.

HUWS TIPP

Diese Kohlgruppe verträgt bis zu –6 °C, sollte also in kälteren Nächten mit einem Vlies abgedeckt werden. Man kann die Pflanzen auch in großen Gefäßen ziehen und bei Bedarf in den Folientunnel stellen. Mit Stecklingen, die im Herbst genommen und unter Abdeckungen überwintert werden, sichert man sich gegen potenzielle Verluste ab.

TRIEBSTECKLINGE

Alle hier erwähnten mehrjährigen Kohlgewächse lassen sich gut durch Triebstecklinge vermehren. Nehmen Sie im Vollherbst oder im Vor- bzw. Vollfrühling Stecklinge von den kleineren Seitentrieben (einfach abreißen, sodass etwas alter Wuchs daran haften bleibt) und stecken Sie sie in erdgefüllte Töpfe, wo sie einwurzeln können. In den ersten vier Wochen stellt man sie nicht in die Mittagssonne, damit sie nicht austrocknen. Sie brauchen keine Abdeckung aus durchsichtigen Plastikbeuteln, die im Inneren für hohe Luftfeuchtigkeit sorgt, doch muss man alle Blätter bis auf die obersten drei oder vier abzwicken.

BAUMKOHL 'ASTURIAN'

Brassica oleracea 'Asturian' ist mit einer Lebensdauer von etwa drei Jahren das kurzlebigste mehrjährige Kohlgewächs. Es lässt sich unschwer durch Aussaat oder Stecklinge vermehren, wächst kräftig und liefert Blätter, die man, solange noch jung, roh essen kann, später aber kochen muss. Im zeitigen Frühjahr bildet der Baumkohl ähnlich wie Sprossenbrokkoli etliche köstlich süße, zarte Blütentriebe, die meines Erachtens sogar besser schmecken! Wenn Sie alle Blütentriebe ernten, treiben die Pflanzen in der nächsten Saison noch einmal neue aus. Baumkohl gehört zu meinen Favoriten – eine Saison ohne ihn ist für mich undenkbar.

Pflanzabstand 50 cm

Höhe 1 m

BROKKOLI 'NINE STAR'

Brassica oleracea var. *italica* 'Nine Star' ist eine hungrige Sorte, die großzügig mit Kompost oder reifem Stallmist gemulcht werden muss. Es heißt, sie sei kältetoleranter als andere mehrjährige Kohlgewächse. Die Blätter sind zwar essbar, kultiviert wird die Pflanze aber wegen ihrer Röschen, die im zeitigen Frühjahr erscheinen. Sie müssen geerntet werden, damit die Pflanze weiterwächst. Ab dem zweiten Jahr kann man einige Jahre mit bis zu zehn Röschen pro Saison rechnen. Stützen ist empfehlenswert.

Pflanzabstand 80 cm

Höhe 1 m

EWIGER KOHL 'TAUNTON DEANE'

Ein einziges Exemplar dieses Ewigen Kohls (*Brassica oleracea* var. *ramosa*) reicht und man ist ganzjährig mit Blättern versorgt. Ernten Sie die jüngeren, zarteren Blätter. Gekocht schmecken sie himmlisch. Mehrjährige Kohlgewächse wie diese Sorte sind ein Muss für alle, die Selbstversorgung anstreben.

Pflanzabstand 1 m

Höhe 2 m

EWIGER KOHL 'DAUBENTON'S'

Von der Daubenton's-Sortengruppe (*Brassica oleracea* var. *ramosa*) gibt es zwei Varianten: grün und panaschiert. Die panaschierte Version ist ein echter Hingucker und eignet sich sogar für Ziergärten. Der kleine Strauch kann in Rabatten oder an exponierte Standorte gepflanzt werden. Die Blätter sind köstlich.

Pflanzabstand 1 m

Höhe 1 m

BAUMKOHL (PURPLE TREE COLLARD)

Dieser Kohl (*Brassica oleracea* var. *acephala*) bildet grüne, dunkelviolett geäderte Blätter, die sich bei Kälte ganz violett färben. Weil er aufrecht wächst, muss er in der Regel gestützt werden. Es gibt auch eine grüne Form, die vor allem auf der britischen Kanalinsel Jersey angebaut wird und in England »Spazierstock-Kohl« genannt wird, da die langen Triebe früher getrocknet als Spazierstöcke Verwendung fanden. In manchen Museen kann man noch Exemplare finden!

Pflanzabstand 1 m

Höhe 1,8–2,5 m

LAUBGEMÜSE UND CO.

Die Zahl der mehrjährigen Laubgemüseköstlichkeiten ist riesig. Viele liefern nicht nur Essbares, sondern sehen auch gut aus. Hier meine Spitzenreiter. Sie sind leicht zu kultivieren, nicht nährstoffhungrig und gedeihen in der vollen Sonne ebenso wie im Halb- und Streuschatten.

WILDE RÜBE

Die Wilde Rübe (*Beta vulgaris* subsp. *maritima*) ähnelt Mangold und versorgt Sie über einen Großteil des Jahres mit mangoldartigen Blättern. In gut durchlässigen Böden zeigt sich die sehr winterharte, ertragreiche Pflanze Jahr für Jahr von ihrer besten Seite. Zwicken Sie Blütentriebe ab, damit die Rübe ihre Energie in den Laubansatz steckt. Im Spätsommer sorgt ein Rückschnitt für verstärkten Neuaustrieb. Teilung ist möglich (siehe S. 128).

Pflanzabstand 40 cm

Höhe 60 cm

GUTER HEINRICH

Der Gute Heinrich (*Blitum bonus-henricus*, auch *Chenopodium bonus-henricus*) setzt spinatähnliche Blätter an. Wer ihn als zu bitter empfindet, legt die jungen Blätter eine Stunde in Salzwasser, wäscht sie und kocht sie. Die Pflanze bildet pyramidenförmige Blütenrispen, die man ebenfalls kochen kann, und zieht im Winter ein. Durch Aussaat und Teilung (siehe S. 128) leicht zu vermehren.

Pflanzabstand 50 cm

Höhe 70 cm

KAUKASISCHER RANKSPINAT

Die grüne Kletterpflanze (*Hablitzia tamnoides*) braucht Halbschatten und feuchte Böden, weshalb gemulcht werden muss. Sie ist sehr wuchsfreudig, wenn man ihr eine gute Stütze gibt, und liefert zum Frühjahrsbeginn essbare Triebe, gefolgt von spinatartigem Laub. Ältere Pflanzen lassen sich teilen (siehe S. 128).

Pflanzabstand 30–40 cm

Höhe 3 m

MOSCHUS-MALVE

Die ausgesprochen winterharte Moschus-Malve (*Malva moschata*) zieht im Winter ein. Ihre dekorativen Blätter sind essbar, doch die eigentlichen Stars sind die ebenfalls essbaren Blüten. Vermehren kann man die Art ganz einfach durch Aussaat oder 10–15 cm lange Basalstecklinge im Spätfrühling oder Frühsommer. Dazu werden einfach frische Triebe knapp unter Bodenniveau abgeschnitten und wie normale Stecklinge behandelt.

Pflanzabstand 50 cm

Höhe 90 cm

GARTEN-AMPFER

Die jungen Blätter des völlig winterharten Laubgemüses mit dem botanischen Namen *Rumex patientia* lassen sich kochen und ähnlich wie Sauer-Ampfer verwerten. Man kann sie für Eintöpfe und Currys oder als Beilage nutzen. Garten-Ampfer bildet große Blütentriebe, die zwar gut aussehen, sich jedoch nachteilig auf den Laubansatz auswirken. Wer nicht will, dass er blüht, entfernt die Triebe zusammen mit altem Laub im Hochsommer, damit er vor dem Einziehen noch einmal frische Blätter ansetzt. Vermehrt wird Garten-Ampfer am besten durch Teilung (siehe S. 128).

Pflanzabstand 50 cm

Höhe 2,5 m

ARTISCHOCKE

Die Artischocke (*Cynara cardunculus* Scolymus-Gruppe) ist ein Gewächs mit auffälligem Wuchs. Ihre essbaren Blütenknospen gelten als Delikatesse. Jede Pflanze setzt im Sommer bis zu zwölf Knospen an und bleibt mindestens fünf Jahre lang produktiv. Sie braucht einen sonnigen Platz; beim Einpflanzen tut es ihr gut, wenn man zur Verbesserung der Bodenfruchtbarkeit viel organische Substanz einarbeitet. Wegen ihres dichten Wuchses lässt sie kaum Licht auf den Boden fallen, sodass Unkraut keine Chance hat, wenn man sie im Spätwinter beim Neuaustrieb auch noch großzügig mit Kompost, Hackschnitzeln oder Stallmist mulcht. Im Winter wird der Wurzelhals (siehe S. 139) mit Stroh oder Laub bedeckt, denn bei strengem Frost erfriert die Artischocke.

Artischocken eignen sich hervorragend zum Begrünen eines wenig genutzten Winkels mit einem schmackhaften, unkomplizierten Gemüse. Sorten wie 'Violet de Provence' sind mit ihren violetten Knospen besonders dekorativ. Bei Kultur mehrerer Exemplare oder zum Saisonende hin kann man einige Pflanzen auch blühen lassen – die großen, distelartigen Blüten locken Bienen, Hummeln und Schmetterlinge an. Ältere Pflanzen werden geteilt, damit sie weiter Knospen ansetzen. Manche bilden auch Wurzelschösslinge, die man ausgraben und entsorgen kann, damit sie nicht in Konkurrenz zueinander treten.

Pflanzabstand 90 cm

Höhe 1,5 m

BRENNNESSELN

In diesem Buch geht es zwar nicht um Wildgemüse, dennoch lohnt es sich zu wissen, wie fantastisch Brennnesseln sind. Wer viele davon im Garten hat, kann sie natürlich ernten, auch wenn sie nicht angebaut wurden! Die jungen Blätter und zarten Triebspitzen sind eine hervorragende Alternative zu Spinat und stehen das ganze Frühjahr zur Verfügung. Sie werden gedünstet oder gekocht, um die Brennhaare unschädlich zu machen.

ANDERE MEHRJÄHRIGE ZUM AUSPROBIEREN

Es gibt Hunderte von Mehrjährigen, deren Anbau sich lohnt. Hier einige Geheimtipps:

- Ackerlauch (*Allium ampeloprasum* var. *babingtonii*)
- *Laportea bulbifera*
- *Elatostema umbellatum*
- Ewige Zwiebel (*Allium cepa* var. *perutile*)
- Lauch-Scheibenschötchen (*Peltaria alliacea*)
- Mitsuba (*Cryptotaenia japonica*)
- Koreanischer Sellerie (*Dystaenia takesimana*)
- Sauer-Ampfer 'Abundance' (*Rumex acetosa*)
- Orientalisches Zackenschötchen (*Bunias orientalis*)
- Herzförmige Aralie (*Aralia cordata*)

Viele der hier erwähnten Mehrjährigen findet man nicht im Gartencenter. Sie werden am besten online von Spezialanbietern bestellt. Wenn ich besondere Exoten suche, werde ich oft auf eBay oder Etsy fündig, wo man erstaunlich viele rare Samen und Pflanzen bekommt. Suchen Sie sie am besten unter ihren botanischen, also lateinischen Namen, denn sie werden oft als reine Zierpflanzen verkauft und heißen als solche manchmal anders. Empfehlungen zu Bezugsquellen auf S. 281.

Oben: Koreanischer Sellerie im Streuschatten. Links: Kapuzinerkresse in trauter Eintracht mit Laportea bulbifera *und Baumkohl.*

RHABARBER UND SPARGEL

Diese beiden hochgeschätzten Mehrjährigen treiben im Frühjahr aus und liefern in der ertragsarmen Zeit (siehe S. 220–221) verlässlich Gutes für die Küche. Als Erstes zeigt sich Rhabarber. Er kann vorgetrieben werden und liefert dann besonders früh Stangen. Einige Wochen später folgt der Spargel.

RHABARBER

Rhabarber (*Rheum rhabarbarum*) ist ein sehr beliebtes Gemüse für die ertragsarme Zeit im Frühjahr. Je nach Sorte versorgt er uns vom zeitigen Frühjahr bis in den Hochsommer mit zarten Stangen. Wie Spargel treibt er aus dem Wurzelstock aus. Er mag volle Sonne, kommt aber auch mit Halb- und Streuschatten zurecht und lässt sich daher wie Beinwell (siehe S. 230) unter Obstbäumen anbauen. Damit er ordentlich Stangen bildet, braucht er vor allem eins: reichlich Mulch und sogar Flüssigdünger. Bedecken Sie die Fläche um den Stock daher im Spätherbst und nach Möglichkeit noch einmal im zeitigen Frühjahr 10 cm dick mit Stallmist, Seetang, einem Mix aus Grasschnitt und Laub oder Kompost.

Die Zahl der Sorten ist riesig – als früheste ziehe ich 'Timperley Early'. 'Victoria' ist gut für die Haupternte und liefert in meinem Garten sehr beständig Stangen. Die werden geerntet, indem man sie am Ansatz abdreht. Das Laub wandert auf den Komposter. Gelegentlich blüht Rhabarber, was allerdings Energie bindet, die für die Stangen- und Blattbildung fehlt, weshalb man die Blütenstände mit einem Messer abschneidet und dem Komposter überantwortet. Ab dem Hochsommer lässt man die Pflanze in Ruhe, damit sie vor dem Einziehen der Blätter im Winter genug Kraft sammeln und dadurch im Frühjahr neu austreiben kann.

Pflanzabstand 75 cm

Pflanztiefe Knapp unter der Oberfläche

Höhe 60 cm

Im zeitigen Frühjahr unter einem Kartoffeleimer vorgetriebener Rhabarber

Rhabarber vortreiben

Rhabarber lässt sich vortreiben, also zu einem verfrühten Austrieb zwingen. Durch den Lichtentzug bildet er außerdem lange Stangen, die süßer schmecken. Man stülpt einfach nur im Spätwinter einen großen Eimer über den Wurzelstock. Hat man schon größere Wurzelstöcke, kann man auch eine Abfalltonne verwenden. Prüfen Sie alle paar Tage, wie die Pflanze wächst. Nach ein paar Wochen nehmen Sie die Abdeckung weg und ernten die Stangen.

Rhabarber teilen

Damit Rhabarber stets viele Stangen ansetzt, teilt man ihn alle 5–6 Jahre, bevor er auszutreiben beginnt. Dazu spaltet man den Wurzelstock mit einem Spaten in 3–4 Teilstücke. Das größte Stück bleibt am alten Standort, die übrigen kann man an anderer Stelle einpflanzen oder verkaufen. Wer zwei Rhabarberbeete hat, teilt sie mit 2–3 Jahren Abstand, denn im Jahr nach dem Teilen ist nicht mit einer großen Ernte zu rechnen.

HUWS TIPP

Früher legte man große Rhabarberblätter auf die Gartenbeete und ließ sie über Nacht dort. Drehte man sie am nächsten Tag um, hatten sich darunter Schnecken festgesetzt, die man einsammeln konnte. Wer Hühner oder Enten hat, wirft ihnen die Blätter mit Schnecken daran einfach in ihren Hof.

SPARGEL

Spargel (*Asparagus officinalis*) gehört zu den großen Delikatessen der Gemüsewelt. Noch wertvoller wird er dadurch, dass er gerade in der ertragsarmen Zeit im Frühjahr reift. Man vermehrt ihn am besten mit sogenannten Klauen (siehe Diagramm unten). Der Anbau erfordert Geduld, denn es dauert ab dem Setzen der Klauen vier Jahre, bis man Stangen ernten kann. Zwar ist Aussaat möglich, doch dann muss man noch ein Jahr länger warten.

Spargel wird geerntet, indem man jede Stange knapp über dem Boden abbricht oder abschneidet. Zum Ende der Anbausaison, wenn der Busch gelb wird, schneidet man ihn bis zum Ansatz zurück. Das Material kann zerkleinert und liegen gelassen werden. Im Winter wird er nach Möglichkeit jährlich 5–7 cm dick mit kompostierten Hackschnitzeln, reifem Stallmist, Seetang oder Kompost gemulcht. Die Zahl der Sorten ist groß, verlässliche Resultate erbringen bei mir 'Connover's Colossal', 'Backlim' und 'Purple Passion'.

Pflanzabstand 40 cm

Pflanztiefe Knapp unter der Oberfläche; siehe Diagramm unten

Höhe 120 cm

Spargel teilen

Ältere, also sechs- bis siebenjährige Stöcke, kann man im Spätwinter in 2–3 Abschnitte teilen. Vorsicht: Die Wurzeln brechen leicht ab, weshalb das Zerteilen mit einem scharfen Messer sinnvoller ist als mit einem Spaten.

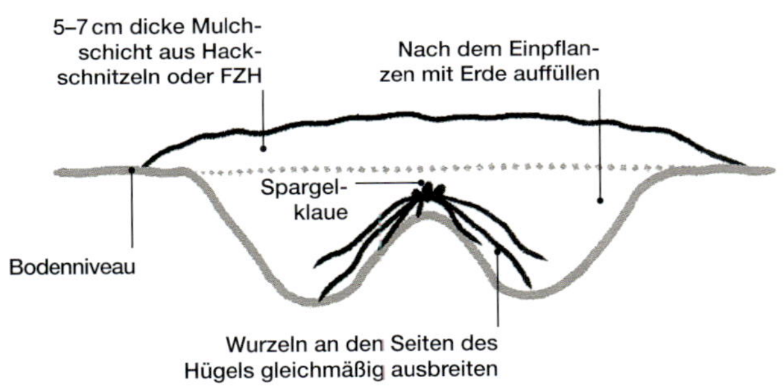

Dieser Querschnitt zeigt, wie man eine Klaue knapp unter der Oberfläche mit ausgebreiteten Wurzeln pflanzen sollte.

HUWS TIPP

Spargel genießt man am besten roh direkt nach der Ernte! In frischem Zustand schmeckt er am besten. Ich vergesse nie, wie ich zum ersten Mal eine selbst gezogene Stange knabbern durfte, und freue mich seither jedes Mal im Frühjahr darauf.

Erntereife Spargelstangen aus dem Wurzelstock

WAS IST EIN WURZELSTOCK?

Sowohl Rhabarber als auch Spargel wird als Wurzelstock gesetzt. Er besteht aus mehreren seitlich wachsenden Rhizomen – unterirdischen Sprossen, aus denen die oberirdischen Triebe entspringen. Aus ihnen wachsen später mehrere Stangen auf einmal. Ein weiteres Beispiel für eine Pflanze, die aus Wurzelstöcken austreibt, ist Beinwell (siehe S. 77).

MEHRJÄHRIGE KRÄUTER

Mehrjährige Kräuter sind eine riesige Gruppe von Pflanzen, deren Blätter, Samen und Blüten in der Küche, unter anderem zum Würzen, als Medizin und als Duftstoff genutzt werden. Viele lassen sich immer wieder abernten und locken obendrein Nützlinge an, wenn sie blühen.

Küchengärten umfassen traditionell einen Kräutergarten oder zumindest eine Ecke mit Kräutern, die frischen Nachschub liefert. Auch ein Permakultur-Küchengarten kann einen speziellen Kräuterbereich umfassen (siehe S. 232), oft aber kultiviert man die Kräuter dort, wo es sinnvoll ist, also etwa Minze in schattigen Winkeln, Schnittlauch unter Beerensträuchern, Zitronenmelisse unter einem Apfelbaum oder die Indianernessel als Farbtupfer im Salatbeet. Im Polykultur-Kapitel (siehe S. 244–247) wird genauer auf die Kombination von Mehr- und Einjährigen eingegangen. Die meisten dieser Kräuter gedeihen in der vollen Sonne oder im Halbschatten in durchlässigen Böden. Bevorzugen sie andere Bedingungen, gebe ich es an.

SCHNITTLAUCH

Schnittlauch (*Allium schoenoprasum*) hat einen feinen Lauchgeschmack. Ich verwende seine Blätter und Blüten regelmäßig in der Küche – wahrscheinlich ist er sogar mein meistgenutztes Kraut. Er ist zwar winterhart, zieht aber im Winter ein und treibt im Frühjahr neu aus. Schneidet man ihn nach der Blüte zurück, blüht er ein zweites Mal. Die violetten Blüten locken Bestäuber an. Die Vermehrung erfolgt durch Aussaat und Teilung (siehe S. 128).

Pflanzabstand 30 cm

Höhe 30 cm

KNOBLAUCH-SCHNITTLAUCH

Knoblauch-Schnittlauch (*Allium tuberosum*) ist ein völlig winterhartes Kraut, das im Winter einzieht. Seine saftigen, grasartigen Blätter beeindrucken mit einem angenehmen Geschmack nach – wer hätte es geahnt? – Knoblauch und Schnittlauch und lassen sich wie normaler Schnittlauch verwenden. Die zarten weißen Blüten sind ebenfalls essbar und ein Bestäubermagnet. Vermehrt wird die Pflanze durch Aussaat und Teilung (siehe S. 128).

Pflanzabstand 20 cm

Höhe 40 cm

WINTERZWIEBEL

Die Winterzwiebel (*Allium fistulosum*) hat ihren Ursprung in China und Sibirien. Wenn man sie mehrjährig zieht, nutzt man Blätter und Blüten – sie schmecken ähnlich wie Speisezwiebeln. Geerntet werden sie, indem man mit einem scharfen Messer ein paar Blätter pro Horst über dem Boden abschneidet oder vorsichtig abdreht, damit der Rest nicht beschädigt wird. Nach einer Weile treiben neue Blätter aus. Die Vermehrung erfolgt mit Steckzwiebeln und durch Teilung (siehe S. 128).

Pflanzabstand 30 cm

Höhe 40 cm

BÄRLAUCH

Bärlauch (*Allium ursinum*) lässt sich als Kraut kultivieren. In der Natur bevorzugt er Halbschatten und feuchte Böden, im Garten ist es nicht anders. Er treibt im Spätwinter aus, blüht im Mai und eignet sich gut als Bodendecker unter Bäumen, denn er breitet sich von selbst aus. Essbar sind Blätter, Knospen, Blüten und Samenstände. Vermehrung durch Teilung (siehe S. 128).

Pflanzabstand 10 cm

Höhe 30 cm

ZIMMERKNOBLAUCH

Tulbaghia violacea (unten) schmeckt und duftet wie Knoblauch, verursacht aber keinen Knoblauchatem. Die Blätter werden wie Schnittlauch verwendet und auch die Blüten sind essbar. Die Art gehört nicht zur Lauchgattung und ist daher ideal für alle mit Knoblauchallergie. Vermehrung durch Teilung (siehe S. 128).

MINZE

Die Gattung Minze (*Mentha*) setzt sich aus rund 30 Arten zusammen, darunter die Grüne Minze, die oft für Tee verwendet wird, und die Basilikumminze, die beim Kochen ihren Minzegeschmack weitgehend verliert, aber den Basilikumsgeschmack bewahrt. Minze breitet sich stark aus, wenn man sie lässt, und sollte in Kleingärten daher im Topf kultiviert werden. Die Blätter werden bei Bedarf geerntet. Besonders wertvoll für Insekten sind die Blüten. Vermehrung durch Stecklinge und Teilung (siehe S. 128).

Pflanzabstand 40 cm

Höhe 40 cm

KOREAMINZE

Ein Muss im Kräutergarten. Die Koreaminze (*Agastache rugosa*) hat einen Anisgeschmack und beeindruckt mit unglaublichen violetten Blütenkerzen. Sie bringt im Sommer und Herbst viel Farbe in den Garten, ist also auch eine vorzügliche Rabattenpflanze. Vermehrung durch Aussaat und Teilung (siehe S. 128).

Pflanzabstand 50 cm

Höhe 90 cm

KATZENMINZE

Katzen lieben sie. *Nepeta* blüht vom April bis in den Spätsommer und trägt schöne silbrige Blätter. Das Kraut hat einen hohen Zierwert und lockt Nützlinge an. Aus den Blüten lässt sich ein exzellenter Kräutertee aufgießen, während Jungblätter eine Salatzutat sind. Vermehrung durch Aussaat und Teilung (siehe S. 128).

Pflanzabstand 40 cm

Höhe 40 cm

INDIANERNESSEL

Indianernesseln (*Monarda*) gehören wie Minzen zur Familie der Lippenblütler. Ihre auffälligen Blütenstände gibt es in allerlei Farben und Tönungen. Dank der langen Blütezeit sind Indianernesseln ein echter Hingucker im Garten. Blätter und Blüten eignen sich für Tee, Öle und Essig. Auch als Schnittblumen machen sich Indianernesseln gut. Vermehrung durch Teilung (siehe S. 128).

Pflanzabstand 40 cm

Höhe 90 cm

ZITRONENMELISSE

Die schön buschige, immergrüne Zitronenmelisse (*Melissa officinalis*) ist ein ausgezeichneter Bodendecker für essbare Wälder; auch die panaschierte Version macht viel her. Sie treibt jedes Frühjahr neu aus und gehört zu den pflegeleichtesten Kräutern überhaupt, sollte aber wie Minze in kleineren Gärten im Topf bleiben. Vermehrung durch Teilung (siehe S. 128).

Pflanzabstand 50 cm

Höhe 80 cm

ROSMARIN

Ein Küchengarten ohne Rosmarin (*Salvia rosmarinus*)? Undenkbar. Mit seinen immergrünen Nadeln sieht er gut aus und ist in der Küche vielseitig einsetzbar. Die essbaren Blüten öffnen sich im Frühjahr und sind eine gute Nektarquelle für Hummeln. Rosmarin gedeiht an sonnigen Begrenzungen in durchlässigen Böden. Vermehrung durch krautige und halbreife Stecklinge (siehe S. 128).

Pflanzabstand 50 cm

Höhe 1 m

ZITRONENSTRAUCH

Da das Zitrusaroma des Zitronenstrauchs (*Aloysia citrodora*) wesentlich intensiver ist als das der Zitronenmelisse, gehört er zu den besten Teekräutern und Rohstoffen für Kräuteröl. Allerdings ist er nicht ganz winterhart und braucht einen Winterschutz aus Stroh oder wird gleich im Topf gezogen und in den Folientunnel gestellt. Ein Rückschnitt im Winter regt ihn zum kräftigen Neuaustrieb an. Vermehrung durch krautige Stecklinge (siehe S. 128).

Pflanzabstand 40 cm

Höhe 1 m

LAVENDEL

In der Küche kommt Lavendel (*Lavandula*) zwar selten zum Einsatz und wird höchstens zum Aromatisieren verwendet, doch duftet er im Garten und sieht toll aus. Er braucht stark durchlässige Böden und ist daher in nassen Gegenden im Topf am besten aufgehoben. Vermehrung durch krautige Stecklinge (siehe S. 128).

Pflanzabstand 40 cm

Höhe 40 cm

THYMIAN

Thymian (*Thymus vulgaris*) gehört zu meinen Kräuterlieblingen. Es gibt viele interessante Sorten zum Ausprobieren. Mein Favorit ist Zitronenthymian, der zwei Geschmacksnoten in sich vereint. Thymian ist ein exzellenter Bodendecker unter höheren Mehrjährigen wie Rosmarin und Johannisbeeren. Vermehrung durch krautige Stecklinge und Absenken (siehe S. 128-129).

Pflanzabstand 30 cm

Höhe 20 cm

MARJORAN UND OREGANO

Die beiden eng verwandten Kräuter (*Origanum majorana* und *O. vulgare*) sehen ähnlich aus, aber Majoran hat einen süßeren, milderen Geschmack. Ihre Blüten werden von Bienen geschätzt, die Blätter findet man oft auf Pizza oder in Bratengerichten. Vermehrung durch krautige Stecklinge und Teilung (siehe S. 128).

Pflanzabstand 30 cm

Höhe 30 cm

VIETNAMESISCHER KORIANDER

Persicaria odorata gehört zu den empfindlichsten, aber schönsten mehrjährigen Kräutern. Er bildet einen dichten Busch aus grünen Blättern mit violetter, hufabdruckförmiger Zeichnung. Ich ziehe das aromatische Kraut am liebsten am Rand eines Gefäßes oder Hochbeets, wo es über den Rand wachsen kann. Die Wurzeln werden im Herbst aufgenommen und drinnen eingetopft; nach dem letzten Frost kommen sie ins Freie. Auch Überwinterung als Steckling ist möglich. Die Pflanze braucht feuchte Böden und volle Sonne. Vermehrung durch halbreife Stecklinge (siehe S. 128).

Pflanzabstand 50 cm

Höhe 50 cm

ESTRAGON

In Frankreich nennt man Estragon (*Artemisia dracunculus*) auch »König der Kräuter«. Er ist unkompliziert im Anbau und wird gern für Fisch- und Hähnchenfleischgerichte verwendet, außerdem für Soßen wie Béarnaise. Die französische Variante schmeckt besser als die russische, die dafür winterhärter ist. Vermehrung durch halbreife Stecklinge und Teilung (siehe S. 128).

Pflanzabstand 80 cm

Höhe 40 cm

SALBEI

Echter Salbei (*Salvia officinalis*) ist ein hübsches, oft unterbewertetes, aber vielseitiges Traditionskraut. Eine meiner schönsten Kindheitserinnerungen sind knusprig gebratene Salbeiblätter – ich kann nur jedem raten, sie zu probieren! Es gibt viele Varianten mit leichten Unterschieden, etwa panaschierten oder violetten Blättern. Vermehrung durch krautige Stecklinge (siehe S. 128).

Pflanzabstand 50 cm

Höhe 50 cm

JOHANNISBEERSALBEI

Auf meiner Kräuter-Hitliste gehört *Salvia microphylla* zu den Top Five. Seine Blätter duften nach Schwarzen Johannisbeeren und sind ideal für kalte Sommerdrinks. Die zahlreichen dunkelrosa Blüten sind essbar, im Garten schön anzusehen und eine gute Bienenweide. Vermehrung durch halbreife Stecklinge (siehe S. 128).

Pflanzabstand 40 cm

Höhe 80 cm

FENCHEL

Fenchel (*Foeniculum vulgare*) gehört zu den wichtigsten und nützlichsten mehrjährigen Kräutern. Er ist eng mit dem Knollenfenchel verwandt, treibt aber jedes Jahr neu aus. Genutzt werden vor allem die gefiederten Blätter, Blüten und Samen. Die Blüten sitzen in hohen Doppeldolden, die zuhauf Nützlinge anlocken. An exponierten Standorten müssen die Blütenstände evtl. gestützt werden. Halten Sie auch Ausschau nach dem Bronzefenchel mit rotbraunem Junglaub, das im Lauf der Saison dunkel graugrün wird. Vermehrung durch Aussaat (siehe S. 178–183).

Pflanzabstand 50 cm

Höhe 2 m

MEHRJÄHRIGE BLÜHPFLANZEN

Viele mehrjährige Blühpflanzen tragen keine essbaren Blüten, erfüllen aber durchaus eine Schlüsselfunktion in einem florierenden Küchengarten – etwa, indem sie ihren Beitrag zu einem vielfältigen Insekten-Ökosystem leisten und für Farbtupfer sorgen.

Den Wert der Ästhetik sollte man nicht unterschätzen. Schließlich möchten Sie einen Garten haben, der so schön ist, dass Sie nur darauf brennen, jede freie Minute darin zu verbringen. Manche machen den Fehler zu glauben, dass in der Permakultur *alles* mehr als einen Nutzen haben muss. Ich finde aber, nichts ist wichtiger als ein Raum, der Freude vermittelt, sodass sein Besitzer daraus Energie schöpft. Mit anderen Worten: Ein Garten muss inspirieren. Hier habe ich einige meiner liebsten mehrjährigen Blühpflanzen für Sie zusammengestellt. Praktischerweise lieben auch Bestäuber sie.

1. Sonnenhüte

Mehrere Arten der Gattungen *Echinacea* (hier zu sehen) und *Rudbeckia* werden als Sonnenhüte bezeichnet. Beide zählen zur Familie der Korbblütler. Sie sind unkompliziert, unter Bestäubern heiß begehrt und blühen lang. Ihre Blüten werden als Schnitt- und Trockenblumen genutzt.

Pflanzabstand 30 cm

Höhe je nach Art und Sorte 60–150 cm

2. Lupinen

Lupinen (*Lupinus*) gehören zu meinen bevorzugten Frühsommerschönheiten. Es gibt sie in allerlei Farbvarianten. Ihre eindrucksvollen Trauben oder Ähren setzen sich in jeder Rabatte wirkungsvoll in Szene, doch auch ihre strahlig handförmigen Blätter sind schön anzusehen.

Pflanzabstand 45 cm

Höhe je nach Art und Sorte 60–90 cm

3. Dahlien

Dahlien (*Dahlia*) sind knollenbildende Blühpflanzen, die eine unglaubliche Vielfalt an Farben, Mustern und Formen aufbieten. Sie gehören mit Recht zu den beliebtesten Haus- und Schrebergartenpflanzen. Ihr einziges Manko: Man weiß bei der Auswahl partout nicht, welche man nehmen soll!

Pflanzabstand 40–50 cm

Höhe je nach Art und Sorte 30–150 cm

4. Schafgarben

Schafgarben (*Achillea*) sind traditionelle Rabattenpflanzen mit lange haltenden Blütendolden, denen auch Bestäuber viel abgewinnen können. Es gibt sie in allerlei Farben; zudem sind sie ausgesprochen unkompliziert. Damit sie blühwillig bleiben, sollten sie alle 4–5 Jahre geteilt werden.

Pflanzabstand 30–45 cm

Höhe je nach Art und Sorte 30–90 cm

5. Verbenen

Das Patagonische Eisenkraut (*Verbena bonariensis*) lockt Schmetterlinge magisch an. Besonders gut kommt es zur Geltung, wenn man es in größeren Horsten oder entlang einer Rabatte pflanzt. Es liefert Schnittblumen und lässt sich leicht durch halbreife Stecklinge vermehren, die man im Folientunnel überwintert.

Pflanzabstand 45–60 cm

Höhe 1,8 m

WIESEN

Wildblumenwiesen gehören zu den wichtigsten Insekten- und Vogelhabitaten. Wer einen großen Garten hat, sollte einen Grasbereich wild lassen und sich über die Blumenvielfalt freuen, die dort natürlich wächst. Man kann Wiesen aber auch künstlich mit Wildblumenmischungen ansäen. Damit sie nicht zu vernachlässigt aussehen (mitunter haben Nachbarn Probleme mit dem »Wildwuchs«), kann man einen gewundenen Weg hineinmähen.

1

2

3

4

5

6

7

8

10

9

6. Salbei

Salbei (*Salvia*) kann nicht nur als Gewürzkraut, sondern auch als Ziergewächs angepflanzt werden. Seine Blüten halten bis in den Herbst und sind ein Traum für Bestäuber. Es gibt viele Arten – einjährige, zweijährige und mehrjährige. Die Farbpalette reicht von Tiefblau bis lebhaft Rot.

Pflanzabstand 30–50 cm

Höhe 1,2–1,5 m

7. Mannstreu

Der schön strukturierte Mannstreu (*Eryngium*) ist für mich mit seinen silbergrauen Blättern und ungewöhnlich blauen Blüten die Zierversion einer Distel. Die Blütenstände werden gern getrocknet und für winterliche Gestecke verwendet.

Pflanzabstand 30–50 cm

Höhe je nach Art und Sorte 40–100 cm

8. Akeleien

Akeleien (*Aquilegia*) gehörten zu den ersten mehrjährigen Zierpflanzen, die ich je in meinem Küchengarten zum Einsatz gebracht habe. An ihren nickenden, haubenartigen Glockenblüten kann man sich nicht sattsehen. Auch Bienen schätzen sie. Akeleien säen sich leicht selbst aus, wuchern jedoch nicht ungebührlich stark.

Pflanzabstand 40–50 cm

Höhe je nach Art und Sorte 45–90 cm

9. Magerwiesen-Margerite

Die Magerwiesen-Margerite (*Leucanthemum vulgare*) blüht den ganzen Sommer und ist häufiger Bestandteil von Cottage- und Bauerngärten; sie lockt Schwebfliegen, Bienen und Schmetterlinge an. Man kann sie leicht durch Teilung (siehe S. 128) vermehren. Besonders gut sieht sie zu Horsten gruppiert aus.

Pflanzabstand 30 cm

Höhe 60 cm

10. Türkischer Mohn

Türkischer Mohn (*Papaver orientale*) ist ein hübscher Akzent in Küchengärten und hält viel leicht zugänglichen Pollen für Bestäuber bereit. An einem großen Ziermohn im Vorgarten meiner Mutter habe ich die meisten Bienen auf einer einzigen Blüte gezählt, die mir je untergekommen sind: Es waren 14. Mohn lässt sich durch Teilung vermehren (siehe S. 128).

Pflanzabstand 50 cm

Höhe je nach Sorte 50–100 cm

Tulpenpracht in meinen Zwiebelbeeten im Frühjahr

ZWIEBELN

In diese riesige Kategorie fällt alles vom Lauch bis zu den Tulpen. Zwiebelpflanzen gibt es für jede Jahreszeit. Besonders gefragt sind die, die sich im März und April zeigen, wenn noch ein Großteil des Küchengartens schläft oder ziemlich grün ist! Meine Favoriten, die uns auch nach dem Frühling noch ihre Aufwartung machen, sind Lauch, Schmucklilien und Iris.

WELKE BLÜTEN ENTFERNEN

Mit dem Abschneiden welker Blüten verlängert man die Blütezeit und sorgt dafür, dass die Pflanzen weiterhin schön dastehen. Wenn eine Blütenpflanze ihren Zenit überschritten hat und man keine Samen von ihr braucht, schneidet man die welken Blüten oder Blütenstände ab, etwa von Lupinen. Der Tierwelt allerdings tut man Gutes, wenn man möglichst viele Samenstände stehen lässt, damit Vögel im Herbst und Winter etwas zu picken haben. Sonnenhüte, Mannstreu und Mohn fliegen Vögel wegen der Samen besonders gerne an.

ROSEN

Unter allen Blütenschönheiten sind Rosen meine absoluten Favoriten. Das hat auch damit zu tun, dass sie essbar sind. Jedes Blütenblatt kann man vernaschen und auch die Hagebutten eignen sich für allerlei Köstlichkeiten von Marmelade bis hin zu Fruchtwein.

Die Zahl der Rosensorten ist überwältigend groß, doch gibt es einige Merkmale, die einem bei der Auswahl der passenden Schönheiten helfen können:

- **Ausdauer:** Blüht die Rose nur kurz, blüht sie ein zweites Mal oder sogar die ganze Saison hindurch?
- **Wuchsform:** Wächst sie strauchig oder kletternd?
- **Widerstandskraft:** Wie gut ist sie gegen häufige Rosenkrankheiten und -schädlinge gewappnet?
- **Duft**: Je besser eine Rose riecht, desto besser schmeckt sie, ob frisch genossen oder aufgegossen.
- **Bestäuber:** Wie verlockend ist die Rose für Bestäuber?

KULINARISCHER ROSENGARTEN

Weil ich Rosen so mag, habe ich mir einen ganzen Rosengarten aus sorgfältig ausgewählten Sorten zur Verwendung in der Küche zugelegt. Er enthält allerlei Strauch- und Kletterrosen mit verschiedensten Düften, aber auch Varianten mit besonders großen Hagebutten, die sich dank ihrer Größe besser zum Einmachen eignen. Den Arbeitsaufwand beschränke ich auf ein Minimum, indem ich mich damit begnüge, den Ansatz der Rosen zweimal im Jahr mit Grasschnitt oder reifem Stallmist zu mulchen und das Gras um sie herum mit einem Trimmer zu mähen. Rosen lassen sich leicht durch krautige und halbreife Stecklinge vermehren (siehe S. 128).

ROSEN SCHNEIDEN

Rosen brauchen einen guten Schnitt, damit sie gesunde, kräftige Triebe bilden und eine schöne Form entwickeln, um entweder gut auszusehen oder ordentlich zu tragen. Geschnitten werden sie in der Regel während der Winterruhe. Wer noch keine Schnitterfahrung hat, sammelt sie am besten mit Rosen.

Verwenden Sie eine gut geschliffene, saubere Gartenschere und merken Sie sich folgende Faustregel: Schneiden Sie immer leicht schräg über einer Knospe, wobei die Schnittwunde von der Knospe wegzeigen muss, damit sich kein Regenwasser darüber sammelt oder auf die Knospe tropft, sodass sie fault.

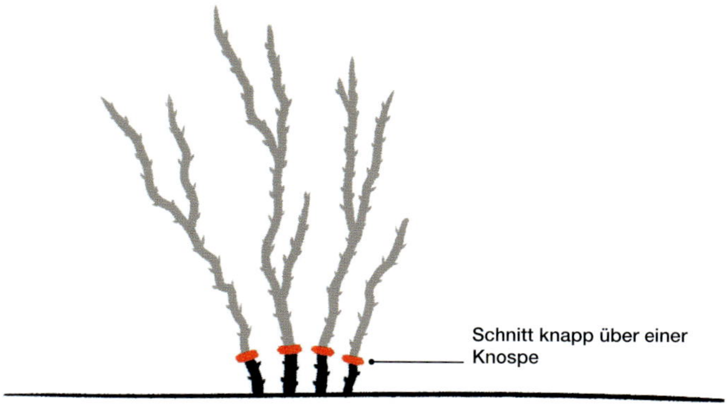

Strauchrose im ersten Jahr
Alle Triebe auf 5–10 cm über dem Boden zurückschneiden.

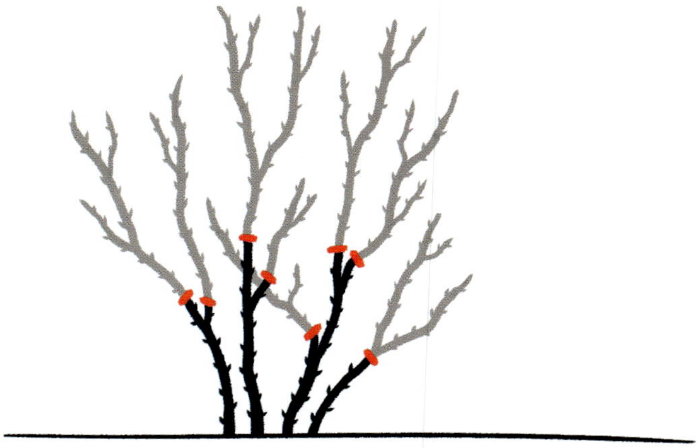

Ältere Strauchrose
Die buschige Form um etwa die Hälfte reduzieren.

Hier stelle ich verschiedene Sorten zu einem essbaren Strauß für die Küche zusammen.

WURZELNACKTE ROSEN KAUFEN

Am preiswertesten sind Rosen sowie andere Sträucher und Bäume, wenn man sie wurzelnackt kauft. Wurzelnackte Ware wird, wie der Name schon sagt, nicht in Töpfen eingepflanzt verkauft, sondern mit freiliegenden Wurzeln, weshalb sie weniger kostet, aber auch nur während der Winterruhe erhältlich ist. Wurzelnackte Pflanzen können zu Bündeln geschnürt verkauft werden; ihre Wurzeln lassen sich außerdem einwickeln, damit sie nicht austrocknen.

Wird eine wurzelnackte Rose geliefert, kann man sie wie einen Obstbaum (siehe S. 162–164) sofort einpflanzen, allerdings ohne Stütze und mit den untersten 5 cm der Triebe im Boden versenkt. Ist ein sofortiges Einpflanzen nicht möglich, schlägt man sie vorübergehend ein, indem man ein Loch aushebt, die Wurzeln hineinlegt und mit frischem Aushub bedeckt. Wählen Sie ein durchlässiges Fleckchen im Garten, damit die Wurzeln nicht faulen, vor allem im nassen Winter. Kurz vor dem Einpflanzen nimmt man sie aus der Erde.

ROSA RUGOSA

Eine unschwer erhältliche Rosenart, die sich bestens für Permakulturgärten eignet, ist die Kartoffel-Rose (*Rosa rugosa*). Sie setzt über einen langen Zeitraum hinweg zarte, aber intensiv duftende rosa Blüten an, aus denen stattliche Hagebutten reifen. Die Kartoffel-Rose ist eine Wildrose und daher eine Bereicherung von Wildhecken oder essbaren Wäldern. Eine weitere Wildrose ist die kletternde Hunds-Rose (*Rosa canina*).

JOHANNISBEEREN UND STACHELBEEREN

Diese beiden Beerensträucher sollten in keinem Küchengarten fehlen. Sie sind unkompliziert, brauchen nicht übermäßig fruchtbare Böden, tragen zuverlässig und lassen sich leicht durch Steckhölzer vermehren.

Johannisbeeren und Stachelbeeren bevorzugen Sonne, kommen aber auch mit Halbschatten zurecht. Deshalb kann man sie gut unter Obstbäume pflanzen, am besten an die Südseite des Stamms. Johannisbeeren gibt es als rote, weiße, schwarze und rosa Varianten, während es Stachelbeeren in Grün, Gelb und Rot gibt. Jostabeeren sind eine Kreuzung aus Stachelbeere und Schwarzer Johannisbeere. Fast alle diese Beerensträucher bilden ihre Früchte im Hochsommer und müssen evtl. vor Vögeln geschützt werden, sobald sie Beeren ansetzen (siehe S. 264). Die Früchte lassen sich gut einfrieren und sind daher ein wertvolles Obst für die Wintermonate. Vermehrt werden sie durch Steckhölzer (siehe S. 128).

SCHWARZE JOHANNISBEERE

Die beliebteste unter den Johannisbeeren – und diejenige, die sich am leichtesten schneiden lässt. *Ribes nigrum* trägt reichlich und kann bis zu 20 Jahre alt werden. Die Beeren haben einen ausgeprägten Weintraubengeschmack mit einem guten Schuss Säure.

Pflanzabstand 1,5 m

Höhe 1,5 m

JOSTABEERE

Die Jostabeere (*Ribes × nidigrolaria*) bildet einen überaus wüchsigen Busch und trägt Unmengen stachelbeergroßer, schwarzer Beeren, die süßer und kräftiger schmecken als Stachelbeeren.

Pflanzabstand 2 m

Höhe 1,5 m

SCHWARZE JOHANNISBEEREN UND JOSTABEEREN SCHNEIDEN

Geschnitten werden die Sträucher, damit sie viele Triebe bilden und sich außerdem leichter abernten lassen. Beide Beerensträucher bilden viele frische Triebe, die ähnlich wie Wurzelschösslinge aus dem Boden entspringen. Man kann Johannisbeeren und Jostabeeren im Prinzip jeden Winter schneiden. Die Methode ist bei beiden gleich.

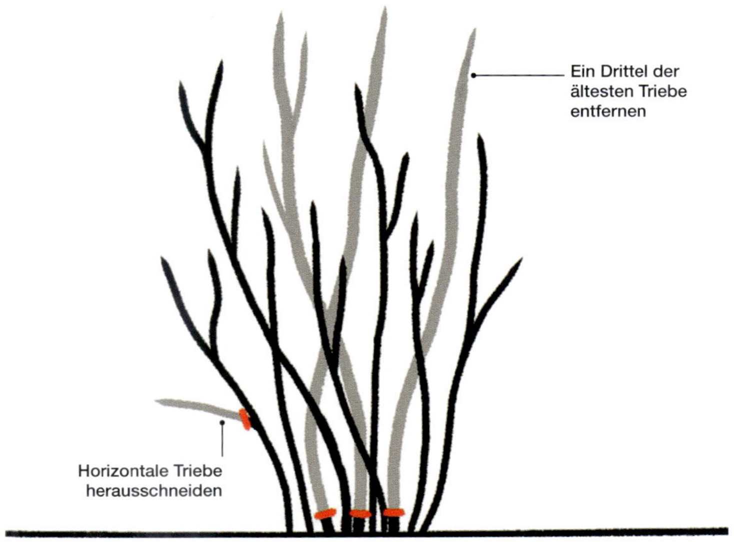

Ziel ist es, etwa ein Drittel der ältesten Triebe bis zum Ansatz zurückzuschneiden. Auch aneinander reibende, verletzte und zu niedrige Triebe werden entfernt.

ROTE JOHANNISBEERE

Sie gehört zu meinen Lieblingen, leider auch zu denen von Amseln. Rote Johannisbeeren (*Ribes rubrum*) bilden Unmengen unverwechselbar leuchtender, leicht durchscheinender Beeren mit sehr süßem Geschmack.

Pflanzabstand 1,5 m

Höhe 1,5 m

WEISSE JOHANNISBEERE

Weiße Johannisbeeren (Sorten von *Ribes rubrum*) sind seltener als Rote und Schwarze Johannisbeeren, schmecken aber genauso gut und bleiben wegen ihrer Farbe von Vögeln fast unbehelligt.

Pflanzabstand 1,2 m

Höhe 1,2 m

ROSA JOHANNISBEERE

Die seltenste Johannisbeere, eine Sorte von *Ribes rubrum* – die meisten haben nie von ihr gehört. Sie wächst ähnlich kräftig wie ihre weiße Verwandte, muss aber vor Vögeln geschützt werden.

Pflanzabstand 1,2 m

Höhe 1,2 m

STACHELBEERE

Die ertragreiche, für ihren sauren Geschmack bekannte Stachelbeere (*Ribes uva-crispa*) gibt es auch als rote und gelbe Spielarten, die merklich süßer sind. Vorsicht vor den Stacheln beim Ernten!

Pflanzabstand 1,5 m

Höhe 1,5 m

SCHNITT VON STACHELBEEREN UND ROTEN, WEISSEN UND ROSA JOHANNISBEEREN

Im Gegensatz zu Schwarzen Johannisbeeren werden sie mit einem einzigen Stamm und einer Krone geschnitten. Der Schnitt erfolgt in der Vegetationsruhe. Ist der Platz knapp, ist auch ein Kordonschnitt möglich (siehe unten).

Um eine Kronenform zu erreichen, kürzt man die Hauptäste um ein Viertel und die Seitenäste auf 3–4 Knospen ein.

Erziehung als Kordon

Rote Johannisbeeren und Stachelbeeren lassen sich hervorragend zu Kordons erziehen, bei denen ein einzelner Stamm an einer Stütze hochwächst. Dazu wählt man einen Trieb als Leittrieb und schneidet die Seitentriebe vor dem Frühjahr auf eine einzige Knospe zurück. Sobald der neue Wuchs im Sommer 7–8 Blätter trägt, schneidet man ihn auf 4–5 Blätter zurück und die frischen Seitentriebe auf ein einziges Blatt. In den folgenden Wintern schneidet man rund die Hälfte des neuen Wuchses am Leittrieb auf eine Knospe und alle Seitentriebe auf 1–2 Knospen zurück, vergisst aber nicht den jährlichen Sommerschnitt. Möglich ist auch Erziehung zur Fächerform.

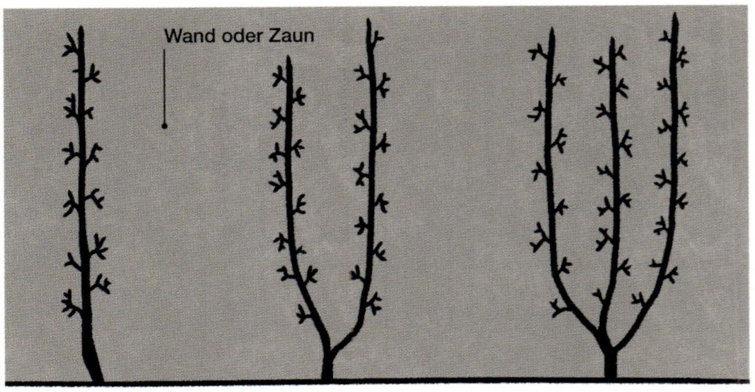

Johannisbeeren und Stachelbeeren können als ein-, zwei- oder dreistämmige Kordons erzogen werden.

KAPSTACHELBEEREN

Die Kapstachelbeere (*Physalis peruviana*) gehört zu den Nachtschattengewächsen und ist daher nicht mit unserer Stachelbeere verwandt. In ihrer Heimat Chile und Peru wächst sie mehrjährig. In kühleren Klimazonen muss sie drinnen überwintert werden, aber am einfachsten ist es, sie jedes Frühjahr durch Aussaat im Folientunnel frisch in die Saison zu schicken. Kapstachelbeeren werden bis zu 1,8 m hoch und mehr als 1 m breit. Erntereif sind die Früchte, sobald sich der Kelch blassgelb färbt und eine papierartige Textur bekommt. Selbst gezogene Kapstachelbeeren schmecken ungleich besser als diejenigen, die man im Restaurant als Garnitur auf Desserts findet!

KRIECHENDE BEEREN UND HIMBEEREN

Wenn Ihr Garten eine sonnenbeschienene Begrenzung enthält, etwa ein Zaunpaneel oder eine Mauer, kann man dort kriechende Beerensträucher oder eine Himbeerhecke anbauen.

KRIECHENDE BEEREN

Dazu gehören mehrere Arten und Sorten, etwa Brombeeren (*Rubus fruticosus*) und ihre Verwandten: Taybeeren, die Sorte 'Silvan', Boysenbeeren und Loganbeeren. Kriechende Beeren bevorzugen tiefgründige, reiche Böden, brauchen aber nach dem Einwachsen nicht mehr viele Nährstoffe. Sie sind wüchsig und bilden hängende oder kriechende Ruten. Man zieht sie am besten vor Rankgittern, Zäunen oder Mauern. Die Beeren bilden sich an zweijährigen Ruten. Vermehrung durch Absenken (siehe S. 129).

Pflanzabstand 2 m

Höhe und Breite 2,5 m hoch, 3–4 m breit

Kriechende Beeren erziehen und schneiden

Erziehung und Schnitt können in einem Arbeitsgang erfolgen. Zuerst schneidet man die zwei Jahre alten Ruten, die gerade abgeerntet wurden, bis zum Boden zurück. Man erkennt sie leicht daran, dass sie schon älter wirken. Nun hat man mehr Platz und bindet die frischen Ruten mit einer Schnur an mehreren Stellen an die Mauer oder den Zaun – als Erstes 60 cm über dem Boden und dann alle 15–30 cm. Ist der verfügbare Platz besetzt, werden überschüssige Ruten abgeschnitten oder zum Absenken (siehe S. 129) verwendet. Bindet man die Ruten nicht an, fallen sie um – kriechend zu wachsen, ist ihre Natur.

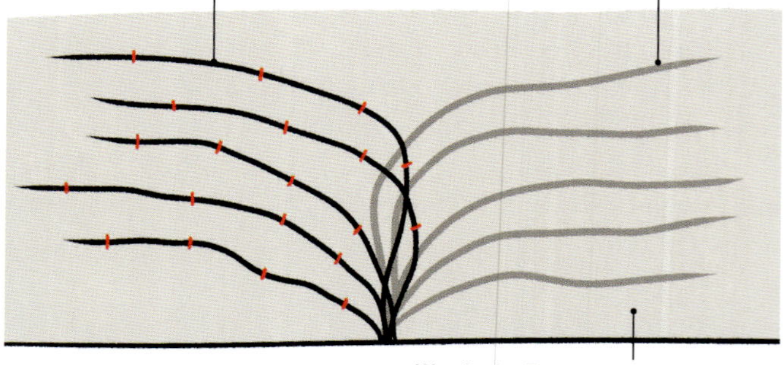

Jedes Jahr werden die älteren Ruten nach dem Abernten herausgeschnitten. Ihren Platz nehmen in der nächsten Saison frische Triebe ein. So fruchten die Sträucher mal links, mal rechts.

Wurzelschösslinge

Der Nachteil kriechend wachsender Beeren ist, dass sie leicht frische Triebe bilden und sich so stark ausbreiten können. Man erkennt Wurzelschösslinge daran, dass sie ein Stück weit weg von der Hauptpflanze erscheinen – wilde Himbeeren etwa breiten sich auf diese Weise aus. Verhindern kann man das durch Kultur in Gefäßen, aber ich habe festgestellt, dass es auch reicht, wenn man die Augen offen hält und sie sofort entfernt.

Herbsthimbeere 'Joan J'

Sommerhimbeere 'Golden Everest'

HIMBEEREN

Himbeeren (*Rubus idaeus*) gehören zum leckersten Obst überhaupt. Es zu ernten und zu naschen, ist jedes Mal eine Freude. Es gibt im Wesentlichen zwei Varianten: Sommer- und Herbsthimbeeren. Beide werden ganz unterschiedlich geschnitten (siehe rechts). Am häufigsten trifft man rote Himbeeren an, doch genauso gut schmecken gelbe Sorten, die zudem nicht so sehr im Fokus von Vögeln stehen. Ich habe übrigens festgestellt, dass Vögel sich wesentlich weniger für rote Herbsthimbeeren interessieren als für Erdbeeren, Rote Johannisbeeren und Sommerhimbeeren. Vermehrt werden Himbeeren durch Absenken oder Teilen älterer Horste zwei Jahre nach dem Einpflanzen (siehe S. 128–129).

Pflanzabstand 40 cm

Höhe und Breite Sommerhimbeeren: 1,8 m, Herbsthimbeeren: 1,2–1,5 m

Himbeeren schneiden

Sommerhimbeeren tragen an zweijährigem Wuchs. Das heißt, dass man beim Winterschnitt den gesamten alten Wuchs bis zum Boden zurückschneidet und nur die frischen Ruten lässt, die im Frühjahr davor erschienen sind. Herbsthimbeeren lassen sich am leichtesten schneiden, da sie an neuem Wuchs tragen, der im Frühjahr austreibt: Sämtliche Ruten werden im Winter komplett bis zum Boden zurückgeschnitten.

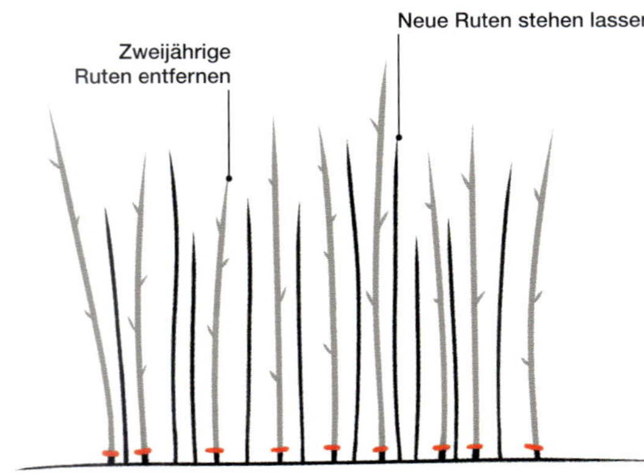

Schnitt von Sommerhimbeeren

Die zwei Jahre alten, abgeernteten Ruten werden bis zum Ansatz zurückgeschnitten, neue Ruten lässt man stehen.

Stützen

Sommerhimbeeren lassen sich unschwer stützen. Man spannt einfach Drähte zwischen beiden Enden der Reihe, damit die Ruten aufrecht gehalten und nicht vom Wind umgeweht werden. An geschützteren Standorten kann man sie sogar ohne Stütze wachsen lassen. Herbsthimbeeren sind niedriger als Sommerhimbeeren, weshalb ich mir gar nicht die Mühe mache, sie zu stützen, nicht einmal an exponierten Stellen.

JAPANISCHE WEINBEEREN

Japanische Weinbeeren (*Rubus phoenicolasius*, rechts) werden zu Recht immer beliebter. Sie schmecken nicht nur unfassbar süß, sondern bilden auch dekorative rote Triebe, die im Winter schön anzusehen sind. Wer viel Geschmack und Farbe in seinen Garten bringen möchte, sollte sich auf jeden Fall ein Exemplar besorgen!

WEITERE BEEREN

Eine Beere ist eine einfache, dicke, saftige Frucht. Es gibt viele köstliche Beerenpflanzen, die sich ganz leicht anbauen lassen. Hier stelle ich meine Favoriten vor.

ERDBEEREN

Gartenerdbeeren (*Fragaria × ananassa*) sind ausgezeichnete Bodendecker, die man sehr gut unter Johannisbeeren oder Obstbäumen anbauen kann. Sie wachsen am besten in fruchtbaren Böden an sonnigen Standorten. Ein Mulchen ist nicht notwendig, erfolgt aber oft mit Stroh, weil die Beeren so schöner bleiben. Sinnvoll ist ein Schutz mit Netzen, da die Vögel sonst schneller an den Beeren sind als Sie. Man kann Erdbeeren auch in Folientunneln anbauen, muss dann aber gut wässern.

Es gibt viele Sorten (siehe unten). Erntezeit ist von Früh- bis Hochsommer. Im dritten Jahr werden Erdbeerpflanzen müde; man trennt dann im Frühherbst Ausläufer von der Mutterpflanze (siehe S. 129), entsorgt die alte Pflanze und setzt die neue ein. Die Ausläufer aus den ersten beiden Jahren kann man, wenn man keine große Neupflanzung durchführt, eintopfen und an anderer Stelle einpflanzen, tauschen oder verkaufen.

Pflanzabstand 30 cm

Höhe und Breite 20 × 30 cm

Einmaltragend und immertragend

Es gibt zwei Kategorien von Erdbeeren. Einmaltragende Sorten liefern ein einziges Mal, in der Regel im Juni, eine riesige Ernte, was ideal ist, wenn man größere Mengen einmachen will. Immertragende Sorten bilden den ganzen Sommer hindurch Früchte. Man bekommt zwar nicht so viele auf einmal, aber über längere Zeit einzelne Früchte, hat also immer etwas zum Naschen. Ist genug Platz, kann man auch je ein Beet mit einmal- und mit immertragenden Erdbeeren anbauen.

Walderdbeeren

Walderdbeeren setzen im Sommer winzige Früchte an – die aber verursachen im Mund eine wahre Geschmacksexplosion. Man kann sie in ein Kräuterbeet integrieren; außerdem wachsen sie sogar im Halbschatten. Manche Sorten bilden keine Ausläufer, sondern Horste, die man alle 2–3 Jahre teilen kann (siehe S. 128).

HEIDELBEEREN

Der Anbau von Heidelbeeren (*Vaccinium*) dürfte zu den Highlights in jedem Küchengarten gehören. Die Sträucher brauchen saurere Böden als die meisten anderen Kulturpflanzen. Ich kaufe normalerweise keine Spezialerde, bei Heidelbeeren aber mache ich die vielleicht einzige Ausnahme. Sie brauchen Moorbeeterde, um erfolgreich zu tragen. Bei guter Vorbereitung kann man sie aber auch im vorhandenen Boden anbauen. Dazu wird ein mindestens 50 cm tiefes und breites Loch gegraben. Füllen Sie es mit Moorbeeterde und pflanzen Sie den Strauch hinein. Man kann den Boden auch mit speziellem Granulat schwefeln, um ihn saurer zu machen, und die Pflanzen anschließend alle 2–3 Jahre mit Moorbeeterde mulchen. Wer einen schweren Tonboden mit neutralem pH-Wert im Garten hat (siehe S. 48), tut aber vielleicht gut daran, Heidelbeeren in großen Kübeln mit Moorbeeterde zu ziehen, statt den pH-Wert des Bodens zu verändern, was dauerhaft nicht immer glückt. Es gibt Heidelbeersorten in allen Größen, von 50 cm bis zu 1,5 m Höhe.

Pflanzabstand 90 cm

Höhe 50–150 cm

Heidelbeeren schneiden

Mit dem Schneiden beginnt man, sobald Heidelbeeren zwei Jahre alt sind. Die beste Zeit dafür ist der Spätwinter, da man in dieser Zeit die Fruchtknospen (dick) gut von den Blattknospen (kleiner und flacher) unterscheiden kann. Als Faustregel kann man sich merken: Triebe, die viele Fruchtknospen tragen und an kräftigen Haupttrieben sitzen, lässt man stehen.

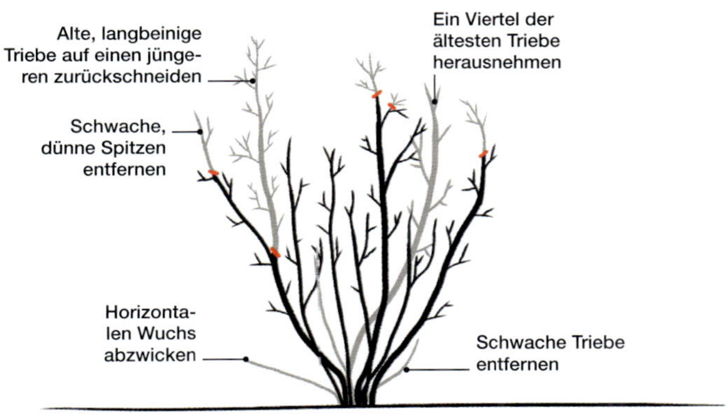

Ideal ist ein Busch, der zu je einem Drittel aus älteren Trieben, 2- bis 3-jährigen Trieben und neuen Trieben besteht.

BLAUE HECKENKIRSCHE

Die Beeren der Blauen Heckenkirsche (*Lonicera caerulea*) zeichnen sich durch einen angenehm süßsauren Geschmack aus. Sie stellen keine so speziellen Ansprüche an den Boden wie Heidelbeeren und sind daher für die meisten leichter zu kultivieren. Der Schnitt ist gänzlich unkompliziert und auch nur bei mehr als drei Jahre alten Pflanzen nötig. Im Hochsommer entfernt man nach dem Abernten schwachen und verdichteten Wuchs und schneidet die Triebspitzen um ein paar Knospen zurück.

Pflanzabstand 90 cm

Höhe 50–150 cm

GOJI-BEEREN

Der Gemeine Bocksdorn (*Lycium barbarum*) beginnt ab dem zweiten oder dritten Jahr nach dem Einpflanzen Beerenfrüchte zu tragen, die Goji-Beeren heißen. In Mitteleuropa lässt sich der Strauch vor einer sonnigen Wand erziehen. Dazu bindet man die Triebe an die Stütze, damit ein gleichmäßiges Gerüst entsteht und alle Teile viel Sonne bekommen. Man kann die Pflanze aber auch in einem boxringartigen Gerüst ziehen (siehe S. 187), sodass sie eine natürlichere Form bewahrt. Die Beeren erscheinen an vorjährigen Trieben, die beim Schneiden verschont werden müssen. Im Winter wird wie auf S. 126 empfohlen geschnitten und die Pflanze ausgelichtet, indem man die ältesten Triebe sowie verdichteten und schwachen Wuchs herausnimmt und andere bei Bedarf anbindet. Auch die Blätter sind gekocht essbar.

Pflanzabstand 2 m

Höhe 3 m

BESTÄUBUNG VON GOJI- UND HEIDELBEEREN

Manche Beerensträucher müssen fremdbestäubt werden, damit sie ordentlich Früchte ansetzen. Fehlt diese Bestäubung, bilden sich keine Beeren. Der Gemeine Bocksdorn und die meisten Heidelbeeren (mit Ausnahme selbstbestäubender Sorten) brauchen weitere Pflanzen der gleichen Art in der Nähe, damit eine Bestäubung stattfinden kann. Deshalb sollte man den Bocksdorn immer zumindest in Dreiergruppen pflanzen. Für Heidelbeeren brauchen Sie zwei verschiedene Sorten.

BAUMOBST

Obstbäume haben abgesehen von ihren Früchten für Permakultur-Küchengärten noch zahlreiche weitere Vorteile. Man kann sie sogar in Klein- und Balkongärten ziehen.

Bäume bringen eine vertikale Komponente in den Garten. Sie dienen Vögeln als Anflugstation, sind im Winter ein Blickfang und blühen im Frühjahr schön. Außerdem bereichern sie den Garten durch zusätzliche Mikroklimata. Gelegentlich sind Gärten so sonnenexponiert, dass einige Bäume als willkommene Schattenspender den Anbau schattenliebender Gewächse überhaupt erst ermöglichen und zudem Mensch und Tier vor sengender Mittagssonne schützen. Zu guter Letzt dienen sie als natürlicher Windfang, schützen schwächere Einjährige – und liefern auch noch leckeres Obst.

Manche Obstbäume tragen in einer Art Zweijahresrhythmus, tragen also in einem Jahr viele und im anderen merklich weniger Früchte.

STANDORT

Wenn ein Garten neu angelegt wird, sollte man im Hinterkopf behalten, dass Bäume von allen in diesem Buch aufgeführten Mehrjährigen die dauerhaftesten und dominantesten Pflanzen sind. Übereilen Sie nichts, wenn es zu entscheiden gilt, wohin ein Baum gepflanzt werden soll, denn steht er erst einmal (siehe S. 162–164), lässt er sich nicht mehr verpflanzen! Im Kapitel zur Polykultur erhalten Sie Tipps, wo Sie Obstbäume pflanzen sollten und wie Sie deren Mikroklima am besten nutzen (siehe dazu auch S. 230–231 zu Obstbaumgilden).

Obstbäume gedeihen an sonnigen, geschützten Standorten mit durchlässigen Böden. Sonne ist für eine gute Fruchtreife unerlässlich. Ein windgeschützter Platz verringert das Risiko, dass die Blüten weggeweht werden, und schützt die Bäume vor Sturmschäden. Gute Drainage ist ein Muss, denn Obstbäume mit »nassen Füßen« werden leicht krank und gehen ein. Machen Sie im Zweifelsfall einen Versickerungstest.

Nach dem Einwachsen liefern Apfelbäume über Generationen hinweg Früchte. Hier ernte ich gerade Äpfel von einem Baum, den mein Vater gepflanzt hat, als ich noch ein Baby war.

Versickerungstest

Wenn Sie herausfinden möchten, ob Ihr Boden sich für die Pflanzung von Obstbäumen eignet, warten Sie ein paar Tage ohne Regen ab, graben morgens ein 30 cm tiefes und breites Loch und füllen es mit Wasser (siehe rechts). Am nächsten Morgen füllen Sie es erneut mit Wasser auf und stecken ein Maßband oder Lineal hinein, das die Sickerrate misst. Messen Sie jede Stunde die Wassertiefe. Idealerweise sollte der Wasserspiegel pro Stunde um 5 cm sinken. Weniger als 2,5 cm pro Stunde sind zu langsam, mehr als 10 cm pro Stunde zu schnell. Geht es zu langsam, überlegen Sie, ob Sie Ihre Obstbäume nicht besser in Hochbeete pflanzen. Geht es zu schnell, hebt man das Pflanzloch zweimal so groß wie üblich aus und arbeitet reichlich Kompost ein – idealerweise zersetzte Hackschnitzel. In größeren Gärten ist es ratsam, an mehreren Stellen zu testen, um zu sehen, ob manche besser geeignet sind.

Anbau unter Abdeckungen

In gemäßigten Klimazonen eröffnen sich mit Folientunneln allerlei Anbaumöglichkeiten für exotischere Früchte. Pfirsiche, Nektarinen und Granatäpfel etwa sind erstaunlich kältetolerant, haben aber draußen mitunter Schwierigkeiten, Früchte anzusetzen. Nicht so im Folientunnel.

VERMEHRUNG UND UNTERLAGEN

Die meisten Bäume werden durch Veredelung vermehrt. Dabei wird ein einjähriger Trieb auf eine geeignete Unterlage aufgepfropft. Die Unterlage besteht aus dem Wurzelstock einer anderen Art oder Sorte und ist ausschlaggebend für die Wüchsigkeit des späteren Baums. Bei einer Veredelung auf schwach wachsende Unterlagen kann man den Baum auch für die Topfkultur auf Balkonen verwenden. Zwergbäume sind sogar äußerst ertragreich, wenn man berücksichtigt, wie wenig Platz sie in Anspruch nehmen, denn sie stecken ihre Energie eher in den Fruchtansatz als in das Wachstum.

Unterschiedliche Obstsorten brauchen unterschiedliche Unterlagen, sie müssen also aufeinander abgestimmt werden. Quitten eignen sich beispielsweise als Unterlagen für Äpfel, Kirschen hingegen nicht. Je nach Unterlage kann sich auch die Widerstandskraft eines Baums gegen Krankheiten oder karge Böden verbessern. Mehr dazu unter jedem Baumobst.

Bäume werden bereits fertig veredelt mit einer Unterlage verkauft, die bestimmte Eigenschaften hat, doch kann man sie auch selbst veredeln. Obwohl das etwas komplizierter ist als eine Stecklingsvermehrung, lässt sich das einfacher durchführen, als viele glauben. Wer einen großen Garten hat und nach kostengünstigen Möglichkeiten sucht, sich mehrere Obstbäume anzuschaffen, kann online preiswerte Unterlagen kaufen und Edelreiser hernehmen, die beim Schnitt der schon

VERSICKERUNGSTEST

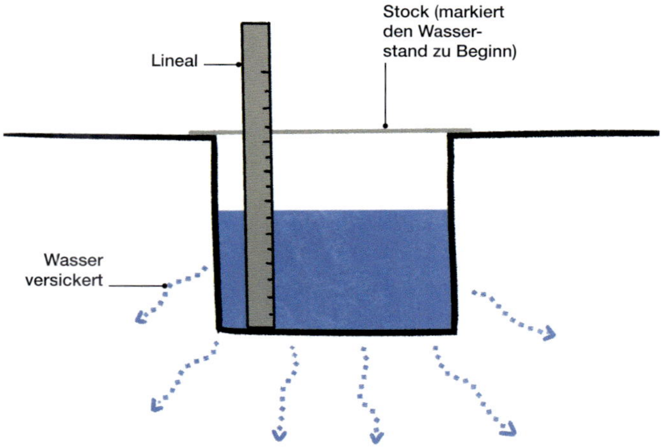

Bodendurchlässigkeit ermitteln

Prüfen Sie stündlich, wie viel Wasser versickert ist, indem Sie den Wasserstand am Lineal ablesen.

im Garten vorhandenen Obstbäume anfallen. Auf S. 129 sind drei einfache Veredelungsmethoden für Äpfel, Birnen und Pflaumen beschrieben.

BESTÄUBUNG

Die Bestäubung spielt beim Anbau von Baumobst eine wichtige Rolle. Bäume sind, um es ganz einfach auszudrücken, entweder selbstbestäubend (kommen also mit selbst produziertem Pollen aus) oder brauchen einen bestäubenden Partner (einen in der Nähe stehenden verwandten Baum, der zur gleichen Zeit blüht). Was auf Fremdbestäubung angewiesen ist und keinen Bestäubungpartner in der Nähe hat, trägt keine Früchte. Will man bei manchen Obstformen nur einen einzigen Baum kultivieren, etwa eine Kirsche oder eine Aprikose, muss es sich um eine selbstbestäubende Sorte handeln.

Auch manche Apfelsorten sind selbstbestäubend, viele aber brauchen einen zweiten Apfel (einer anderen Sorte) als Bestäuber. Die größte Herausforderung bei Äpfeln ist, dass es mehrere Bestäubergruppen gibt. Jede Gruppe besteht aus Sorten, die in etwa zur gleichen Zeit blühen und daher für eine Fremdbestäubung infrage kommen. Es gibt allerdings Überschneidungen zwischen den fünf Gruppen. So werden Äpfel aus Gruppe 3 von Äpfeln aus Gruppe 2 und 4 bestäubt usw.

Die gute Nachricht: Wenn man in einer Vorstadt- bzw. Siedlungsgegend wohnt oder einen Schrebergarten hat, stehen die Chancen gut, dass andere Apfelbäume in der Nähe wachsen, welche die Bestäubung »regeln«. Ansonsten löst das Problem oft auch ein Zierapfel in der Nähe, denn er blüht lange, sodass die Chancen gut stehen, dass er Ihren Kulturapfel bestäubt. Das Gleiche gilt für Wildäpfel, etwa in Hecken.

OBSTBÄUME EINPFLANZEN

Obstbäume sind in Gärten oft die Stars. Sie brauchen kaum Pflege und kosten nach dem Einpflanzen auch nichts mehr. Umso wichtiger ist es, ihnen zum bestmöglichen Start ins Leben zu verhelfen und sie richtig einzupflanzen.

Beim Einpflanzen von Obstbäumen verzichte ich völlig auf zusätzliche Nährstoffgaben. Das regt die Wurzeln dazu an, auf der Suche nach Nahrung tief ins Erdreich vorzustoßen, statt in den ersten Jahren passiv alles aufzubrauchen, was durch den Kompost im Pflanzloch zur Verfügung gestellt wurde. Je besser das Wurzelsystem, desto resilienter der Baum.

WURZELNACKTE BÄUME

Sie werden während der Vegetationsruhe gekauft und eingepflanzt, also zwischen Spätherbst und zeitigem Frühjahr, und kosten weitaus weniger als Obstbäume in Töpfen. Außerdem lassen sie sich leichter auftreiben.

Sie brauchen

- Spaten
- Wurzelnackten Obstbaum
- Stütze (und eine Pfahlramme oder einen Vorschlaghammer)
- Gießkanne voll Wasser
- Baumbinder
- Schutzhose für den Baum (optional)
- Fragmentiertes Zweigholz (optional)

1.
Standort auswählen. Ideal ist ein sonniger, geschützter Platz mit gut durchlässigem Boden.

TOPFWARE EINPFLANZEN

Sie wird genauso eingepflanzt wie hier gezeigt. Man setzt den Baum in exakt die Tiefe, in der er auch im Topf gestanden hat. Ist der Ballen arg verdichtet, sodass sich die Wurzeln am Rand bereits kringeln, lockert man sie vorsichtig, bevor man sie ins Loch setzt. Topfware kann das ganze Jahr eingepflanzt werden, am besten aber zwischen Oktober und April.

2.
Eine Sode ausheben, die zweimal so breit ist wie das Wurzelsystem des Baums. Sode während der Arbeit über die nackten Wurzeln legen. Ein Loch ausheben, das 5 cm tiefer ist als der Ballen hoch (gemessen am Wurzelhals).

3.
Soll der Baum gestützt werden (hängt von der Unterlage ab; siehe S. 161 – der Verkäufer sollte es wissen), rammt man den Pfosten in der Hauptwindrichtung in den Boden. Der Baum wird also bei starkem Wind vom Pfosten weggeblasen, statt in seine Richtung (Letzteres kann ihn beschädigen).

4.
Einen Teil des Aushubs wieder einfüllen und Baum aufrecht hineinstellen. Einen Stock oder den Spatenstiel über das Loch legen, um den Wurzelhals daran ausrichten zu können.

5.
Mehr Erde in das Loch füllen und den Baum vorsichtig auf und ab rütteln, damit Erde zwischen die Wurzeln fällt. Dadurch vermeidet man Lufteinschlüsse.

6.
Sobald die Wurzeln gut in lockere Erde gepackt sind, vorsichtig festdrücken. Grassode umdrehen und um den Ansatz auf die Erde legen. Evtl. muss sie zurechtgeschnitten werden.

7.
Auf die umgedrehte Grassode um den Stamm treten, um die Erde zu verdichten. Dann großzügig wässern.

8.
Stamm mit einem Baumbinder an der Stütze befestigen. Der Abstandhalter schützt den Stamm. Evtl. eine Schutzhose um den Stamm legen.

9.
Mit Kompost, Grasschnitt, Heu oder Hackschnitzeln mulchen, um die Verdunstung von Feuchtigkeit zu verringern.

FRAGMENTIERTES ZWEIGHOLZ

Wie allen Mehrjährigen tun auch Obstbäumen Böden mit hohem Pilzanteil gut. Sie bilden Gemeinschaften mit Mykorrhizapilzen und tauschen mit ihnen Nährstoffe aus. Das Mulchen von Bäumen mit fragmentiertem Zweigholz (siehe S. 66–67) ist eine preisgünstige Methode, das Pilzleben im Boden zu fördern, was das Wachstum des Baums fördert.

BÄUME UND STRÄUCHER MIT ESSBAREM LAUB

Wer sagt denn, dass man Bäume nicht essen kann? Die folgenden Bäume und Sträucher empfehle ich allen, die reichlich essbare Blätter anbauen möchten, ohne dafür viel zu tun.

WEISSE MAULBEERE

Das Junglaub der Weißen Maulbeere (*Morus alba*) ist gekocht genießbar und kann ähnlich wie Brennnessellaub als Grüngemüse genutzt werden. In Kleingärten kann man die Maulbeere jährlich stockschneiteln. Sie treibt danach kräftig wieder aus und versorgt Sie dadurch mit Unmengen von Blättern.

WINTERLINDE

Aus essbaren Wäldern und Hecken ist sie kaum wegzudenken. Das Junglaub der Winterlinde (*Tilia cordata*) hat eine angenehme Textur und einen leichten Zitrusgeschmack. Man kann es ernten und roh wie Salat genießen. Wie bei der Weißen Maulbeere ist Stockschneitelung ideal, um mit viel frischem Laub versorgt zu werden. Da die Winterlinde mehrjährig ist, kann man mit ihr Selbstversorger in Sachen Salat werden, ohne Kompost dafür zu verschwenden oder viel tun zu müssen wie bei Beetsalaten. Auch die Blüten sind essbar und können zu Lindenblütentee aufgebrüht werden.

STRAUCHMELDE

Das essbare rohe Laub der Strauchmelde (*Atriplex halimus*), die auch als Zierpflanze beliebt ist, hat einen salzigen Einschlag und kann für Salate verwendet werden. Strauchmelden brauchen gut durchlässige Böden und gedeihen besonders gut in Folientunneln. Da sie immergrün sind, kann man sie ganzjährig abernten. Werden sie zu groß, lassen sie sich radikal zurückschneiden.

REBEN

Weinreben (*Vitis*, siehe auch S. 171) tragen Blätter, die auch in rohem Zustand essbar sind. Zwischen den einzelnen Sorten bestehen allerdings große Textur- und Geschmacksunterschiede. Wie Versuche von Martin Crawford (siehe S. 280) ergaben, schmeckt das Laub der beliebten 'Chardonnay' besonders gut und hat einen saftigen, zitrusartigen Einschlag. Er rät, sich *Vitis-vinifera*-Sorten zuzulegen. 'Rondo' eignet sich sehr gut für den Anbau in kühleren, nasseren Klimazonen.

HUWS TIPP

Im April kann man auch das Laub von Rotbuchen (*Fagus sylvatica*) und Eingriffeligem Weißdorn (*Crataegus monogyna*) sammeln und roh als Bestandteil von Frühlingssalaten genießen.

ÄPFEL UND BIRNEN

Bei einer Besichtigung von ummauerten Gärten auf großen Landgütern wird man auf zahlreiche Apfel- und Birnbäume stoßen. Man braucht für sie jedoch gar nicht viel Platz: Sie lassen sich in jeden Garten integrieren, ob groß oder klein.

Allein in Deutschland gibt es rund 2500 Sorten des Kulturapfels (*Malus domestica*) und etwa 700 Birnensorten (*Pyrus*). Jede Sorte punktet mit ihrem ganz eigenen Geschmack, einer besonderen Textur und anderen Eigenschaften. Viele sind wie alte Gemüsesorten in ihrer Gegend verwurzelt, inzwischen aber für immer verloren gegangen.

Durch Besuche von Gärten, alten Obsthainen und Schrebergärten in Ihrer Umgebung können Sie in Erfahrung bringen, welche Sorten bei Ihnen in der Gegend gedeihen. Kaufen Sie Obstbäume am besten bei renommierten örtlichen Obstbaumschulen, die Ihnen Tipps zu Bestäubung, Unterlagen, Schnitt und Pflege jeder Sorte geben können.

Ein reich tragendes Prachtexemplar der walisischen Apfelsorte 'Pig Aderyn', was wörtlich übersetzt »Vogelschnabel« bedeutet.

UNTERLAGEN

Zwergobst wird nicht so alt wie große Gehölze, erreicht aber früher volle Ertragskapazität. Die größten Unterlagen brauchen dafür bis zu sieben Jahre, schwachwüchsige nur wenige Jahre.

Unterlagen für Äpfel

Das Diagramm unten zeigt die gängigsten Unterlagen für Äpfel einschließlich der Baumgröße. Dies kann als Entscheidungshilfe dienen, welche Größe sich für Ihren Garten eignet. Für die besten Ergebnisse auf kleinstem Raum empfehle ich, nicht die schwachwüchsigsten Sorten zu nehmen, sondern M26 als Kordons zu ziehen. M26 liefert einen guten Buschbaum für kleine Gärten, MM106 für mittelgroße Gärten.

Unterlagen für Birnen

Für Birnen gibt es andere Unterlagen als für Äpfel. Am häufigsten ist Quitte C, die 2,5–3 m hohe Bäume ergibt. Quitte A liefert 3–4 m hohe Bäume, während die Unterlage mit dem seltsamen Namen Pyrodwarf etwa 4–5 m erreicht.

AUSWAHL VON UNTERLAGEN

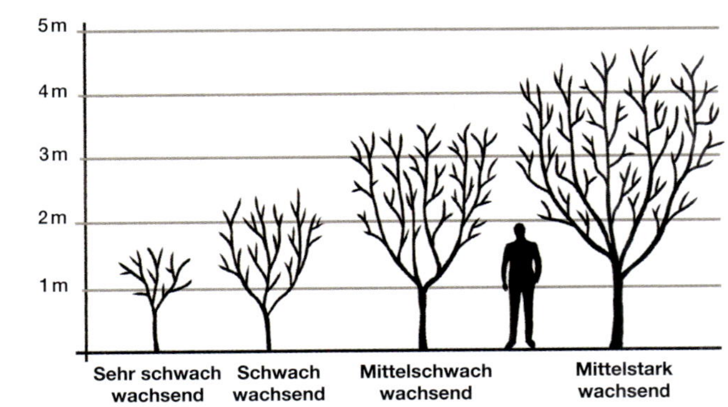

Höhe	1,5–2 m	2–3 m	3–3,5 m	4–4,5 m
Unterlage (Apfel)	M27	M9	M26	MM106 und M116
Unterlage (Birne)	–/–	Quitte C	Quitte A	Pyrodwarf
Pflanzabstand	2 m	3 m	4 m	5 m

Das Diagramm zeigt die unterschiedlichen Größen der Unterlagen und die entsprechenden Typen für Äpfel und Birnen.

Unterlagen selbst vermehren

Bei Birnen ist die Abstimmung von Unterlage und Edelreis nicht ganz einfach, dafür ist die Vermehrung eigener Unterlagen für Äpfel unkompliziert. Bestellen Sie die anvisierte Unterlage, etwa M26, pflanzen Sie sie ein und lassen Sie sie ein Jahr wachsen. Im folgenden Winter wird sie auf etwa 7 cm Höhe zurückgeschnitten, dann häuft man über das kurze Stück 30–40 cm hoch Sägemehl.

Der Schnitt zwingt den Stamm zum Neuaustrieb, wobei jeder Trieb im Sägemehl wurzelt. Im darauffolgenden Winter entfernt man das Sägemehl vorsichtig, trennt die eingewurzelten Triebe vom Stamm und hat nun Unterlagen (siehe S. 161).

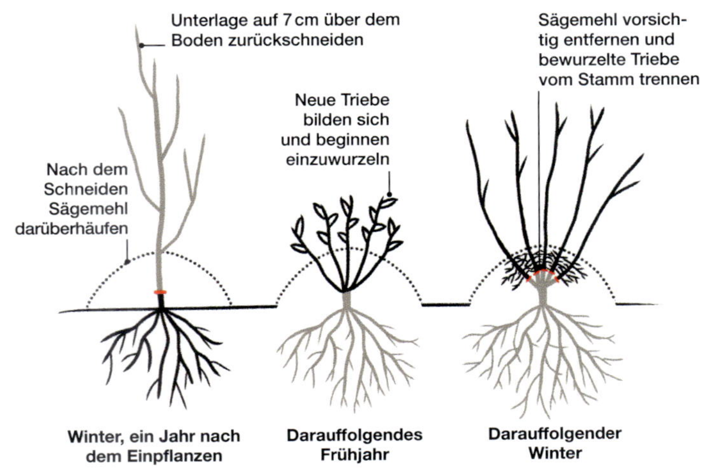

Frische Birnen sind eine köstliche Gartennascherei.

ÄPFEL UND BIRNEN SCHNEIDEN

Ein Schnitt ist aus vielen Gründen sinnvoll. Zunächst sorgt er für bessere Durchlüftung und guten Lichteinfall, senkt das Krankheitsrisiko und fördert die Reifung. Statt sich durch etliche Äste kämpfen zu müssen, kommt man beim Ernten leichter an die Früchte.

Schnitt nach dem Einpflanzen

Geschnitten wird in der Winterruhe. Auch frisch gepflanzte Äpfel und Birnen brauchen einen Schnitt. Der Baum ist dann entweder ein Jungbaum mit einem Stamm oder ein Buschbaum. Jungbäume versucht man durch Formschnitt zu einem buschigen statt aufrechten Wuchs zu zwingen. Dazu kürzt man den Jungbaum um ein Drittel oder die Hälfte bis über eine Knospe ein und reibt diese Knospe sowie die beiden nächsten darunter weg (je höher man den Jungbaum lässt, desto höher wird der Stamm). So erreicht man, dass neue Äste nach außen statt vertikal nach oben wachsen, was die Form verbessert.

Sind Bäume bereits zu einer Buschform geschnitten, verfährt man in den ersten drei Jahren wie unten beschrieben, um ein kräftiges Gerüst zu erreichen. In den darauffolgenden Jahren geht man wie im dritten Jahr vor.

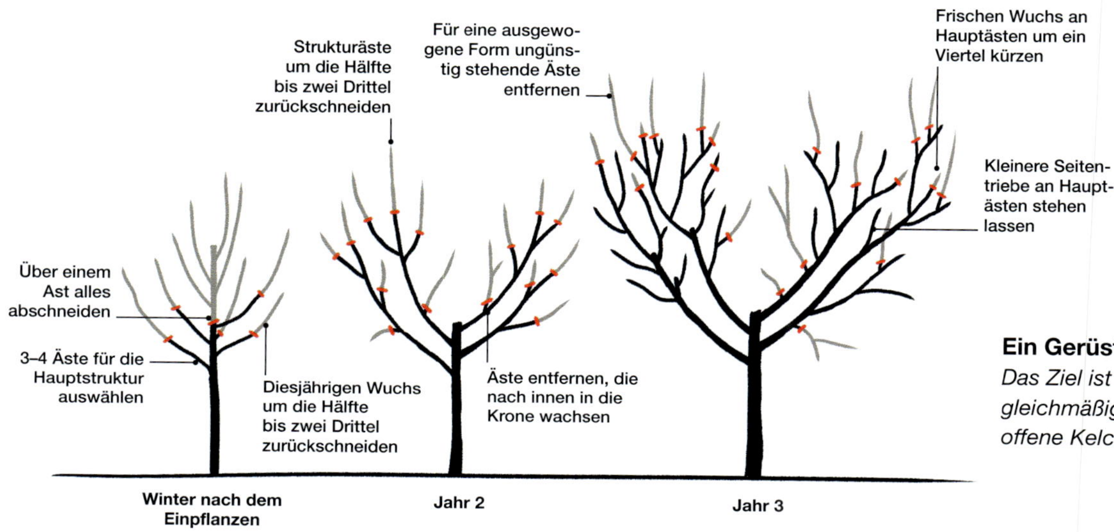

Ein Gerüst schaffen
Das Ziel ist eine kräftige, gleichmäßige, nach oben offene Kelchform.

Unterscheidung von Kurz- und Langtrieben

Die meisten Apfelbäume tragen an Kurztrieben. Sie haben Fruchtspieße entlang der Äste, an denen sich die Blüten und später die Früchte entwickeln. Manche Sorten tragen auch an der Spitze von Langtrieben, die sich im Vorjahr gebildet haben. Letztere müssen nach den ersten drei Jahren Erziehungsschnitt etwas anders geschnitten werden. Am einfachsten ist es, alle letztjährigen Triebe, die weniger als 20–25 cm lang sind, stehen zu lassen, damit sie in der nächsten Saison tragen. Was länger als 25 cm ist, kann auf fünf Knospen zurückgeschnitten werden. Sorten, die teilweise an Langtrieben tragen, lassen sich wie Sorten schneiden, die an Kurztrieben tragen. Es gibt viele Schnitttechniken für Äpfel. Ich habe hier diejenigen ausgewählt, die meines Erachtens am besten funktionieren, wenn man ein paar Bäume im Garten hat.

Fruchtausdünnung

Wenn Apfel- und Birnbäume stark beladen sind, lohnt es sich, manche Fruchtbündel auszudünnen, damit die verbleibenden Früchte größer werden. Ziel ist höchstmögliche Qualität. Ausgedünnt wird im Hochsommer nach dem Junifall, bei dem Äpfel von Natur aus überschüssige Früchte abwerfen. Durch Ausdünnen senkt man auch das Risiko, dass die Bäume im nächsten Jahr schwach tragen (Alternanz) oder Äste unter dem Gewicht abbrechen, was zu einem ungleichmäßigen Wuchs führt und das Krankheitsrisiko erhöht. Ich dünne Fruchtbündel bis auf die zwei größten und gesündesten Äpfel aus, indem ich die kleineren mit den Fingern abzwicke. Bei »wilderen« Pflanzungen wie essbaren Wäldern muss man nicht ausdünnen.

ÜBERLADENE ÄSTE STÜTZEN

Selbst nach dem Ausdünnen müssen manche Äste noch gestützt werden, damit sie unter dem Gewicht der Früchte nicht brechen. Ich verwende dafür gegabelte Haselnussstöcke. Der Ast des Apfelbaums liegt auf dem gegabelten Ende auf.

Kordonschnitt

Kordonäpfel und -birnen sind eine fantastische Option für Permakulturgärten, in denen möglichst viele Mehrjährige eine Heimat finden sollen (allerdings eignet sich die Methode nicht für Sorten, die an der Spitze von Langtrieben tragen). Die Bäume lassen sich zwar auf vielerlei Weise formen, etwa als Stepover oder Fächer, doch der Kordon ist einfach zu erreichen und ermöglicht zudem die Kultur vieler Sorten auf kleinem Raum bei 60 cm Abstand und in schrägem Winkel. Kordons sind auch bestens an sonnigen Begrenzungen aufgehoben. Man kann unter anderem durch einen einzelnen Pfosten im Boden oder mit horizontal im Abstand von 30–40 cm an einer Wand gespannten Drähten stützen (siehe S. 170).

Anders als Buschbäume werden Kordons im Sommer geschnitten – Birnen im Hochsommer, Äpfel im Spätsommer. In den ersten zwei bis drei Wintern schneidet man die vorjährigen Sommertriebe am Hauptstamm um ein Drittel zurück, um den Ansatz weiterer Frucht- und Zweigknospen darunter zu fördern.

U-Kordons

Wer sich an einen fortgeschrittenen Schnitt wagen will, kann es mit U- und Doppel-U-Kordons versuchen. Weil diese vertikalen Kordons mehr als einen Ast haben, setzen sie nicht so viel vegetativen Wuchs an, dafür aber mehr Früchte.

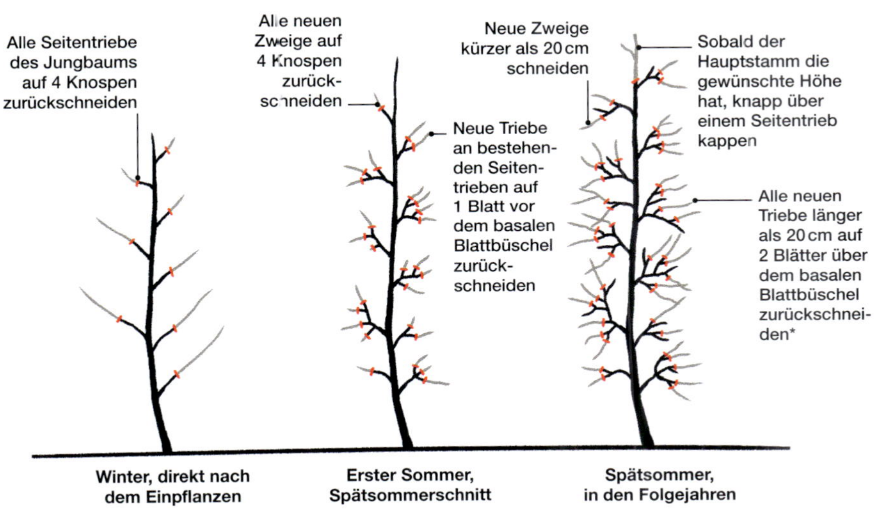

Zu einer Kordonform schneiden

Mit diesen Schritten formen Sie einen Jungbaum zu einem Kordon mit einem Hauptstamm und kurzen Fruchttrieben. Unten ist im Detail zu sehen, wie man neue Triebe im Sommer schneidet.

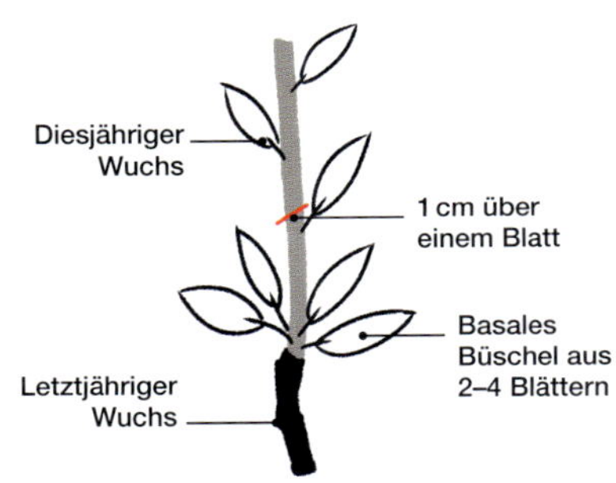

* Schnitt über einem basalen Blattbüschel

WILDAPFEL

Der Wild- oder Holzapfel (*Malus sylvestris*, rechts) ist eine Heckenpflanze, aus der Hunderte Sorten gezüchtet wurden. Sie werden meist wegen ihres hohen Zierwerts mit langer Frühlingsblüte gepflanzt, doch sind auch die Apfelfrüchte, die bis weit in den Winter am Baum bleiben und in verschiedensten Farben von kräftigem Gelb bis zu dunklem Rosa leuchten, ausgesprochen dekorativ. Was viele nicht erwähnen: Wildäpfel sind essbar. Manche schmecken recht sauer, andere hingegen angenehm süßsauer, etwa 'Butterball', und sind in der Küche vielseitig einsetzbar.

Der Schnitt von Wildäpfeln ist denkbar einfach: Man nimmt alles abgestorbene, kranke und verletzte Holz heraus und dünnt überkreuzte, verdichtete Zweige aus. Wenn man nicht sicher ist, welchen von zwei überkreuzten Zweigen man entfernen soll, tritt man ein Stück zurück und überlegt, welcher der beiden für die Baumstruktur wichtiger ist.

PFLAUMEN

Pflaumen und die damit verwandten Kriechen-Pflaumen sollten in keinem Garten fehlen. Die meisten Sorten sind selbstbestäubend.

Beim Schnitt von Pflaumen (*Prunus domestica*) kann man genauso vorgehen wie bei dem von Äpfeln und Birnen (siehe S. 168–169). Der einzige Unterschied: Pflaumen im Alter von bis zu drei Jahren schneidet man im April, ältere hingegen erst im Frühsommer. Damit senkt man die Gefahr einer Infektion mit der Blattkrankheit Bleiglanz, die im Winter wesentlich höher ist. Beim Schnitt von Pflaumen bemerkt man vielleicht Wildtriebe am Stammansatz. Das ist eine normale Reaktion von Unterlagen; sie werden einfach abgerissen.

Kriechen-Pflaumen und Äpfel ergeben ein schmackhaftes ländliches Chutney.

ERZIEHUNG VON PFLAUMEN ALS KORDON

Pflaumen lassen sich wie Äpfel und Birnen als Kordons vor Wänden, Paneelen oder an Pfosten ziehen. Man kann sie vertikal oder in einem 45-Grad-Winkel erziehen. Vertikale Kordons eignen sich vor allem für höhere Wandflächen und kleine Räume, denn sie nehmen wenig Platz weg, wachsen allerdings kräftiger und müssen daher stärker geschnitten werden. Wer sie zu einem dekorativen Bogen erziehen will, fährt mit vertikalen Kordons am besten, denn sie werden bis zu 3 m hoch. Schräge Kordons werden ebenso geschnitten wie vertikale, setzen aber meist weniger vegetativen Wuchs an, sodass der Baum mehr Energie in den Fruchtansatz steckt.

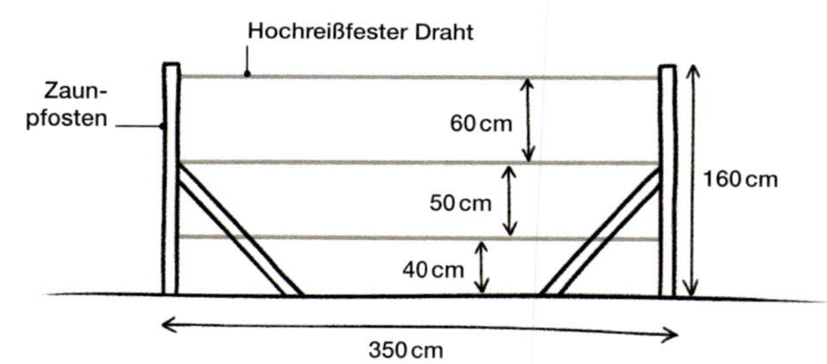

Stütze für Kordons

Diese Konstruktion eignet sich als Stütze für alle Obstbaum-kordons, die an Drähten erzogen werden.

Kordonzaun

Fehlen senkrechte Wände, kann man auch einen Kordonzaun konstruieren. Er sollte in ostwestlicher Richtung ausgerichtet sein, also eine Südseite haben, damit der Baum möglichst viel Licht bekommt – das ist am besten für seine Gesundheit und sorgt für optimale Erträge. Wichtig sind stabile, haltbare Pfosten an beiden Enden und hochreißfeste Drähte.

KRIECHEN-PFLAUMEN

Kriechen-Pflaumen (*Prunus insititia*) haben kleinere Früchte als Pflaumen, trumpfen aber mit beeindruckenden Erträgen auf und eignen sich hervorragend zum Haltbarmachen – vor allem für winterliche Desserts und Konfitüre!

WEINTRAUBEN

Reben sind zwar streng genommen keine Bäume, können aber stattliche Ausmaße erreichen. Der Leittrieb meiner Rebe im Folientunnel meines Vaters rankt sich entlang des Firsts und ist daran inzwischen 7 m weit und noch einmal 7 m den gleichen Weg zurück gewachsen!

Weinreben (*Vitis*) sind fast alle selbstbestäubend und eignen sich hervorragend für die Kultur unter Folientunneln. Ich empfehle, eine Rebe in die nördlichste Ecke eines Folientunnels zu pflanzen und an der Rückwand zu erziehen, damit sie keinen Schatten auf die Sonnenanbeter davor wirft. Ansonsten kann man sie auch an der Decke des Folientunnels entlang und wieder zurück führen. Sie dient dann der Beschattung und reguliert so die Temperatur an den heißesten Sommertagen. In diesem »Rebentunnel« lassen sich gut Nutzpflanzen kultivieren, die mit Halbschatten zufrieden sind. Wer Reben ins Freiland setzen will, muss ihnen einen sonnigen Standort weit weg von Frostsenken zuweisen. Sie brauchen, ob draußen oder drinnen, eine dauerhafte Stütze in Form eines Drahtrahmens (wie bei Kordons, siehe S. 169). Allerdings kann man sie auch als »Hochstamm« an einem einzigen Pfosten erziehen. Sinnvoll ist das besonders, wenn man die essbaren Blätter verwerten möchte (siehe S. 165).

SORTENWAHL

Wer Reben in kühlem Klima draußen anbauen möchte, braucht die dafür geeigneten Sorten, damit sie den Winter überstehen und im Herbst erkleckliche Mengen Trauben liefern. Zum Glück werden Miniweinberge immer beliebter. Alle für Wein angebauten Trauben kann man auch essen.

Erntereife Weintrauben

SCHNITT

Der Rebschnitt kann schnell komplizierter als bei anderen Obstgehölzen werden. Reben unter Abdeckungen werden am besten wie Kordons geschnitten, also mit einem Leittrieb, der an der Decke des Folientunnels entlanggeführt wird, und Fruchttrieben entlang des Leittriebs. Im Frühwinter wird neuer Wuchs am Leittrieb um ein Drittel gekürzt. Seitentriebe kürzt man auf zwei Knospen und in den darauffolgenden Jahren die daraus entspringenden Triebe auf eine Knospe ein. Im Spätfrühling wird verdichteter Wuchs, der reifenden Trauben das Licht wegnimmt, gut ausgedünnt. Das Gleiche gilt für Freilandreben, doch kann man bei ihnen 4–6 Leittriebe vertikal oder alle horizontal an einem Kordonzaun erziehen.

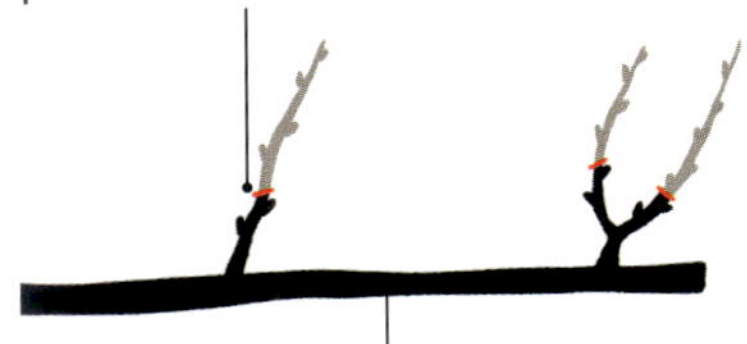

Fruchttriebe

Die Abbildung zeigt, wie man am Leittrieb von Reben die Seitenäste zu Fruchttrieben schneidet. Der Abstand zwischen ihnen sollte etwa 30 cm betragen.

FROST UND BLÜTE

Baumobst und Weinreben haben einen Feind: Spätfröste. Wenn Bäume in voller Blüte stehen, kann ein strenger Frost alle Erntehoffnungen zunichte machen. Besonders anfällig sind Freilandreben. Sie müssen daher mit einem Vlies geschützt werden, das man über sie legt, wenn während der Blüte Nachtfröste vorhergesagt sind. Hilfreich ist es auch, Reben so zu schneiden, dass sie 1 m oder höher über dem Boden blühen.

ANDERE OBSTBÄUME

Bisher habe ich mich dem Hauptobst für Küchengärten gewidmet, doch gibt es noch viele weitere Optionen. Je nach Klima sind manche für die Freilandkultur geeignet, während andere unter Abdeckungen gehören.

Die hier beschriebenen Bäume sind alle winterhart, manche brauchen aber schönes Sommerwetter, um gut zu tragen. Das kann in raueren Mittelgebirgslagen schwierig sein – dort ist es manchmal ratsam, sie im Folientunnel zu ziehen.

Zwergformen tragen rascher als solche auf wüchsigeren Unterlagen und stecken mehr Energie in den Fruchtansatz als in die Bildung frischer Blätter und Triebe. Für die Kultur unter Abdeckungen nehme ich immer Zwergformen, damit sie kompakt bleiben. So erspare ich mir den konstanten Kampf gegen den Drang der Gehölze, zu riesigen Bäumen heranzuwachsen.

PFIRSICHE UND NEKTARINEN

Die beiden ebenso dekorativen wie wohlschmeckenden Früchte werden ganz ähnlich angebaut. Der Hauptunterschied besteht darin, dass Nektarinen (*Prunus persica* var. *nectarina*) die pelzige Schale von Pfirsichen (*Prunus persica*) fehlt und sie beim Kochen fester bleiben. Beide aber trumpfen im zeitigen Frühjahr mit einer unglaublichen Blütenpracht auf. Alle Sorten sind selbstbestäubend.

APRIKOSEN

Die schön blühende Aprikose (*Prunus armeniaca*) trägt kleinere, weniger saftige Früchte als der Pfirsichbaum, aber ich finde, sie liefert die beste Konfitüre aller Obstsorten. Sämtliche Sorten sind selbstbestäubend.

GRANATAPFEL

Viele sind erstaunt, dass man den Granatapfel (*Punica granatum*) bei uns anbauen kann. Man braucht eine geeignete Sorte und muss ihn unter Abdeckungen ziehen, da Granatäpfel nur bis etwa –5 °C vertragen und bei strengem Frost in Vlies gewickelt werden müssen. Alle Sorten sind selbstbestäubend.

MAULBEEREN

Maulbeeren (*Morus*) können in milden Gegenden draußen kultiviert werden. Das Junglaub ist gekocht essbar (siehe S. 165), die Früchte haben einen erfrischend süßsauren Geschmack. Alle Sorten sind selbstbestäubend.

QUITTEN UND MISPELN

Quitten (*Cydonia oblonga*) sind in den letzten Jahren etwas aus der Mode gekommen, vielleicht weil ihre Früchte ein bisschen aussehen wie eine Kreuzung aus knotigem Apfel und Birne. Eng mit der Quitte verwandt ist die Mispel (*Mespilus germanica*), ein weiterer Obstbaum, dessen Anbau sich lohnen kann. Beide tragen Früchte, die vor dem Verzehr gekocht werden müssen, doch sind sie berühmt dafür, hervorragende Weine, Gelees und Konfitüren zu liefern. Es gibt Sorten und Unterlagen, die gut in kleine Gärten passen – manche eignen sich sogar für die Kultur auf Balkonen.

RENEKLODEN

Reneklоden (*Prunus domestica* ssp. *italica*) sind eine Unterart der Pflaumen und gehören zu den am meisten unterschätzten Früchten, denn sie punkten mit einer unglaublichen Süße. Wer zum ersten Mal in eine Reneklode beißt, wird diesen Augenblick nie mehr vergessen. Die Früchte eignen sich hervorragend für Desserts und zum Einmachen. Die meisten Sorten sind selbstbestäubend.

KIRSCHEN

Kirschen (*Prunus avium*) gehören zu den besten Sommergenüssen. Nicht vergessen sollte man allerdings, dass Vögel sie ebenso schätzen wie der Mensch. Daher sollte man Zwergsorten anbauen und mit einem Netz schützen, wenn man selbst auch noch welche ergattern möchte. Viele moderne Sorten sind selbstbestäubend.

FEIGEN

Feigen (*Ficus carica*) sind ein Muss, selbst wenn man sie nur im großen Kübel ziehen kann, weil darin das Wurzelwachstum begrenzt wird, was den Fruchtansatz verbessert. Sie werden am besten vor eine sonnige Wand gestellt und bei kaltem Winterwetter mit einem Vlies abgedeckt, doch lassen sie sich auch im Gewächshaus oder Folientunnel anbauen. Essbar sind übrigens nicht nur die Früchte, sondern gekocht auch die Feigenblätter; oft wird Käse darin eingewickelt.

Hier ernte ich in meinem essbaren Wald unter Abdeckung meine ersten Aprikosen.

SZECHUANPFEFFER UND NÜSSE

Wer sich auf weitere Obstabenteuer einlassen möchte, kann zum Beispiel noch die Gemeine Hasel (*Corylus avellana*, rechts) pflanzen oder den Szechuanpfeffer (*Zanthoxylum*), von dem mehrere Arten angebaut werden, etwa aus Sichuan oder Nepal. Haselnüsse sind eher für größere Gärten geeignet und bevorzugen Halbschatten. Man sollte von ihnen nicht Unmengen Nüsse erwarten, dennoch macht es viel Spaß, sich im Herbst eine Ladung aus dem Garten zu holen. Haselsträucher können kopfgeschneitelt werden und liefern dann Ruten, die sich als Stütze für Erbsen und Bohnen nutzen lassen. Szechuanpfefferbäume sind beileibe keine Exoten für Sonderlinge, sondern leicht zu kultivieren. Sie tragen duftende Blätter und viele pfefferkornartige Früchte, die in der Küche zum Einsatz kommen.

Einjährige

EINJÄHRIGE ANBAUEN

Die Auswahl an einjährigem Gemüse, Kräutern und Blumen für den Permakulturgarten ist riesig. Jede Nutzpflanze hat ihre ganz bestimmten Vorzüge, ob es sich um eine besondere Farbe oder um eine Widerstandsfähigkeit gegen Krankheiten handelt. Vor allem aber schmecken die einjährigen Gartenschätze.

Einjährige werden meist innerhalb einer Saison ausgesät und geerntet. Manche allerdings können auch zwei Jahre überdauern, etwa Brokkoli oder Frühjahrskohl. Im Gegensatz zu Mehrjährigen werden Einjährige fast immer durch Aussaat vermehrt. Bei vielen ist die Auswahl an Sorten mit unterschiedlichsten Eigenschaften verglichen mit den Mehrjährigen wesentlich größer.

MIT LIEBE UND ZUWENDUNG

Die entscheidende Phase beim Anbau von Einjährigen ist die Zeit bis zur Halbreife mit mindestens 7–8 echten Blättern. Danach brauchen sie wesentlich weniger Zuwendung als vorher und können in den meisten Fällen sogar bis zur Ernte links liegen gelassen werden. Davor aber sollten Sie alles tun, damit jeder Sämling den besten Start ins Leben bekommt.

Hochsommer im Küchengarten: Hier führe ich einen Feuerbohnentrieb, der sich gelockert hat, zurück an die Stütze.

Eine getrocknete Hülse der Feuerbohne 'Rhondda Black' mit Samen

SAMEN

Auswahl und Gewinnung von Saatgut spielen in einem Küchengarten eine wichtige Rolle. Es gibt zahlreiche Bezugsquellen für Samen, etwa andere Gartenbesitzer, Samenbanken, Tauschbörsen, Zuchtfirmen für Traditionssorten und größere gewerbliche Samenhändler. Ich bestelle jeden Winter Saatgut von mehreren Anbietern, wenn möglich von kleineren Firmen, die oft auch ungewöhnlichere und seltenere Sorten im Sortiment haben. Alle meine empfohlenen Bezugsquellen sind auf S. 281 aufgeführt. Außerdem finden Sie auf S. 224 eine Liste meiner Lieblingssorten.

Lagerung und Haltbarkeit

Für das Inverkehrbringen von Saatgut und die Angabe von Aussaatzeitpunkten gibt es rechtliche Vorgaben. Sie sollen sicherstellen, dass innerhalb der auf den Saatgutverpackungen angegebenen Aussaatfristen eine hohe Keimrate gewährleistet ist. Danach lässt die Keimrate nach, aber selbst älteres Saatgut birgt noch Überraschungen. So konnte Luke Marion aus Michigan in den USA 85 Jahre alte Tomatensamen einer eigentlich ausgestorbenen Sorte noch zum Keimen bringen.

Wenn man ein Samenpäckchen kauft, muss man oftmals nicht den ganzen Inhalt in einer Saison aufbrauchen. Was übrig bleibt, kann man für künftige Jahre aufheben, statt jedes Jahr ein neues Kontingent zu kaufen. Es gibt viele Möglichkeiten, Samen zu lagern, von der simplen Schuhschachtel über Fotoorganizer. Speiseeis- und Essensbehälter lassen sich oft luftdicht verschließen, was die Lebensdauer von Saatgut erhöht. Allerdings ist der Behälter nicht annähernd so wichtig wie der Aufbewahrungsort: Wenn Samen an einem kühlen, trockenen, dunklen Platz gelagert werden, halten sie länger.

Wer ein altes Samenpäckchen hat, dessen Haltbarkeit schon abgelaufen ist, kann mindestens zehn Samen testweise aussäen und sich das Ergebnis notieren. Es gibt Pflanzen, deren Samen nicht lange halten, etwa Pastinake, Mais, Porree und Speisezwiebeln, weshalb man sie jährlich neu kaufen sollte.

Samen selbst sammeln

Samen aus dem eigenen Garten hat wie Obst und Gemüse aus eigenem Anbau meist die beste Qualität. Wenn man ihn über Jahre hinweg selbst heranzieht, passen sich die Sorten immer besser an das Klima und den Boden an. Mehr auf S. 222–223.

ERNTE

Es gibt Erntestrategien, die für die meisten Nutzpflanzen gelten. So ist es immer am besten, frühmorgens zu ernten, wenn es noch kühl ist und die Gewächse einen hohen Feuchtigkeitsgehalt haben, was ihre Haltbarkeit erhöht. Beim Anbau in Reihen oder Horsten, etwa bei Möhren oder Roten Beten, wird das größte Exemplar zuerst geerntet, damit die kleineren noch ein Weilchen weiterwachsen können. Am besten schmeckt außerdem, was vollreif geerntet wird.

GEMÜSEGRUPPEN

Es gibt im Küchengarten sieben Gemüsegruppen: Lauch, Hülsenfrüchte, Blattgemüse, Kohl, Wurzeln, Nachtschatten- und Kürbisgewächse. Im Kapitel gehe ich auf jede Gruppe ein, gebe Tipps und liefere eine Übersicht zu den einzelnen Pflanzen, damit Sie das Optimum aus Ihrem Garten herausholen.

Verwendung der Tabelle

Zu jedem Gemüse gibt es eine Tabelle, in der ich möglichst viele Informationen zusammenfasse. Sie ergänzen die ausführlichen Angaben zu den Gruppen allgemein.

Freilandaussaat Ideales Aussaatfenster für die Direktaussaat

Aussaat drinnen Bester Zeitrahmen für die Aussaat in Töpfen und Topfplatten in einer geschützten Umgebung

Saattiefe Gibt an, wie tief der Graben oder das Loch sein sollte

Samen pro Modul Für die Aussaat in Topfplatten

Pflanzabstand Gilt für Einzelpflanzen und Horste

Ernte Der übliche Zeitrahmen für die Ernte von Freilandpflanzen, basierend auf dem Aussaatfenster

AUSSAAT IN TÖPFEN UND TOPFPLATTEN

Soll der Garten produktiv sein, kommt man um die Aussaat in Töpfen, Schalen und Topfplatten (Anzuchtplatten mit mehreren Zellen) nicht herum. Unter Abdeckungen kann früher ausgesät werden als im Freiland, sodass man bereits Setzlinge hat, wenn es wärmer wird. Außerdem lassen sich in Gefäßen Sämlinge für einen Staffelanbau vortreiben (siehe S. 218).

Die Aussaat in Modulen (und Töpfen) ist für alle Samen gleich – unterschiedlich sind nur die Aussaattiefe, und wie viele Samen pro Modul in die Erde kommen. Ich verwende nie Aussaaterde, sondern hochwertige, torffreie Universalerde oder eine selbst gemischte Alternative (siehe S. 55). Wie es nach dem Aussäen weitergeht, erfahren Sie auf S. 182–183.

TÖPFE UND SAATSCHALEN AUSWÄHLEN

Es gibt so viele unterschiedliche Töpfe, Topfplatten und Saatschalen, dass man nicht mehr weiß, wo einem der Kopf steht. Ich habe mein Sammelsurium im Lauf der Jahre auf eine aufgeräumte Sammlung reduziert, die für meine Bedürfnisse vollends reicht. Auch wasche ich meine Töpfe und Saatschalen am Saisonende nicht – das ist reine Zeitverschwendung.

Töpfe

Für die Aussaat größerer Samen (etwa von Kürbissen) oder mehrerer kleiner Samen (zum Beispiel von Kopfsalat) sind Töpfe mit 7–9 cm Durchmesser ideal. Ich nutze sie vorwiegend für Tomatensetzlinge (siehe S. 206). Außerdem habe ich 13–17 cm breite Töpfe, in die ich Sämlinge umtopfe, wenn sie größer werden. Das ist besonders sinnvoll bei Kohlgewächsen, die darin noch reifen können, damit man sie auspflanzen kann, sobald die Tomaten geerntet sind.

Topfplatten

Am vielseitigsten einsetzbar sind Topfplatten mit einer Modulgröße von 4 × 4 cm. Darin kann man von Roten Beten bis hin zu Rosenkohl alles ansäen. Die Größe reicht vorerst aus, damit Sämlinge ein paar echte Blätter entwickeln; später kann man sie dann in größere Einzeltöpfe umsiedeln. Wurzeltrainer (Topfplatten mit besonders tiefen Zellen) eignen sich für tief wurzelndes Gemüse wie Feuer- und Dicke Bohnen.

Saatschalen ohne Module lassen sich ähnlich für breitwürfige Aussaaten verwenden, die man später in 4-cm-Module pikiert. Kleinere Module (2–3 cm) sind ratsam, wenn man so viele Pflanzen wie möglich unter Pflanzenlampen heranziehen möchte, bevor man sie umtopft.

AUSSAAT IN TOPFPLATTEN

1.
Topfplatte auf einen Pflanztisch legen (oder einen großen Karton) und Module mit Substrat füllen.

2.
Substrat gleichmäßig in alle Module verteilen.

3.
Sind die Module voll, Substrat gut festdrücken, dann mehr Substrat nachfüllen und noch einmal festdrücken. So ist sichergestellt, dass das Substrat nicht von den Wurzeln fällt, wenn man die Sämlinge umtopft, und keine Lufteinschlüsse bleiben, die die Keimrate verschlechtern können. Module fünf Sekunden lang mit einer Gießkanne mit Brauseaufsatz gut wässern.

4.
Mit den Fingern in jedes Modul ein Loch drücken, das in etwa so tief ist wie die empfohlene Aussaattiefe für die jeweilige Pflanze.

5.
Ein oder mehrere Samen in jedes Loch geben.

6.
Samen mit Substrat bedecken und die zusätzliche Schicht mit der Hand andrücken, damit keine Lufteinschlüsse bleiben. Nach dem Beschriften noch einmal 5–10 Sekunden wässern und auf das dafür vorgesehene Regal stellen.

Horstsaat

Bei der Horst- oder Dippelsaat werden mehrere Samen in ein Modul gesät und später ohne Ausdünnen als Horste ausgepflanzt. Diese Form der Aussaat eignet sich für eine ganze Reihe von Nutzpflanzen – sie spart Platz, Substrat und Wasser, ganz zu schweigen von der Zeit! Ich säe am häufigsten Erbsen auf diese Weise aus (3–4 Samen pro Modul). Radieschen, Rote Beten, Porree, Frühlingszwiebeln, einjährige Kräuter und Salate kommen sogar zu viert oder fünft in ein Modul.

WOHIN DAMIT?

Hängeregal

Wer einen Folientunnel oder ein Gewächshaus hat, vergrößert die Stellfläche für Aussaaten ganz einfach dadurch, dass er Regale aufhängt. Man kann dazu ein Holzgerüst zimmern, das man an Drähten an die Stützen des Folientunnels hängt. Auf solchen hängenden Regalen sind die Aussaaten sicher vor hungrigen Nagern, was besonders bei Erbsen und Bohnen ein Thema ist.

Heizmatten und Pflanzenlampen

Für Aussaaten, die gerade zu Saisonbeginn Wärme brauchen, um zu keimen, etwa wärmeliebendes Fruchtgemüse (Tomaten und Auberginen), benötigt man eine Heizmatte und Pflanzenlampen. Die Heizmatte sorgt für die passende Temperatur, die die Keimung auslöst, während die Pflanzenlampe verhindert, dass die Sämlinge vergeilen, also zu lang und dünn werden. Alternativ kann man seine Aussaaten auch auf einen Kühlschrank stellen, denn dort ist es so warm, dass die Keimung ausgelöst wird. Sobald sich die Sämlinge zeigen, müssen sie aber sofort in ein warmes, sonniges Fenster gestellt werden.

WÄSSERN

Das Wässern frisch angesäter Topfplatten und Sämlinge ist simpel. Wirkt die Substratoberfläche trocken, prüft man mit einem Finger, ob sie es auch wirklich ist. Falls der oberste 1 cm trocken ist und die Sämlinge sich noch nicht zeigen, muss gewässert werden. Spitzen die Sämlinge bereits aus der Erde, wird nur noch gewässert, wenn die obersten 1–2 cm trocken sind. Sinnvoll ist das Wässern von oben mit einer Sprühflasche. Ich mache das in zwei Durchgängen mit 10–15 Minuten Abstand dazwischen. So erreiche ich, dass das Wasser bis zu den Wurzeln gelangt und nicht nur die Oberfläche benetzt. Alternativ kann man die Topfplatten auch in eine wassergefüllte Schale stellen (siehe S. 92).

ALLGEMEINE PFLEGE

Damit ein guter Luftaustausch gewährleistet ist, öffne ich den Folientunnel oder das Minigewächshaus tagsüber. Wenn Sie sehen, dass ein Sämling welk ist, obwohl die Module noch feucht sind, hat ihn die Keimlingsfäule erwischt, die auf schlechte Belüftung und zu starkes Wässern zurückzuführen ist. Sobald Sie merken, dass ein paar Sämlinge welk werden, müssen Sie das Gefäß sofort an einen warmen, geschützten, sonnigen Platz stellen, damit das Substrat schnell trocknen kann. Das hilft aber nur manchmal, meistens ist es besser, gleich noch einmal anzusäen.

DIREKTAUSSAAT

Ich favorisiere Direktaussaat, weil sie mir kräftige Pflanzen liefert. Wegen der zwangsläufig kurzen Saison in unseren Breiten muss ich zwar viel mit der Aussaat in Modulen arbeiten, aber sofern irgendwie möglich, säe ich direkt an den endgültigen Standort aus.

Manche Nutzpflanzen müssen zwangsläufig direkt ausgesät werden, da durch ein Umpflanzen ihre Wurzeln beschädigt werden können – Möhren und Pastinake gehören dazu. Was direkt ausgesät wird, genießt einen besonderen Luxus: viel Wurzelraum. Weil die Wurzeln genug Platz haben und sich ungehindert ausbreiten können, werden die Pflanzen resilienter. Anderes Gemüse wie Porree und Kohlgewächse mit Strunk lässt sich in Saatbeete säen, um drinnen Platz zu sparen. Ein Saatbeet ist ein vorbereitetes Stück Anbaufläche (etwa ein Teil eines Rahmenbeets), das früh in der Saison angesät wird, um Sämlinge zum Umpflanzen zu erhalten. Sobald man sie herausholt, kann etwas anderes ihren Platz einnehmen.

DEN BODEN VORBEREITEN

Vor der Direktaussaat muss der Boden geringfügig vorbereitet werden. Ideal ist eine feinkrümelige Fläche mit schön lockerer Erde, aus der große Steine und Stöckchen entfernt wurden. Am besten eignet sich dafür ein Asphaltrechen. Ziehen Sie den Rechen zunächst mit der flachen Seite über den Boden. Dann werden die obersten 2–3 cm mit den Zinken gelockert und gleichsam gesiebt, indem Sie größere Stücke herausharken. Diese Stücke werden in eine Ecke gezogen und später mit dem Spaten herausgeholt. Zum Schluss harkt man die Oberfläche noch ein letztes Mal mit den Zinken, dreht den Rechen so, dass der Stiel senkrecht steht, und drückt die Oberfläche mit dem flachen Ende fest, um Lufteinschlüsse herauszupressen.

SCHNÜRE SPANNEN

Immer wenn man etwas direkt aussät oder an seinen endgültigen Standort pflanzt, braucht man in der Regel eine gerade Linie. Am besten ist es, zwei rund 25 cm lange Pflöcke in den Boden zu stecken und zwischen ihnen eine 2 m lange Schnur zu spannen. Nun hat man eine perfekte Linie, an der man seine Aussaaten bzw. Setzlinge ausrichten kann.

AUSSAAT IN REIHEN

1.
Die Linie mit Pflöcken und einer Schnur markieren (siehe Kasten links). Mit einem Stock oder dem Griff eines Werkzeugs eine Rille in der passenden Tiefe in den Boden ziehen.

2.
Samen in die Rille streuen. Die Abstände müssen nicht exakt stimmen, doch sollte man nicht zu dicht aussäen, sonst dauert das Ausdünnen zu lang.

3.
Mit den Händen von beiden Seiten Erde in die Rille schieben, um die Samen zu bedecken. Anschließend festdrücken. Reihe beschriften.

4.
Die Reihe großzügig wässern oder kurz vor starkem Regen ansäen, damit die Natur das Einwässern übernimmt.

LAUFENDES WÄSSERN UND DIE BRETTERMETHODE

Die Brettermethode von Bill Morrison ist eine sehr einfache Methode, beim Wässern von Direktaussaaten Zeit zu sparen, denn sie verhindert, dass das Erdreich zu rasch austrocknet. Nachdem eine Samenreihe angesät und gewässert ist, legt man ein Brett (etwa von einer Palette) über die Reihe und lässt es dort liegen. Nach 3–4 Tagen kann man es hochheben und nachsehen, ob die Samen schon keimen. Sobald der erste zarte Trieb aus der Erde lugt, nimmt man das Brett weg. Nur bei sehr heißem, trockenem Wetter muss vielleicht trotzdem noch unter dem Brett gewässert werden. Wer ohne die Brettermethode auskommen will, wässert immer dann, wenn die obersten 1–2 cm Erde trocken sind, bis die Sämlinge austreiben. In den 2–3 Wochen danach reicht es, nur noch dann zu wässern, wenn die obersten 2–3 cm trocken sind.

Hier haben Porreesamen bereits unter dem Brett gekeimt.

BREITWÜRFIGES AUSSÄEN

Diese Methode eignet sich für Zwischenfrüchte oder Polykulturmischungen, etwa aus Salaten oder aus essbaren Blüten und Kräutern. Harken Sie die Oberfläche wie üblich kleinkrümelig und streuen Sie die Samen möglichst gleichmäßig darauf. Dann in die obersten 1–2 cm einharken, die Erde mit dem flachen Ende des Rechens andrücken und wässern.

HUWS TIPP

Eines sollte man sich beim Aussäen immer vergegenwärtigen: Selbst wenn man alles Menschenmögliche tut, um den Samen zum bestmöglichen Start ins Leben zu verhelfen, hat man es trotzdem mit der unberechenbaren Natur zu tun. Sie haben es zwar in der Hand, alles zu versuchen, aber ob die Samen keimen oder nicht, ist deren Sache.

NÄCHSTE SCHRITTE

Bei sorgfältiger Aussaat sollte man mit gesunden Sämlingen belohnt werden. Als Nächstes gilt es, ihnen durch Ausdünnen, Umsiedeln in größere Gefäße oder Auspflanzen an ihren endgültigen Standort mehr Platz einzuräumen.

Mit einem Greif- oder Schneidwerkzeug können Sie Sämlinge ausdünnen und als Microgreens in Salaten verwerten.

AUSDÜNNEN

Ausdünnen bedeutet, die Zahl der Sämlinge auf einer bestimmten Fläche zu reduzieren. Sämlinge in Modulen oder Töpfen müssen ausgedünnt werden, wenn es zu viele sind (zum Beispiel, wenn man versehentlich zwei in ein Loch hat fallen lassen). Bei Direktaussaaten wird ausgedünnt, damit die Pflanzen genug Platz haben, sich auszubreiten, ohne von Nachbarn bedrängt zu werden. Es heißt, ausgedünnt werde am besten mit einer Haushalts- oder Gartenschere, damit die Wurzeln der verbleibenden Pflanzen nicht beschädigt werden. Ich habe aber festgestellt, dass man sie auch vorsichtig auszupfen kann. Suchen Sie sich aus, was Ihnen am liebsten ist, aber holen Sie zunächst stets nur die kleineren, schwächeren Sämlinge heraus.

UMPFLANZEN

Sämlinge umpflanzen

Umgepflanzt werden vor allem Sämlinge aus 4 cm großen Modulen. Stechen Sie in das Beet, in das die Sämlinge kommen sollen, mit einem Pflanzholz, einer Handschaufel oder auch nur mit den Fingern ein Loch in die Erde, das etwas tiefer als das Modul ist. Holen Sie den Sämling mit einem Finger aus dem Modul und pflanzen ihn in das Loch. Dann drücken Sie die Erde um ihn herum an, achten dabei aber darauf, dass er so tief steht wie vorher im Modul, und wässern ihn gut ein. Man kann ihn auch in eine leichte Vertiefung setzen, damit sich darin in den ersten Tagen nach dem Einpflanzen das Wasser sammelt und direkt zu den Wurzeln sickert.

Halten Sie Sämlinge, etwa beim Pikieren, an einem Blatt fest, damit der Trieb nicht zerdrückt wird.

1. *Hier nehme ich einen älteren Grünkohl im Freiland auf.* **2.** *Setzt man ihn im Winter unter eine Abdeckung, wächst er besser.*

Größere Exemplare umpflanzen

Wässern Sie den Topf zehn Minuten vor dem Umpflanzen, um die Wurzeln möglichst wenig zu stören. Als Nächstes graben Sie ein Pflanzloch, das so groß ist wie der Topf, legen die Hand so auf die Ballenoberfläche, dass der Pflanzenansatz zwischen zwei Fingern sitzt, drehen den Topf um und klopfen mit der freien Hand auf die Unterseite, damit der Ballen aus dem Topf gleitet. Nun Ballen ins Loch setzen, Erde andrücken und gut wässern. Man kann auch ein etwas tieferes Loch ausheben und ein, zwei Handvoll Kompost hineinwerfen – bei hungrigen Pflanzen wie Tomaten und Kürbissen ist das sogar ein Muss.

Wurzelnackte Setzlinge umpflanzen

Beim Umpflanzen von Kohlgewächsen mit Strunk und Porree hebeln Sie die Wurzeln vorsichtig mit einer Gabel heraus und stellen sie in einen Eimer Wasser. Dann trennen Sie die einzelnen Sämlinge, stechen mit einem Pflanzholz die Pflanzlöcher und stecken die Sämlinge in der passenden Tiefe hinein. Gründlich wässern, dann Erde um den Strunk einfüllen.

Umtopfen

Beim Umtopfen wird ein Sämling aus einem kleineren Topf oder Modul in ein größeres Gefäß umgesiedelt, sodass die Wurzeln mehr Platz bekommen. Wichtig ist das bei nicht winterharten Pflanzen wie Tomaten und Paprika, damit sie kräftig weiterwachsen können, solange es draußen noch zu kalt für sie ist. Füllen Sie den neuen Topf vorher mit einem Substrat, stechen Sie ein Pflanzloch hinein und pflanzen Sie den Sämling ein. Substrat andrücken und schließlich wässern.

Vereinzeln (Pikieren)

Beim Vereinzeln werden kleine Sämlinge, die noch ihre Keimblätter oder erst die ersten beiden echten Blätter haben, einzeln eingepflanzt. Hebeln Sie einige der Winzlinge mit einem Etikett oder einem Stift zu mehreren aus der Erde, halten Sie sie an einem Blatt fest und trennen Sie sie. Anschließend werden Töpfe oder Topfplatten wie bei der Aussaat vorbereitet. Mit einem Stift stechen Sie Löcher hinein, in die Sie die Sämlinge (bis unter die ersten Blätter) pflanzen. Nun noch vorsichtig Erde andrücken und wässern.

HUWS TIPP

Immer wenn man es mit Sämlingen zu tun hat, ob beim Pikieren, Umtopfen oder Umpflanzen, hält man sie an einem Blatt und nicht am Trieb fest. Denn wenn der Trieb verletzt wird, ist die Pflanze so gut wie verloren, während beim Beschädigen eines Blatts die Erfolgsrate noch sehr hoch bleibt. Größere Setzlinge kann man behutsam am Wurzelballen festhalten, wenn man sie umpflanzt bzw. umtopft.

ABHÄRTEN

Nicht winterharte Pflanzen wie Kürbisse, Tomaten und Buschbohnen profitieren von einer Abhärtung vor dem Auspflanzen ins Freiland. Sie ist nicht unbedingt notwendig, lindert aber den Umpflanzschock (wenn Pflanzen starken Temperaturveränderungen sowie den Elementen Wind und intensivem Licht ausgesetzt werden, kann sich ihr Wachstum ein paar Tage verzögern). Zum Abhärten stellt man die Setzlinge in ihren Töpfen und Modulen von drinnen nach draußen und lässt sie tagsüber im Freien stehen, bringt sie aber nachts wieder nach drinnen. Das macht man 5–6 Tage lang, bis man sie letztlich ins Freie pflanzt. Ich härte meine Pflanzen in der Regel nicht ab, außer im Monat nach dem letzten Frost, denn zum einen habe ich dafür schlichtweg keine Zeit und zum anderen wachsen sie trotzdem weiter, nachdem sie sich ein paar Tage lang eingewöhnt haben. So ist das Abhärten immer eine Sache der Abwägung: Will man seine Zeit opfern oder lieber die paar Tage, die eine Pflanze braucht, um wieder ganz normal weiterzuwachsen?

EINSATZ VON BIOKOHLE

Mischt man beim Vereinzeln oder Umtopfen 10 Prozent feine Biokohle (siehe S. 68–69) in das Substrat, fördert man damit einen kräftigen Wuchs und die Gesundheit der Sämlinge, verbessert aber langfristig auch die Bodengesundheit an der Stelle, an die diese Sämlinge gepflanzt werden. Beim Umpflanzen kann man auch ein paar Handvoll einer Mischung aus einem Teil Biokohle und neun Teilen Kompost vorab in das Pflanzloch streuen.

LAUCH-GEWÄCHSE

Lauchgewächse gehören zur riesigen Gruppe der Zwiebelpflanzen und sind bekannt für ihren hervorragenden Geschmack, mit dem sie Speisen bereichern.

Porree, Speisezwiebeln, Knoblauch und Schalotten brauchen alle volle Sonne und gedeihen in feuchten Böden.

KNOBLAUCH

Es gibt zwei Formen von Knoblauch: Schlangenknoblauch und Echten Knoblauch. Schlangenknoblauch eignet sich für kühleres Klima. Er bildet einen Stängel, der geerntet werden sollte, bevor sich die Blüten öffnen, und als Delikatesse gilt. Echter Knoblauch lässt sich länger lagern und gedeiht in wärmeren Klimazonen. Wer in einer Gegend mit kühlem Klima wohnt, sollte Echten Knoblauch im Folientunnel oder -beet ziehen.

ESSBARE BLÄTTER

Die Blätter von Zwiebeln und Schalotten sind genießbar. Wenn man hin und wieder während der Saison ein Blatt erntet, kann man es wie Frühlingszwiebeln verwenden. Bei der Haupternte werden alle guten Blätter klein gehackt und eingefroren.

PORREE BLÜHEN LASSEN

Porreeblüten sehen aus wie riesige Schnittlauchblüten, sitzen an 1,8 m hohen Stängeln und werden gern von Nützlingen angeflogen. Ich habe an einer einzigen Porreeblüte schon elf Bienen auf einmal gezählt, außerdem ein paar Admirale! Wer Porreeblüten genießen will, muss eine winterharte Sorte kultivieren und ein paar Exemplare nach der Ernte stehen lassen. Die Blüten halten im Sommer oft überraschend lang.

STECKZWIEBELN

Speisezwiebeln kann man gut mit Steckzwiebeln vermehren. Damit lässt sich die Zeit von der Aussaat bis zur Ernte verkürzen, sodass man schneller Folgesaaten hinterherschicken kann.

LAUCHGEWÄCHSE LAGERN

Speisezwiebeln und Knoblauch werden in gut durchlüfteten, trockenen Räumen ein paar Wochen getrocknet. Anschließend steckt man sie in Jute- oder Papiersäcke und lagert sie den Winter über an einem kühlen, dunklen, trockenen, luftigen Ort. Porree wird am besten blanchiert und eingefroren.

PORREE

Freilandaussaat April–Mai (im Saatbeet)
Aussaat drinnen Spätwinter bis Vorfrühling
Saattiefe 1–2 cm
Samen pro Modul 5–6 (auf 4 ausdünnen)
Pflanzabstand Einzelpflanzen 20–25 cm, Horste 30 cm
Ernte je nach Sorte Spätherbst bis Erstfrühling

FRÜHLINGSZWIEBELN

Freilandaussaat Vollfrühling bis Frühsommer
Aussaat drinnen Spätwinter bis Frühsommer
Saattiefe 1 cm
Samen pro Modul 5–7
Pflanzabstand Einzelpflanzen 2–3 cm, Horste 10–15 cm
Ernte Spätfrühling bis Spätherbst

SPEISEZWIEBELN

Freilandaussaat Erste Frühjahrshälfte (Steckzwiebeln & Aussaat)

Aussaat drinnen Februar–März (Steckzwiebeln & Aussaat)

Saattiefe 1 cm

Samen pro Modul 4–5

Pflanzabstand Einzelpflanzen 15 cm, Horste 25 cm

Ernte Hochsommer (Steckzwiebeln), Spätsommer bis Frühherbst (Aussaat)

KNOBLAUCH

Freilandaussaat Spätherbst bis Frühwinter (Zehen)

Aussaat drinnen –/–

Saattiefe 5 cm

Samen pro Modul –/–

Pflanzabstand 15 cm

Ernte Hochsommer

ELEFANTENKNOBLAUCH

Freilandaussaat Spätherbst bis Frühwinter (Zehen)

Aussaat drinnen –/–

Saattiefe 5 cm

Samen pro Modul –/–

Pflanzabstand 25 cm

Ernte Hochsommer

SCHALOTTEN

Freilandaussaat Frühjahr (Steckzwiebeln)

Aussaat drinnen –/–

Saattiefe 5 cm

Samen pro Modul –/–

Pflanzabstand 15–20 cm

Ernte Hoch- und Spätsommer

HÜLSENFRÜCHTE

Hülsenfrüchte (Erbsen und Bohnen) sind eine wunderbare Gruppe, die in allen Schichten eines Gartens zu Hause ist, von kriechenden Buschbohnen bis hin zu aufwärts strebenden Kletterbohnen.

Erbsen und Kletterbohnen eignen sich als Begrenzung am Beetrand und zum Hochranken an einem Zaun oder Klettergerüst. Ein paar Rankhilfen mit Feuerbohnen und Erbsen mal hier, mal da heben den ganzen Garten auf ein neues Level.

Hülsenfrüchtler (Leguminosen) gelten als Stickstoffsammler, aber nur, wenn man sie zu Beginn der Blüte bis zum Boden zurückschneidet (man macht das, wenn man sie als Zwischenfrucht pflanzt, wie Dicke Bohnen oder Klee). Sie brauchen volle Sonne und nährstoffreiche, tiefgründige Böden, tragen aber auch im Halbschatten und bei suboptimalen Böden.

HÜLSENFRÜCHTE LAGERN

Erbsen und Bohnen lassen sich durch Blanchieren und Einfrieren haltbar machen. Man kann sie aber auch in ihren Hülsen trocknen, idealerweise an der Pflanze selbst. Bei feuchter Witterung trocknet man sie drinnen 2–3 Wochen. Dann werden sie enthülst und in sauberen, trockenen Behältern aufbewahrt, bis sie in der Küche zum Einsatz kommen.

HUWS TIPP

Bevor Sie eine Rankhilfe bauen, sehen Sie nach, wie hoch die anvisierte Pflanze wird, damit die Ruten und Pfosten nicht zu kurz geraten.

Werden Sie kreativ: Sie können dem Boxring auch eine ungewöhnliche Form geben, damit er in ungünstige Gartenwinkel passt.

STÜTZEN

Es gibt zahlreiche Arten von Stützen für Hülsenfrüchte und andere kletternde Nutzpflanzen. Als Baumaterial werden meist Bambus und Haselruten verwendet.

A-Rahmen

Dieses Gerüst besteht aus zwei Reihen hoher Stöcke. Sie werden oben zusammengebunden und bilden mit den Pflanzen daran einen grünen Wall, der sich besonders für große Gärten eignet. Für mittelhohe Erbsen kann man ihn auch niedriger konstruieren. Alle Stöcke müssen tief in die Erde gesteckt werden, damit das Gerüst nicht umfällt.

A-RAHMEN

Zaun

Schlagen Sie zwei stabile Pfosten in die Erde und spannen Sie dazwischen ein Drahtgitter. Ich verwende am häufigsten Maschendraht und Wildzäune. Diese Stütze ist ideal für Erbsen, da ihre Ranken sich um die Drähte winden können. Man kann aber auch anderes Material verwenden, etwa ausgemusterte Elektrozäune.

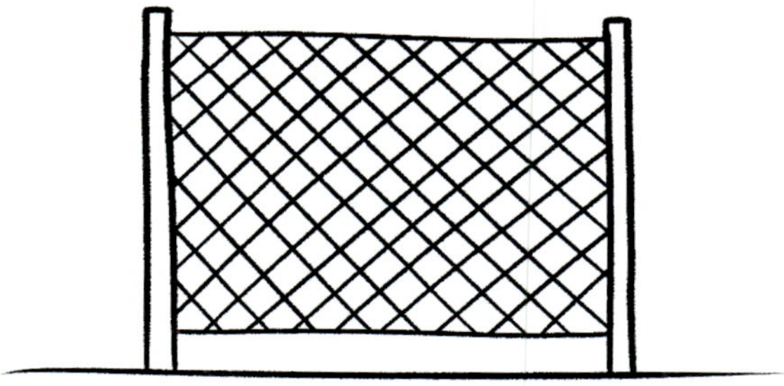

ZAUN

Boxring

Für Zwergerbsen und Dicke Bohnen kann man eine Stütze nach Art eines Boxrings mit Pfosten an den vier Ecken und außen herumgeführten Schnüren bauen, die die Pflanzen im Inneren aufrecht halten. Außerdem ist eine zusätzliche innere Stütze mit kreuz und quer zwischen den Seiten gespannten Schnüren möglich.

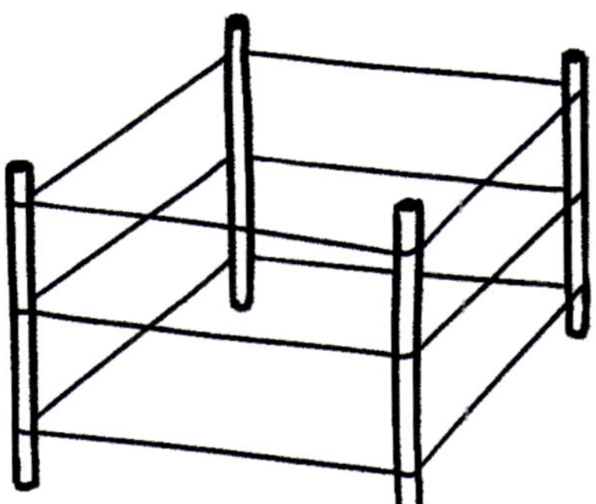

BOXRING

Dach

Diese clevere Rankhilfe für Kletterbohnen ist etwas aufwendiger zu bauen, dafür bekommt man aber einen herrlichen Sitzbereich mit einem grünen Laubdach, der einem im Sommer vor der prallen Sonne schützt.

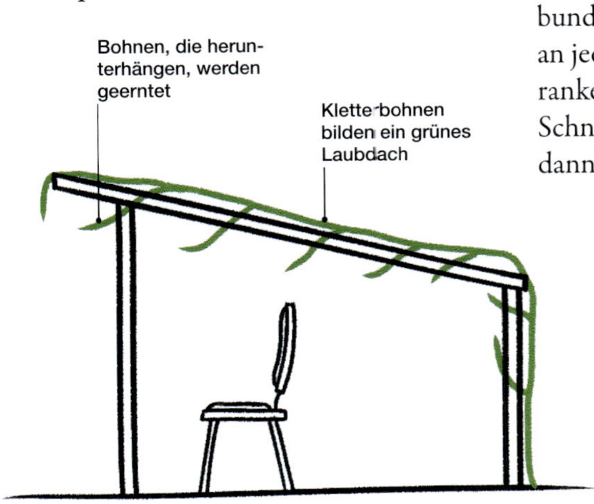

DACH

Stangenzelt

Ein Stangenzelt ist die ideale Kletterhilfe für die Mitte von Gartenbeeten und auch für kleine Räume geeignet. Man drückt einfach acht Stäbe in den Boden und bindet sie oben zusammen. Kletterbohnen winden sich beim Hochwachsen um die Stäbe.

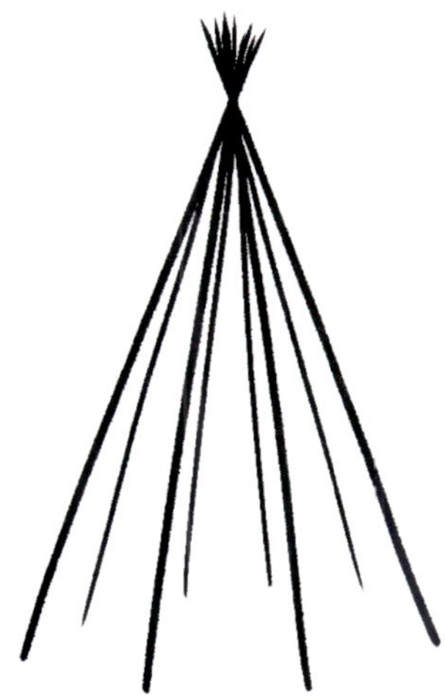

STANGENZELT

Pyramide

Vier Ruten oder Stäbe werden so in den Boden gedrückt, dass sie ein Quadrat bilden, und oben ähnlich zusammengebunden wie ein Stangenzelt. Man kann an jedem Stab eine Kletterbohne hochranken lassen oder alle 10–15 cm eine Schnur um die Konstruktion winden, dann ist sie eher für Erbsen geeignet.

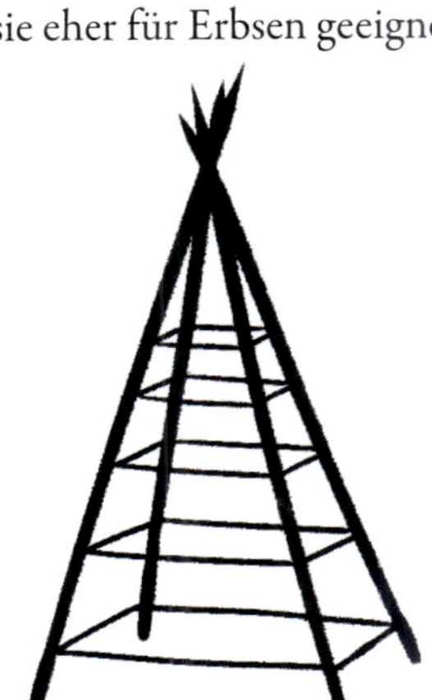

PYRAMIDE

Zylinder

Verbindet man eine Drahtgitterbahn an den Enden, bildet sie einen Zylinder. Damit er stabil steht, werden 3–4 Stäbe von oben durch die Drähte gefädelt und fest in den Boden gedrückt. Die Maschenweite sollte so groß sein, dass man eine Hand hindurchstecken und innen wachsende Hülsen ernten kann. Ein niedrigerer Zylinder eignet sich für Zwergerbsen oder Dicke Bohnen, ein hoher für Kletterbohnen und Erbsen.

ZYLINDER

Bogen

Mit einem Bogen kann man zwei Beete verbinden und so Platz für weitere Nutzpflanzen schaffen. Wenn Bohnen am Bogen über einem Weg wachsen, kann man sich beim Ernten darunterstellen. Zudem sieht ein Bogen grandios aus und ist ideal für Kleingärten.

BOGEN

BOHNEN MIT BUSCHIGEM WUCHS

Busch- und Zwergbohnen gehören zu meinem Lieblingsgemüse. Ich fülle damit Lücken während der Saison und setze sie an den Rand von Beeten, damit sie über die Ränder wachsen können und so keine anderen bereits gepflanzten Nutzgewächse behindern. Mehr platzsparende Tricks finden Sie auf S. 244–245. Es gibt auch Zwergformen von Feuerbohnen, die ähnlich kultiviert werden können.

BUSCHBOHNEN

Freilandaussaat Vollfrühling bis Spätsommer

Aussaat drinnen Vorfrühling bis Hochsommer

Saattiefe 2–3 cm

Samen pro Modul 1

Pflanzabstand 20–30 cm

Ernte Hochsommer bis Vollherbst

LUPINENBOHNEN

Freilandaussaat Vollfrühling bis Frühsommer

Aussaat drinnen Vorfrühling bis Frühsommer

Saattiefe 2 cm

Samen pro Modul 1

Pflanzabstand 20–30 cm

Ernte Früh- und Vollherbst

DICKE BOHNEN (ACKERBOHNEN, FAVABOHNEN)

Freilandaussaat Frühjahr

Aussaat drinnen Spätwinter bis Spätfrühling

Saattiefe 5 cm

Samen pro Modul 1

Pflanzabstand 30–35 cm

Ernte Hochsommer bis Vollherbst

BOHNEN MIT KLETTERNDEM WUCHS

Unter Kletterbohnen wird eine Vielzahl von Formen zusammengefasst. In der Regel unterscheidet man zwei Gruppen: Feuerbohnen und Gartenbohnen. Manche Sorten haben große Samen, die sich trocknen lassen und im Winter in der Küche Verwendung finden, andere zarte Hülsen, die als Ganzes essbar sind. Das gilt es bei der Auswahl zu beachten.

KLETTERBOHNEN (FEUER- UND GARTENBOHNEN)

Freilandaussaat Vollfrühling bis Hochsommer

Aussaat drinnen Vorfrühling bis Frühsommer

Saattiefe 5 cm

Samen pro Modul 1

Pflanzabstand 20 cm

Ernte Hochsommer bis Vollherbst

ERBSEN

Freilandaussaat Vorfrühling bis Frühsommer

Aussaat drinnen Spätwinter bis Frühsommer

Saattiefe 2–3 cm

Samen pro Modul 3

Pflanzabstand Einzelpflanzen 4–5 cm, Horste 10 cm

Ernte Hochsommer bis Frühherbst

EINJÄHRIGES BLATTGEMÜSE

Salat selbst heranzuziehen, macht Freude – aber es müssen nicht nur Kopfsalat und Spinat sein. Exoten wie Pak Choi reifen im Rekordtempo, haben Biss und sind aus Pfannengerichten nicht mehr wegzudenken.

Blattgemüse wird meistens roh genossen. Wenn Sie in Ihrem Garten eine Anbaufläche unter Abdeckungen haben und dort winterharte Nutzpflanzen wie Kopfsalat und Spinat anbauen, können Sie ganzjährig Blätter ernten. Blattgemüse gedeiht je nach Ansprüchen in der vollen Sonne oder im Halbschatten, ich habe es aber auch schon erfolgreich im Vollschatten kultiviert. Es braucht viel Feuchtigkeit, ist allerdings nicht so nährstoffhungrig wie anderes Gemüse, reüssiert also oft auch in weniger fruchtbaren Böden. Blattgemüse eignet sich nicht für längere Lagerung und wird am besten frisch genossen.

SOMMERSTRESS

Viele Blattgemüse mögen eines nicht: heißes, trockenes Wetter. Es stresst sie und bringt sie zum Schossen, also zum vorzeitigen Ansetzen von Samen. Das senkt die Blattqualität und macht sie – etwa bei Kopfsalat – bitter, sodass sie nicht mehr genießbar sind. Deshalb sollte Blattgemüse ab Anfang Juni nur noch im Halbschatten gepflanzt werden. Ausnahmen bilden lediglich Mangold, Malabarspinat und Amarant, die mit Hitze gut zurechtkommen. Halbschatten herrscht zum Beispiel hinter einem nach Süden ausgerichteten A-Rahmen mit Erbsen, die die größte Hitze und Sonneneinstrahlung abfangen und dem Blattgemüse dahinter willkommene Kühle spenden. Um ein Schossen im Sommer zu verhindern, muss außerdem regelmäßig gewässert werden.

STAFFELANBAU

Um im Verlauf der Saison eine konstante Versorgung mit Blattgemüse zu garantieren, muss gestaffelt angebaut werden. »Wenig, aber oft« lautet die Devise bei dieser Aussaatmethode. Sie garantiert, dass man immer reifende Setzlinge zur Verfügung hat, die einspringen, wenn andere schossen. Säen Sie vom zeitigen Frühjahr bis zum Spätsommer alle 2–3 Wochen eine Topfplatte mit verschiedenem Blattgemüse an. Was darin heranwächst, kann Pflanzen ersetzen, die schossen, ob vorzeitig oder natürlich, und zugleich Lücken im Garten füllen. Mehr über den Staffelanbau auf S. 218.

PFLÜCKSALATE

Manches Blattgemüse kann wie Pflücksalat immer nur teilweise abgeerntet werden. Dabei zupft man von einer Pflanze nur die größten Blätter ab und lässt die kleineren weiterwachsen. So bekommt man zwar nur wenig auf einmal, das aber dafür umso öfter, sodass man über viele Wochen (bei Kopfsalat) oder sogar Monate (bei Mangold) versorgt wird.

KOPFSALAT

Freilandaussaat Vorfrühling bis Spätsommer

Aussaat drinnen Spätwinter bis Spätsommer

Saattiefe 1 cm

Samen pro Modul 4 oder 5

Pflanzabstand Einzelpflanzen 10 cm, Horste 15–20 cm

Ernte Spätfrühling bis Spätherbst

CHICOREE, RADICCHIO UND ENDIVIE

Freilandaussaat Vollfrühling bis Spätsommer

Aussaat drinnen Vollfrühling bis Spätsommer

Saattiefe 1 cm

Samen pro Modul 1

Pflanzabstand 15–20 cm

Ernte Hochsommer bis Spätherbst

SPINAT

Freilandaussaat Vollfrühling bis Spätsommer

Aussaat drinnen Spätwinter bis Spätsommer

Saattiefe 1–2 cm

Samen pro Modul 2 oder 3

Pflanzabstand Einzelpflanzen 10 cm, Horste 15 cm

Ernte Spätfrühling bis Frühwinter (überwinternde Sorten im Vorfrühling)

RUCOLA

Freilandaussaat Vollfrühling bis Spätsommer

Aussaat drinnen Vorfrühling bis Spätsommer

Saattiefe 1 cm

Samen pro Modul 3 oder 4

Pflanzabstand Einzelpflanzen 10 cm, Horste 15 cm

Ernte Frühsommer bis Spätherbst

MANGOLD

Freilandaussaat Vorfrühling bis Frühsommer

Aussaat drinnen Spätwinter bis Frühsommer

Saattiefe 1–2 cm

Samen pro Modul 1

Pflanzabstand 20–30 m

Ernte Spätfrühling bis Frühwinter (bei Überwinterung im Frühling)

BLATTSENF

Freilandaussaat Vollfrühling bis Spätsommer

Aussaat drinnen Spätwinter bis Spätsommer

Saattiefe 1 cm

Samen pro Modul 3 oder 4

Pflanzabstand Einzelpflanzen 5–7 cm, Horste 10–15 cm

Ernte Vollfrühling bis Spätherbst

ASIA-SALATE (MIZUNA, KOMATSUNA UND CO.)

Freilandaussaat Vollfrühling bis Spätsommer

Aussaat drinnen Vorfrühling bis Spätsommer

Saattiefe 5 cm

Samen pro Modul 1

Pflanzabstand 10–15 cm

Ernte Spätfrühling bis Spätherbst

BAUMSPINAT

Freilandaussaat Vollfrühling bis Hochsommer

Aussaat drinnen Vollfrühling bis Spätsommer

Saattiefe 1 cm

Samen pro Modul 1

Pflanzabstand 50 cm

Ernte Frühsommer bis Spätherbst

MALABARSPINAT (INDISCHER SPINAT)

Freilandaussaat Voll- bis Spätfrühling

Aussaat drinnen Frühling

Saattiefe 2 cm

Samen pro Modul 1

Pflanzabstand 20–30 cm

Ernte Hochsommer bis Vollherbst

AZTEKENBROKKOLI (HUAZONTLE)

Freilandaussaat Vollfrühling bis Hochsommer

Aussaat drinnen Vollfrühling bis Spätsommer

Saattiefe 1 cm

Samen pro Modul 1

Pflanzabstand 50 cm

Ernte Frühsommer bis Spätherbst

AMARANT (ALS BLATTGEMÜSE)

Freilandaussaat Spätfrühling bis Hochsommer

Aussaat drinnen Vollfrühling bis Hochsommer

Saattiefe 1 cm

Samen pro Modul 3 oder 4

Pflanzabstand Einzelpflanzen 25–30 cm, Horste 35–40 cm

Ernte Frühsommer bis Vollherbst

KOHLGEWÄCHSE

Das ist eine erstaunliche Gruppe ertragreicher Nutzpflanzen, deren Blätter und Blüten uns das ganze Jahr hindurch mit enormer Geschmacksvielfalt begeistern.

AUSSAAT: DIREKT ODER IN TOPFPLATTEN

Alle Kohlgewächse lassen sich entweder durch Aussaat direkt in Beete oder aber (indirekt) in Topfplatten vermehren. Größere Formen (Grünkohl, Blumenkohl) zieht man als Setzlinge im Saatbeet heran, nimmt sie wurzelnackt auf und pflanzt sie in endgültigem Abstand wieder aus. Die wurzelnackten Pflänzchen reagieren gut auf ein tiefes Einpflanzen (1 cm bis unter das erste Blattpaar); es regt sie außerdem zur Bildung eines kräftigeren Strunks an. Der Boden um sie herum muss aber gut festgedrückt werden, damit sie nicht umfallen.

NÄHRSTOFFBEDARF

Kohlgewächse brauchen nährstoffreiche Böden. Hungrig sind vor allem solche, die Röschen oder Köpfe bilden (statt Blättern). Die Erträge lassen sich einfach dadurch steigern, dass man beim Auspflanzen ein, zwei großzügige Handvoll selbst angesetzten Kompost in den Boden des Pflanzlochs gibt.

LAGERUNG UND HALTBARMACHUNG

Kohlgewächse wie Kopf- und Grünkohl kann man entweder als Kimchi und Sauerkraut, also durch Vergärung, haltbar machen oder blanchieren und einfrieren, was zum Beispiel für Blumenkohl ideal ist.

SCHÄDLINGE

Die schlimmsten Kohlschädlinge sind die Raupen von Kohlweißlingen und Tauben. Beide hält man am besten mit feinmaschigen Netzen fern, die allerdings nicht direkt auf den Blättern aufliegen dürfen, denn der Kohlweißling legt seine Eier auch durch die Netze hindurch ab. Oder man baut den Kohl gleich unter einem fest installierten Kohlkäfig an.

HUWS TIPP

Pflanzen Sie Grünkohl, Kopfkohl, Pak Choi, Chinakohl und Brokkoli im Frühherbst in den Folientunnel, um Blätter im Winter und fertigen Kohl (einschließlich Blütentrieben) während der ertragsarmen Zeit im Frühjahr ernten zu können.

BROKKOLI (VIOLETTER SPROSSENBROKKOLI)

Freilandaussaat Vorfrühling bis Frühsommer

Aussaat drinnen Vorfrühling bis Hochsommer

Saattiefe 1–2 cm

Samen pro Modul 2 (später nur den kräftigeren stehen lassen)

Pflanzabstand 35–40 cm

Ernte Hochsommer bis Vollherbst (Sommersorte), Spätwinter bis Spätfrühling (frühe, überwinternde Sorte)

BROKKOLI (CALABRESE UND BABYBROKKOLI)

Freilandaussaat Vorfrühling bis Hochsommer
Aussaat drinnen Vorfrühling bis Hochsommer
Saattiefe 1–2 cm
Samen pro Modul 2 (später den schwächeren auszupfen)
Pflanzabstand 35–40 cm
Ernte Hochsommer bis Vollherbst

BLUMENKOHL

Freilandaussaat Vollfrühling bis Hochsommer
Aussaat drinnen Spätwinter bis Hochsommer
Saattiefe 1–2 cm
Samen pro Modul 2 (den schwächeren später entfernen)
Pflanzabstand 50–60 cm, bei Wintersorten etwas mehr
Ernte Hochsommer bis Spätwinter (je nach Sorte)

ROSENKOHL

Freilandaussaat Vorfrühling bis Frühsommer
Aussaat drinnen Spätwinter bis Frühsommer
Saattiefe 1–2 cm
Samen pro Modul 2 (schwächeren Sämling später auszupfen)
Pflanzabstand 30 cm
Ernte Spätherbst bis Hochwinter

PAK CHOI

Freilandaussaat Vorfrühling bis Hochsommer

Aussaat drinnen Vorfrühling bis Spätsommer

Saattiefe 1 cm

Samen pro Modul 2 (nur den kräftigsten stehen lassen)

Pflanzabstand 20–25 cm

Ernte Frühsommer bis Spätherbst

CHINAKOHL

Freilandaussaat Vorfrühling bis Hochsommer

Aussaat drinnen Vorfrühling oder Hochsommer bis Frühherbst

Saattiefe 1 cm

Samen pro Modul 2 (nur den kräftigsten Sämling stehen lassen)

Pflanzabstand Kleinere Köpfe 30 cm, größere 40 cm

Ernte Frühsommer bis Frühwinter

GRÜNKOHL

Freilandaussaat Vorfrühling bis Hochsommer

Aussaat drinnen Spätwinter bis Frühherbst

Saattiefe 1–2 cm

Samen pro Modul 2 (schwächeren Sämling später entfernen)

Pflanzabstand 35–40 cm

Ernte Hochsommer bis Vollfrühling

KOPFKOHL (FRÜHJAHRS-, SOMMER-, HERBST- UND WINTERKOHL)

Freilandaussaat Frühjahrskohl: Hoch- und Spätsommer, Sommerkohl: Spätwinter bis Vorfrühling, Herbstkohl: Voll- und Spätfrühling, Winterkohl: Spätfrühling

Aussaat drinnen Vorfrühling oder Hochsommer bis Frühherbst

Saattiefe 1–2 cm

Samen pro Modul 2 (nur den kräftigsten Sämling stehen lassen)

Pflanzabstand Kleinere Sorten 30 cm, größere 50 cm

Ernte Frühjahrskohl: Spätwinter bis Hochsommer, Sommerkohl: Hochsommer bis Frühherbst, Herbstkohl: Spätsommer bis Spätwinter, Winterkohl: Spätherbst bis Vorfrühling

WURZELGEMÜSE

Zum Wurzelgemüse wird eine breite Palette von Nutzpflanzen gezählt, die man wegen ihrer großen Wurzeln oder verdickten Sprosse zieht. Was gibt es Schöneres, als ein großes Möhrenbündel aus der Erde zu holen oder sich gebratene Goldene Beten und Fenchel schmecken zu lassen.

Für Wurzelgemüse braucht man ein schönes sonniges Plätzchen mit tiefgründigem Boden und ausreichend Feuchtigkeit. Weil die meisten Sorten recht standfest sind und niedrig bleiben, sind sie ideal für Gärten, durch die oft der Wind pfeift.

STAUDEN- UND KNOLLENSELLEREI, WURZELKOHL

Staudensellerie ist streng genommen ein Blattgemüse, jedoch wegen seiner Verwandtschaft mit Knollensellerie – und auch, weil er lange im Boden bleibt – hier mit dabei. In kühleren Klimazonen müssen sowohl Stauden- als auch Knollensellerie früh auf den Weg gebracht werden, damit sie eine ordentliche Ernte liefern. Dazu sät man sie in kleineren Modulen aus und unterstützt die Keimung mit einer Heizmatte und Pflanzenlampen. Sobald die Sämlinge ein paar echte Blätter tragen, werden sie in größere Module umgesiedelt, wo sie bleiben, bis sie im Spätfrühling oder Frühsommer ins Beet kommen.

Kohlrabi, Rettiche, Speiserüben und Steckrüben sind botanisch gesehen Kohlgewächse, doch führe ich sie hier auf, weil sie in erster Linie Wurzeln liefern.

EIN PAAR BLÜHEN LASSEN

Lassen Sie ein paar Möhren, Pastinake und Fenchel (nicht das mehrjährige Kraut, sondern der Gemüsefenchel) stehen, damit sie im darauffolgenden Jahr blühen. Sie bilden Dolden, also breite, flache Blütenstände, die Nützlinge wie etwa Schwebfliegen, Florfliegen und Marienkäfer anlocken.

LAGERUNG VON WURZELGEMÜSE

Holen Sie Möhren, Rote Beten und Winterrettiche aus der Erde und schneiden Sie das Laub bis auf 2–3 cm zurück. Eingelagert werden sie in Kisten mit feuchtem Sägemehl an einem kühlen, dunklen Ort, etwa im hinteren Teil einer Garage oder – für die Überwinterung – in einer ausgemusterten Kühltruhe (siehe S. 116). Die Wurzeln dürfen sich nicht berühren. Pastinake, Haferwurzeln und Steckrüben kann man im Winter im Boden lassen und bei Bedarf ernten; was übrig bleibt, lässt sich blanchieren und einfrieren. Speiserüben, Fenchel und Kohlrabi werden blanchiert und eingefroren.

MÖHRE (KAROTTE)

Freilandaussaat Vollfrühling bis Hochsommer
Aussaat drinnen –/–
Saattiefe 1–2 cm
Samen pro Modul –/–
Pflanzabstand 5 cm
Ernte Frühsommer bis Frühwinter

STECKRÜBE

Freilandaussaat Voll- bis Spätfrühling
Aussaat drinnen Frühling
Saattiefe 1–2 cm
Samen pro Modul 1
Pflanzabstand 20–25 cm
Ernte Spätherbst bis Spätwinter

PASTINAKE

Freilandaussaat Voll- bis Spätfrühling
Aussaat drinnen –/–
Saattiefe 1 cm
Samen pro Modul –/–
Pflanzabstand 10 cm
Ernte Frühwinter bis Vorfrühling

ROTE BETE

Freilandaussaat Vollfrühling bis Hochsommer
Aussaat drinnen Spätwinter bis Hochsommer
Saattiefe 2 cm
Samen pro Modul 3 oder 4
Pflanzabstand Einzelpflanzen 6–7 cm, Horste 15 cm
Ernte Hochsommer bis Frühwinter

STAUDENSELLERIE

Freilandaussaat –/–

Aussaat drinnen Spätwinter bis Vorfrühling

Saattiefe 1 cm

Samen pro Modul 1

Pflanzabstand 30–40 cm

Ernte Hochsommer bis Frühwinter

KNOLLENSELLERIE

Freilandaussaat –/–

Aussaat drinnen Spätwinter bis Vorfrühling

Saattiefe 1 cm

Samen pro Modul 1

Pflanzabstand 40 cm

Ernte Vollherbst bis Vorfrühling

KNOLLENFENCHEL (GEMÜSEFENCHEL)

Freilandaussaat Vollfrühling bis Hochsommer

Aussaat drinnen Spätwinter bis Hochsommer

Saattiefe 1–2 cm

Samen pro Modul 1

Pflanzabstand 20–25 cm

Ernte Spätsommer bis Spätherbst

RADIESCHEN

Freilandaussaat Vorfrühling bis Spätsommer

Aussaat drinnen Spätwinter bis Spätsommer

Saattiefe 1–2 cm

Samen pro Modul 4 oder 5

Pflanzabstand Einzelpflanzen 2–3 cm, Horste 10 cm

Ernte Vollfrühling bis Spätherbst

WINTERRETTICH

Freilandaussaat Hoch- bis Spätsommer

Aussaat drinnen –/–

Saattiefe 1–2 cm

Samen pro Modul –/–

Pflanzabstand 5–7 cm

Ernte Vollherbst bis Hochwinter

HAFERWURZEL

Freilandaussaat Voll- bis Spätfrühling

Aussaat drinnen –/–

Saattiefe 1–2 cm

Samen pro Modul –/–

Pflanzabstand 10 cm

Ernte Spätherbst bis Spätfrühling

SPEISERÜBE

Freilandaussaat Vollfrühling bis Spätsommer

Aussaat drinnen Vorfrühling bis Spätsommer

Saattiefe 1 cm

Samen pro Modul 4 oder 5

Pflanzabstand Einzelpflanzen 6–7 cm, Horste 15 cm

Ernte Spätfrühling bis Frühwinter

KOHLRABI

Freilandaussaat Vollfrühling bis Spätsommer

Aussaat drinnen Vorfrühling bis Spätsommer

Saattiefe 1–2 cm

Samen pro Modul 1

Pflanzabstand 25–30 cm

Ernte Frühsommer bis Spätherbst

NACHT-SCHATTEN-GEWÄCHSE & CO.

Die Familie der Nachtschattengewächse umfasst einige der vielleicht beliebtesten Gemüsepflanzen der Welt: Kartoffeln und Tomaten. Allerdings auch die schärfsten – Chilis!

Nachtschattengewächse sind eine Klasse für sich. Deshalb gebe ich zu jedem einzelnen Kulturtipps, damit Sie das Beste aus ihnen herausholen. Keines der hier aufgeführten Gewächse verträgt Minusgrade (siehe S. 268–269).

KARTOFFELN

Es gibt zwei Kategorien von Kartoffeln: determinierte (frühe und mittelfrühe) und indeterminierte (späte). Determinierte sind eher klein und bilden ihre Kartoffeln auf einer Ebene, während indeterminierte sie in mehreren Schichten ansetzen. Die Bezeichnung »früh« und »mittelfrüh« sollte man nicht allzu wörtlich nehmen. Sie werden zwar verglichen mit späten Sorten oft als Erste gesetzt und geerntet, doch lassen sich frühe Sorten auch ausgezeichnet im Hochsommer pflanzen, damit man sie noch vor dem ersten Frost ernten kann.

Für eine gute Kartoffelernte braucht man fruchtbare, tiefgründige Böden und viel Sonne. Der Boden darf außerdem nicht austrocknen. Man kultiviert Kartoffeln am besten in Reihen in erhöhten Beeten. In jedes Pflanzloch kommt viel organische Substanz. Möglich ist aber auch die Kultur in 30- bis 35-Liter-Trögen mit Erde oder einer 1:1-Mischung aus reifem Stallmist und Oberboden.

Die Kartoffelernte ist jedes Mal ein Erlebnis.

KRAUT- UND BRAUNFÄULE

Das größte Problem bei Kartoffeln und Tomaten ist die Fäule, eine leider sehr verbreitete Krankheit, die die Ernte im Nu komplett vernichten kann. Zum Glück kann man das Befallsrisiko mindern. Mehr im Kapitel über gesunde Gärten (siehe S. 266).

Kartoffeln (ob in Gefäßen oder im Beet) gehören zu den wenigen Einjährigen, die ich großzügig mit Grasschnitt, Stroh, Laub oder Seetang mulche. Mulch sorgt für gute Bodenfeuchtigkeit, was den Pflanzen zugute kommt. Geerntet wird, indem man die Pflanze aus dem Boden zieht und anschließend das Erdreich nach den Knollen durchwühlt. Mit einer Grabegabel geht es leichter. Vor dem Einlagern trocknet man die Knollen einen Tag lang in der Sonne (am Mittag umdrehen). Dann steckt man sie in einen Jutesack und deponiert sie an einem kühlen, dunklen, trockenen und luftigen Ort.

Kartoffeln vorkeimen

Dazu werden die Kartoffeln in Eierkartons gelegt und an einen hellen, warmen Platz gestellt, damit sie noch vor dem Einpflanzen austreiben. Ich halte das für unnötig, aber wer unbedingt die früheste Ernte unter Abdeckungen haben möchte, treibt sie vier Wochen vor dem Einpflanzen vor.

CHILIS UND PAPRIKA

Paprika müssen früh unter Pflanzenlampen vorgetrieben werden, da sie eine lange Reifezeit haben. In unserem Klima bekomme ich sie nur unter Abdeckungen bis zur Reife. Sobald die Pflanzen etwa 20 cm hoch sind, zwicke ich die Spitze mit den obersten beiden Blättern ab, damit sie buschiger wachsen. Bei Bedarf bindet man den Trieb an eine Stütze. Ich wässere, sobald die obersten 2–3 cm Erde trocken sind. Wer scharfe Schoten möchte, hört mit dem Wässern auf, sobald die Hälfte der Schoten ausgereift ist, und erntet möglichst spät. Um Chilis zu lagern, muss man sie vorher trocknen.

Entfernen eines Seitentriebs an Tomaten für eine bessere Durchlüftung

TOMATEN

Wie bei Kartoffeln gibt es determinierte und indeterminierte Sorten. Am häufigsten sind indeterminierte Tomaten (Stabtomaten). Sie wachsen und tragen bis zum ersten Frost. Determinierte Tomaten (Buschtomaten) fruchten einmal und gehen dann ein. Jede Tomate braucht sehr nährstoffreiche Böden und viel Sonne. Unerlässlich ist außerdem konstante Wasserzufuhr, vor allem bei der Fruchtbildung, denn unregelmäßiges Gießen kann zu Blütenendfäule und zum Aufplatzen der Früchte führen. Wer hochwertige Tomaten möchte, sollte mit Mulch und Sickerschläuchen arbeiten. Buschtomaten lassen sich am leichtesten ziehen, denn sie müssen weder gestützt noch geschnitten werden. Tomaten können auch veredelt werden (siehe S. 129). Haltbar macht man sie, indem man sie zu Tomatensoße verarbeitet oder Stücke brät und einfriert.

Schnitt und Erziehung von Stabtomaten

Man kann Stabtomaten auf zweierlei Arten kultivieren: Indem man sie vernachlässigt oder verhätschelt. Beim Verhätscheln werden sie an einer Stütze gezogen, etwa einem Stab oder einer Schnur, die unter dem Dach des Folientunnels oder Gewächshauses befestigt wird. Man muss rigoros schneiden und jeden Trieb in den Blattachseln abzwicken, damit die Pflanze sich ganz auf den Haupttrieb und den Fruchtansatz dort konzentriert. Funktioniert bestens, ist aber zeitintensiv.

Genauso gute – und oft bessere – Ergebnisse lassen sich erzielen, wenn man kaum schneidet und einige Seitentriebe wachsen lässt. Es stimmt nicht, dass Seitentriebe keine Früchte bilden; außerdem kann man sie stützen. Ich bevorzuge daher die Vernachlässigung und ziehe sie in einem zylindrischen Rankgitter. Je mehr Blätter eine Pflanze hat, desto mehr Energie gewinnt sie durch Fotosynthese. Sofern die Erde genug organische Substanz enthält, bildet sie auch kräftige Wurzeln. Entfernen Sie im Hochsommer alle Blätter, die tiefer als 40 cm sitzen, sowie Triebe, die zu weit von der Pflanze wegwachsen. Auch verdichteter Wuchs muss ausgelichtet werden.

Ein Flüssigdünger alle 2–3 Wochen (Jauche oder Wurmtee, siehe S. 272–273) hält die Pflanzen gesund und erhöht den Ertrag. Im Spätsommer schneide ich alle neuen Blüten ab, damit sich die Pflanze auf das Ausreifen der bereits entwickelten Früchte rechtzeitig vor dem Frost konzentriert.

Freilandanbau

Tomaten lassen sich auch in kühleren Klimazonen im Freiland kultivieren, doch unter Abdeckungen sind bessere Ergebnisse zu erwarten. Wer keinen Platz für einen Folientunnel oder ein Gewächshaus hat, zieht Buschtomaten im Folienbeet oder für das Klima der jeweiligen Region geeignete Freilandsorten.

Kirsch-, Salat-, Pflaumen- und Fleischtomaten

Das Spannende an Tomaten ist die unglaubliche Sortenvielfalt. Es gibt mehr als 10 000 Züchtungen und jedes Jahr kommen neue dazu. Jede Sorte hat ihre ganz eigenen Besonderheiten, zudem ist der Geschmacksunterschied zwischen ihnen unverkennbar. Es gibt zwar Sortengruppen wie Kirsch-, Salat- und Fleischtomaten, doch die eigentlichen Unterschiede bestehen zwischen den Sorten. Wer Platz für zehn Pflanzen hat, sollte daher auch zehn unterschiedliche Sorten ziehen.

AUBERGINEN

Auberginen müssen nicht besonders geschnitten oder gestützt werden – mit einem Stab sind sie vollends zufrieden. Am besten gedeihen sie unter Abdeckungen. Sie brauchen eine lange Saison, belohnen gärtnerische Geduld jedoch reich.

MAIS

Mais ist zwar kein Nachtschattengewächs, aber ein Fruchtgemüse (wie Paprika, Chilis, Auberginen und Tomaten). Der Anbau ist sehr einfach: Man pflanzt Mais in einem Block mit mindestens zwölf, besser noch 16 Exemplaren. Der Grund für diesen Anbau mehrerer Pflanzen auf kleinem Raum: Kolben bilden sich nur durch Windbestäubung.

OKRA

Die wärmebedürftigen, bis 1,8 m hohen Pflanzen liefern milde Hülsen, die sich für Eintöpfe und Currys verwenden lassen. Sie werden am besten unter Abdeckungen gezogen. Man erntet die Früchte, solange sie noch jung und zart sind. Gestützt werden muss eine Okra nicht, außer sie wird sehr hoch.

KARTOFFEL

Einpflanzen Vorfrühling bis Hochsommer (alle Sorten)

Aussaat drinnen –/–

Pflanztiefe Determinierte Sorten 10–15 cm, indeterminierte 20 cm

Samen pro Modul –/–

Pflanzabstand Determinierte Sorten 25–30 cm, indeterminierte 35–40 cm

Ernte Hochsommer bis Spätherbst

CHILI UND PAPRIKA

Freilandaussaat –/–

Aussaat drinnen Hoch- bis Spätwinter

Saattiefe 1 cm

Samen pro Modul 1

Pflanzabstand 25–30 cm

Ernte Spätsommer bis Vollherbst

TOMATE

Freilandaussaat –/–

Aussaat drinnen Spätwinter bis Vorfrühling

Saattiefe 1 cm

Samen pro Modul 1

Pflanzabstand Determinierte und indeterminierte Sorten 50–60 cm, bei der Vernachlässigungsmethode 1–1,2 m

Ernte Hochsommer bis Vollherbst

Wer Tomaten zieht, hat die Auswahl aus einem wahrhaft riesigen Angebot an Sorten.

MAIS

Freilandaussaat –/–

Aussaat drinnen Voll- bis Spätfrühling

Saattiefe 2 cm

Samen pro Modul 1

Pflanzabstand 35–40 cm

Ernte Hochsommer bis Frühherbst

AUBERGINE

Freilandaussaat –/–

Aussaat drinnen Spätwinter

Saattiefe 1 cm

Samen pro Modul 1

Pflanzabstand 50 cm

Ernte Spätsommer bis Vollherbst

OKRA

Freilandaussaat –/–

Aussaat drinnen Voll- bis Spätfrühling

Saattiefe 2 cm

Samen pro Modul 1

Pflanzabstand 50 cm

Ernte Hochsommer bis Vollherbst

SÜSSKARTOFFELN

Wer Herausforderungen liebt, sollte es mit Süßkartoffeln probieren. Man kann sie zwar in kühleren Klimazonen an einem warmen, sonnigen Fleck im Freiland kultivieren, besser ist aber die Anzucht im Folientunnel oder -beet, in dem annähernd die feuchtwarmen Bedingungen ihrer Heimat herrschen. Süßkartoffeln werden mit bewurzelten Stecklingen vermehrt. Man kann sie über den Boden kriechend oder an einer Rankhilfe hochziehen. Empfehlenswerte Sorte: T65.

KÜRBIS-GEWÄCHSE

Kürbisgewächse sind eine vielgestaltige Fruchtgemüsegruppe, zu der neben Kürbissen auch Melonen und Gurken gehören. Gerade Letztere sind ein Grundpfeiler des Permakulturgärtnerns.

Kürbisse sind ideale Pioniergewächse für kaum genutztes Land. Sie liefern ohne große Zuwendung eine riesige Ernte. Viele Winterkürbissorten – sie haben eine härtere Schale als Sommerkürbisse – lassen sich lange lagern (manche bis zum Hochsommer des folgenden Jahres), was besonders nützlich ist, wenn man etwas braucht, das einen durch die ertragsarme Zeit im Frühjahr bringt (siehe S. 220–221). Da Kürbisgewächse nicht winterhart sind, braucht man im Frühjahr Geduld, wenn man sie an einen sonnigen Platz auspflanzen will, und muss im Herbst rechtzeitig ernten. Die Inkagurke, auch Achocha genannt, ist ein pflegeleichtes Gemüse für die Kultur unter Abdeckungen. Sie liefert Früchte, die man klein roh oder größer gefüllt und gekocht essen kann.

STÜTZE

Die meisten Sommerkürbisse wachsen buschig, andere kriechend oder kletternd. Kriechende Kürbisgewächse wie Wassermelonen lassen sich platzsparend an vertikalen Stützen ziehen. Manche Triebe muss man vielleicht anbinden, aber es ist einfach und lohnt sich. Je nach Sorte brauchen vertikal gezogene Kürbisgewächse eine zusätzliche Stütze, sobald die Früchte dick werden, damit die Pflanze durch ihr Gewicht nicht zusammenbricht. Am besten sind Netze, die die Früchte wie Hängematten halten. Lässt man die Pflanzen kriechen, unterpolstert man die Früchte mit Stroh, damit sie makellos bleiben, doch kann man sie auch auf dem Boden liegen lassen.

DÜNGUNG

Kürbisse gehören zu den hungrigsten Nutzpflanzen. Wer Wert auf eine Riesenernte legt, gräbt ein mindestens 30 cm breites und 50 cm tiefes Pflanzloch und packt viel selbst angesetzten Kompost oder eine 3:1-Mischung aus reifem Stallmist und Gartenerde hinein. Kürbisse und Melonen brauchen reichlich Wasser, sodass sich das Mulchen 4–6 Wochen nach dem Einpflanzen lohnt. Ab dem Hochsommer kann man alle 2–3 Wochen Flüssigdünger geben. Gurken sind ebenfalls hungrig und durstig, benötigen aber nur die halbe Dosis (plus ein 15 cm breites und 20 cm tiefes Pflanzloch mit dem genannten Inhalt).

MELONEN

Der Anbau von Melonen unter Abdeckungen wird im gemäßigten Klima dank leicht verfügbarer Samen immer beliebter. Auf S. 281 finden Sie einige Bezugsquellen. Manche Spezialanbieter liefern Sorten, die sich für kühles Klima besonders eignen.

KÜRBISSE LAGERN

Kürbisse brauchen einen kühlen, trockenen, gut durchlüfteten Platz. Bei der Ernte lässt man ein mindestens 10 cm langes Stück Stiel an der Frucht, weil sie dann länger hält. Die Idealtemperatur liegt bei 10–15 °C, aber ich habe Winterkürbisse auch schon bis zum Spätfrühling auf einer kühlen Fensterbank liegen lassen. Was weiche oder faulige Stellen hat, muss sofort auf den Kompost – die Hühner freut's!

SOMMERKÜRBIS (ZUCCHINI, PATTY-PAN-KÜRBIS, SPAGHETTIKÜRBIS UND ANDERE)

Freilandaussaat Spätfrühling bis Frühsommer

Aussaat drinnen Vollfrühling bis Frühsommer

Saattiefe 1–2 cm

Samen pro Modul 1

Pflanzabstand 70–80 cm

Ernte Hochsommer bis Vollherbst

WINTERKÜRBIS (HALLOWEENKÜRBIS, ZIERKÜRBIS, BUTTERNUTKÜRBIS UND ANDERE)

Freilandaussaat Spätfrühling

Aussaat drinnen Voll- bis Spätfrühling

Saattiefe 1–2 cm

Samen pro Modul 1

Pflanzabstand 1–1,5 m

Ernte Voll- bis Spätherbst

GURKE

Freilandaussaat Spätfrühling bis Frühsommer

Aussaat drinnen Vorfrühling bis Frühsommer

Saattiefe 1–2 cm

Samen pro Modul 1

Pflanzabstand Bei vertikaler Kultur 30–40 cm, bei kriechender Kultur 50 cm

Ernte Hochsommer bis Vollherbst

MELONE (EINSCHLIESSLICH WASSERMELONE)

Freilandaussaat –/–

Aussaat drinnen Vollfrühling

Saattiefe 1–2 cm

Samen pro Modul 1

Pflanzabstand Bei vertikaler Kultur 40–50 cm, bei kriechender Kultur 1 m

Ernte Spätsommer bis Vollherbst

INKAGURKE (ACHOCHA)

Freilandaussaat –/–

Aussaat drinnen Voll- bis Spätfrühling

Saattiefe 1 cm

Samen pro Modul 1

Pflanzabstand 1 m

Ernte Hochsommer bis Vollherbst

EINJÄHRIGE KRÄUTER

Einjährige Kräuter sind wahre Geschmackspakete auf kleinstem Raum. Sie lassen sich problemlos kultivieren und eignen sich bestens zum Füllen von Lücken im Garten. Man kann sie drinnen wie draußen ziehen. Und: Ihre Blüten stehen bei Nützlingen hoch im Kurs.

Einjährige Kräuter bieten sich für halbschattige Winkel an, vor allem im Sommer. Petersilie fällt etwas aus der Reihe, weil sie zweijährig ist, aber winterhart. Deshalb sollte man sie überwintern, um im Frühjahr frisches Laub parat zu haben. Anschließend blüht sie auch noch prächtig. Dill und Koriander pflanze ich oft nur wegen ihrer Blüten im ganzen Garten verstreut und verwende ihre frischen grünen Samen dann in der Küche. Wer im Winter frische Kräuter genießen möchte, kann sie in Eiswürfeln einfrieren und bei Bedarf zum Einsatz bringen.

KORIANDER

Freilandaussaat Vollfrühling bis Spätsommer

Aussaat drinnen Vorfrühling bis Spätsommer

Saattiefe 1–2 cm

Samen pro Modul 4 oder 5

Pflanzabstand Einzelpflanzen 10 cm, Horste 15–20 cm

Ernte Spätfrühling bis Vollherbst

HUACATAY

Huacatay, botanisch *Tagetes minuta*, ein einjähriges Kraut aus Südamerika (unten), ist für mich ein absolutes Muss. Man kann es in der Küche wie Koriander einsetzen. Es schmeckt wie eine Mischung aus Koriander und Minze. Der Anbau ist nicht schwer, doch braucht das Kraut Wärme, um zu keimen. Ich bringe es deshalb im April auf einer Heizmatte auf den Weg und setze es erst nach dem letzten Frost nach draußen.

DILL

Freilandaussaat Vollfrühling bis Spätsommer

Aussaat drinnen Vorfrühling bis Spätsommer

Saattiefe 1–2 cm

Samen pro Modul 4 oder 5

Pflanzabstand Einzelpflanzen 10 cm, Horste 15–20 cm

Ernte Spätfrühling bis Vollherbst

KERBEL

Freilandaussaat Vollfrühling bis Hochsommer

Aussaat drinnen –/–

Saattiefe 1–2 cm

Samen pro Modul –/–

Pflanzabstand 10 cm

Ernte Hochsommer bis Vollherbst

PETERSILIE

Freilandaussaat Vollfrühling bis Frühsommer

Aussaat drinnen Vorfrühling bis Hochsommer

Saattiefe 1 cm

Samen pro Modul 3–4

Pflanzabstand Einzelpflanzen 15 cm, Horste 25–30 cm

Ernte Frühsommer und den ganzen Winter hindurch bis in das Frühjahr hinein

BASILIKUM

Freilandaussaat Spätfrühling bis Hochsommer

Aussaat drinnen Vor- und Vollfrühling (Heizmatte wird empfohlen) und Spätfrühling bis Hochsommer

Saattiefe 1 cm

Samen pro Modul 3–4

Pflanzabstand Einzelpflanzen 20 cm, Horste 35–40 cm

Ernte Spätfrühling bis Vollherbst

EINJÄHRIGE BLÜHPFLANZEN

In einem Permakultur-Küchengarten geht es darum, möglichst große Diversität in so vielen Formen wie möglich zu erreichen. Einjährige Blühpflanzen leisten dazu ihren Beitrag. Manche sind sozusagen die Eier legenden Wollmilchsäue im Garten: essbar, schön und bestäuberfreundlich zugleich.

Die hier porträtierten einjährigen Blühpflanzen sind schön und nützlich zugleich. Man kann ihnen fast jeden beliebigen Platz in der Sonne oder im lichten Schatten zuweisen. Am wenigsten »nützlich« sind die Duftwicken, denn sie erfüllen eine rein ästhetische Funktion, doch kann es nicht schaden, wenigstens eine Gruppe zu haben, die man schneiden und auf den Küchentisch stellen kann. Im Gegensatz zu den übrigen Arten gedeihen Studentenblumen bei Hitze und Trockenheit. Man kombiniert sie am besten als farbenfrohe Gegenspieler von Paprika oder Gewächshaustomaten.

BORRETSCH

Freilandaussaat Vollfrühling bis Frühsommer

Aussaat drinnen Vorfrühling bis Frühsommer

Saattiefe 1–2 cm

Samen pro Modul 1

Pflanzabstand 25–30 cm

Blüte Frühsommer bis Vollherbst (Jungblätter und Blüten essbar)

JAPANISCHE BLÜTENKRESSE

Wer vom Hochwinter bis zum Spätfrühling essbare Blüten der besonderen Art genießen möchte, ist mit der Japanischen Blütenkresse bestens bedient. Sie muss überwintert werden, verträgt aber keine Temperaturen unter –5 °C. Man kann sie in 30-Liter-Töpfen ziehen und diese im Winter in Folientunnel oder -beete stellen. Bei strengem Frost ist es ratsam, sie ins Haus zu bringen.

Freilandaussaat Spätfrühling bis Hochsommer

Aussaat drinnen Vollfrühling bis Hochsommer

Saattiefe 1 cm

Samen pro Modul 1

Pflanzabstand 20–30 cm

Blüte Hochwinter bis Spätfrühling (essbare Blüten), Hochsommer bis Spätwinter (Blätter)

DUFTWICKEN

Freilandaussaat –/–
Aussaat drinnen Hochwinter bis Vorfrühling
Saattiefe 2–3 cm
Samen pro Modul 3
Pflanzabstand Horste 30 cm
Blüte Sommer (Schnittblume, nicht genießbar)

HUWS TIPP

Wie mehrjährige Blühpflanzen kann man auch einjährige durch Entfernen welker Blüten zu einer längeren Blüte anregen. Das lohnt sich vor allem bei Duftwicken, Kosmeen, Zinnien, Ringelblumen und Studentenblumen.

SONNENBLUME

Freilandaussaat Spätfrühling bis Frühsommer

Aussaat drinnen Vollfrühling bis Frühsommer

Saattiefe 1–2 cm

Samen pro Modul 1

Pflanzabstand Zwergformen 30 cm, hohe Sorten 40–50 cm

Blüte Spätsommer bis Frühherbst (Blütenblätter und Samen essbar, auch eine gute Schnittblume)

KAPUZINERKRESSE

Freilandaussaat Spätfrühling bis Hochsommer

Aussaat drinnen Vollfrühling bis Hochsommer

Saattiefe 1–2 cm

Samen pro Modul 1

Pflanzabstand 50 cm

Blüte Hochsommer bis zum ersten Frost (Samen, Blüten, Blätter und Triebe essbar)

ZINNIE

Freilandaussaat Spätfrühling bis Frühsommer

Aussaat drinnen Vollfrühling bis Frühsommer

Saattiefe 1 cm

Samen pro Modul 1

Pflanzabstand Zwergformen 30 cm, hohe Sorten 40 cm

Blüte Hochsommer bis Vollherbst (als Schnittblume nutzbar; Blütenblätter essbar, aber bitter)

RINGELBLUME

Freilandaussaat Vollfrühling bis Frühsommer

Aussaat drinnen Vollfrühling bis Frühsommer

Saattiefe 1–2 cm

Samen pro Modul 1

Pflanzabstand 20–30 cm

Blüte Hochsommer bis Vollherbst (Blüten und Blätter essbar)

STUDENTENBLUME

Freilandaussaat –/–

Aussaat drinnen Frühling (Heizmatte empfehlenswert)

Saattiefe 1 cm

Samen pro Modul 1

Pflanzabstand 20–30 cm

Blüte Frühsommer bis Vollherbst (Blütenblätter essbar)

FINGERHÜTE

Fingerhüte (*Digitalis*) sind einheimische Wildblumen mit prächtigen Blütentrauben (unten), die Hummeln magisch anziehen. Die Zweijährigen säen sich bei mir selbst aus und tauchen überall in meinem Garten auf. Ich topfe die ersten Exemplare in der Saison ein und siedle sie in die Ecken meiner erhöhten Beete oder als Leitpflanzen in Rabatten um. Ein paar Blütenstände dürfen Samen ansetzen und liefern mir somit die nächste Generation. Aber Vorsicht: Alle Pflanzenteile von Fingerhüten einschließlich der Blüten sind äußerst giftig.

SCHWARZKÜMMEL (JUNGFER IM GRÜNEN)

Freilandaussaat Spätfrühling bis Frühsommer

Aussaat drinnen Vollfrühling bis Frühsommer

Saattiefe 1 cm

Samen pro Modul 2 oder 3

Pflanzabstand 30 cm

Blüte Hochsommer bis Frühherbst (manche Arten mit essbaren Samen)

KOSMEE (SCHMUCKKÖRBCHEN)

Freilandaussaat Spätfrühling bis Frühsommer

Aussaat drinnen Vollfrühling bis Frühsommer

Saattiefe 1–2 cm

Samen pro Modul 1

Pflanzabstand 10–15 cm

Blüte Hochsommer bis Vollherbst (manche Arten sind essbar)

DREINGABEN

Um zu zeigen, wie viele zusätzliche Genüsse Einjährige in Ihrem Garten bereithalten, habe ich auf diese beiden Seiten jede Menge »Extrablätter« und Co. gepackt.

Lassen Sie sich inspirieren: Die hier gezeigten Vorschläge können frisch und unverarbeitet aus dem Garten direkt auf den Küchentisch und in Ihre Gerichte wandern. Gesprächsstoff ist garantiert!

Bonusleckereien

1. Kürbisblüten und -blätter

2. Kohlblätter

3. Kohlblüten

4. Rote-Bete-Blätter

5. Möhrenlaub

6. Zwiebel- und Schalottenlaub

7. Porreeblüten

8. Fenchelblätter

9. Blütentriebe des Grünkohls

10. Feuerbohnenblüten

11. Paprikablüten (nicht alle Arten sind essbar)

12. Blätter von Steck- und Speiserüben

13. Schoten und Blüten von Rettichen

14. Erbsensprossen

15. Triebspitzen von Dicken Bohnen

16. Blüten und Samen von Koriander und Dill

17. Blätter von Ringelblumen

18. Blätter von Kürbisgewächsen (Sommerkürbisse und Gurken)

7

8

9

10

11

12

13

14

15

16

17

18

STAFFELANBAU

Der gestaffelte Anbau dient einem einfachen Zweck: Innerhalb einer Saison sollen auf ein und derselben Fläche zwei oder mehr Nutzpflanzen kultiviert werden. Wenn der erste Satz geerntet ist, wird also an seiner Stelle sofort ein zweiter angepflanzt oder ausgesät.

Diese Form des Anbaus ist nach einem gesunden Boden der zweitwichtigste Faktor, der sich auf den Ertrag eines Nutzgartens auswirkt. Man könnte argumentieren, dass der Anbau unter Abdeckungen wichtiger ist als der gestaffelte, übersieht dabei aber, dass auch dort gestaffelt werden kann.

Beispiele für den Staffelanbau sind etwa die Pflanzung von Porree nach Kartoffeln, von Mangold nach Pak Choi und von Grünkohl nach Dicken Bohnen. Auch bei überwinternden Nutzpflanzen ist er ein Thema, da man planen muss, was nach der Ernte gepflanzt werden soll. So könnte man überwinternden Knoblauch Ende Juni ernten und dann Kletterbohnen an seine Stelle pflanzen. Aber was ist mit Fruchtfolge? In einem Permakulturgarten ist Fruchtfolge nicht nötig. Mehr dazu im nächsten Kapitel (siehe S. 228–255).

Als Staffelanbau wird auch die Methode bezeichnet, eine bestimmte Gemüsesorte oft, aber in geringen Mengen nacheinander auszusäen oder anzupflanzen, um die Erntezeit so weit wie möglich auszudehnen und Überschüsse zu verhindern.

ÜBERBLICK ÜBER STAFFELANBAUFOLGEN

Hier ein Überblick über das, was im Hoch- und Spätsommer in Topfplatten ausgesät werden sollte, damit es bis zum ersten Frost im Herbst draußen angebaut werden kann.

Für Gartenneulinge ist es am einfachsten, eine Auswahl der unten aufgelisteten Pflanzen alle paar Wochen in Topfplatten neu auszusäen und mit den Sämlingen sämtliche Lücken zu füllen, die im Spätsommer und Frühherbst frei werden.

Aussaat im Hochsommer
Blattsalate
Blumenkohl, Winterform
Buschbohnen
Fenchel
Frühlingszwiebeln
Grünkohl
Gründünger und Zwischenfrüchte (siehe S. 74–76)
Kohlrabi
Koriander und Dill
Mangold
Möhren, rasch wachsend (direkt draußen ansäen)
Pak Choi
Rote Beten
Speiserüben

Aussaat im Spätsommer
Blattsalate*
Blattsenf und Asia-Salate (z. B. Mizuna)
Chicorée*
Chinakohl*
Dicke Bohnen (für Sprossen)
Erbsen (für Sprossen)
Frühjahrskohl*
Grünkohl
Gründünger und Zwischenfrüchte (siehe S. 74–76)
Pak Choi*
Radieschen
Speiserüben
Winterrettiche (direkt draußen ansäen)

* Aussaat in den ersten beiden Wochen des Spätsommers

ANBAUPLAN FÜR FOLIENTUNNEL

Durch Kombination des Staffelanbaus mit der verlängerten Saison in Folientunneln kommt man einem ganzjährigen Anbau von Gemüse zur durchgehenden Selbstversorgung schon ziemlich nahe.

Zuletzt geht es noch darum, die ertragsarme Zeit im Frühjahr (siehe S. 220–221) zu überbrücken. Die Angaben für die Aussaat, das Auspflanzen und Ernten in den Anbauempfehlungen in diesem Kapitel beziehen sich auf die Freilandkultur (Aussaatzeiten für den Anbau unter Abdeckungen sind separat angegeben). Es gibt ein paar Ausnahmen wie Paprika, Auberginen und Tomaten, mit denen sich optimale Ergebnisse in unseren Breiten nur unter Abdeckungen erzielen lassen. In wärmeren Gegenden sind die Aussaat- und Erntezeiten allerdings für drinnen und draußen fast identisch.

FRÜHES GEMÜSE

Bei Einjährigen, die in der Regel draußen kultiviert werden, kann man das Zeitfenster für die Ernte mit Folientunneln und -beeten beträchtlich ausdehnen, indem man mindestens 4–6 Wochen früher als im Freiland pflanzt und aussät.

Beispiel: frühe Kartoffeln

	Frühjahr	Sommer	Herbst	Winter
Im Folientunnel pflanzen				▨▨▨
Im Folientunnel ernten	▨▨▨			
Draußen pflanzen	▨▨▨			
Draußen ernten		▨▨▨		

SPÄTERES GEMÜSE

Mit einem Folientunnel oder -beet können Sie das Zeitfenster für die Ernte bis nach dem ersten Frost ausdehnen und so Gemüse im Winter heranziehen, das draußen bei nassem, frostigem Winterwetter wenig Chancen hätte. Davon profitiert vor allem Blattgemüse wie Pak Choi, das zwar geringe Fröste wegsteckt, aber nach starken sehr nachlässt, und Wurzelgemüse, das nicht so robust ist wie die Pastinake. Hier ein Beispiel für zwei Sätze Möhren, die zur gleichen Zeit ausgesät, im Folienbeet aber wesentlich länger geerntet werden können.

Beispiel: Möhren

	Frühjahr	Sommer	Herbst	Winter
Aussaat im Folienbeet		▨▨▨		
Ernte im Folienbeet	▨▨▨		▨▨▨	▨▨▨
Aussaat im Freiland		▨▨▨		
Ernte im Freiland			▨▨▨	

ERTRAGSARME ZEIT

Wenn das Wintergemüse verputzt ist, das Sommergemüse aber noch auf sich warten lässt, beginnt die ertragsärmste Zeit des Jahres – in England nennt man sie »Hungerlücke«. Meist ist das in etwa die Zeit von April bis Juni.

Ich habe jedoch festgestellt, dass die Knappheit nur die Folge mangelnder Planung ist. Es gibt zwar in den paar Wochen tatsächlich wenig zu ernten, aber das heißt nicht, dass man diese Zeit nicht zur ertragreichsten machen kann. Dazu muss man allerdings mehrere Strategien verfolgen, die alle dafür sorgen, dass es viel zu ernten gibt. Hier vier mögliche Lösungen:

- **Überwintern:** Bauen Sie winterhartes Gemüse an, das die kalte Jahreszeit draußen überdauert und im Frühjahr geerntet werden kann.
- **Langfristiges Einlagern:** Bauen Sie Nutzpflanzen an, die sich einfrieren, trocknen, vergären oder einfach nur an einem kühlen, trockenen, dunklen Ort aufheben lassen, bis sie die »Hungerlücke« füllen.
- **Mistbeete:** Sie sind sogar im tiefsten Winter fast frostfrei und erweitern die Bandbreite verfügbarer Nutzpflanzen im Frühjahr und Frühsommer enorm (siehe S. 60–61). Mit einem Mistbeet wird nicht nur optimale Selbstversorgung mit Salaten erreicht, man kann auch Blumenkohl, Möhren, Zucchini, Zwergerbsen, Rote Bete und Frühlingszwiebeln ab dem Spätfrühling dort kultivieren, sofern sie im Hochwinter ausgesät wurden. Am schwersten fällt es mir, Prioritäten dabei zu setzen.
- **Folientunnel**: Für winterhartes Gemüse, das ein wenig zusätzlichen Schutz vor Minusgraden und winterlicher Nässe braucht, gibt es Folientunnel. Damit lässt sich die Ernteperiode enorm ausweiten, sodass man zum Winterende etwas haltbar machen kann, um es in der ertragsarmen Zeit zu nutzen, und zugleich das erste ausgesäte Gemüse ernten kann (siehe S. 219).

EINLEGEN UND TROCKNEN

Abgesehen vom Einfrieren und Lagern mache ich meine Erzeugnisse auch durch Einlegen und Trocknen haltbar. Sauer Eingelegtes hält im Kühlschrank 4–6 Wochen, Getrocknetes bei Raumtemperatur bis zu einem halben Jahr, falls man es komplett dehydriert und in einem luftdicht verschließbaren Behälter kühl lagert – bei Vakuumversiegelung sogar noch wesentlich länger. Man kann auch kurzfristig Radieschen im Mistbeet kultivieren und dann rasch einlegen, damit der Platz baldmöglichst für das nächste Gemüse frei wird. Dann hat man über Wochen einen Vorrat an Radieschen.

FERMENTATION

Bei der Fermentation (Vergärung) kommen mehrere Methoden zum Einsatz, mit denen man Selbstgezogenes haltbar machen und geschmacklich aufwerten kann, damit es in der ertragsarmen Zeit zur Verfügung steht. So lassen sich Obstessig, Wein, Sauerkraut, Kimchi, vergorene scharfe Soßen, Kombucha und noch viel mehr erzeugen. Manche bleiben nur etwa einen Monat haltbar, andere können bei korrekter Verarbeitung jahrelang genießbar bleiben. Wenn Sie mehr darüber erfahren wollen, legen Sie sich das bei DK erschienene Buch *Fermentieren* meines guten Freundes und Kollegen Sam Cooper zu (der ebenfalls mit dem in diesem Buch fotografierten Gemüse arbeitet).

HUWS TIPP

Viele Mehrjährige lassen sich in der ertragsarmen Zeit ernten, etwa Kräuter (S. 140–145), Rhabarber (S. 138), Spargel (S. 139) und mehrjährige Kohlgewächse (S. 132–133).

BONUS: WILDGEMÜSE

Ergänzen Sie das, was Sie aus Ihrem Garten ernten, mit wild gesammeltem Gemüse. Ich schätze besonders Brennnesseln im April als Spinatalternative und Bärlauch, den ich ernte und verarbeite, damit ich mich Monate an ihm gütlich tun kann.

GEMÜSE FÜR DIE ERTRAGSARME ZEIT

Bei sorgfältiger Planung kann man in der ertragsarmen Zeit im Frühjahr 18 Einjährige (Salate und Kräuter nicht eingeschlossen) lagern und ernten.

NUTZPFLANZE	ANBAUTIPPS	ERNTE UND LAGERUNG
Blattsalate	Früh unter Abdeckungen aussäen; darunter fällt alles von Spinat bis Erbsensprossen (siehe S. 216–217)	Ernte ab Vollfrühling
Chinakohl	Frühe Aussat in Modulen unter Abdeckungen, Weiterkultur drinnen oder draußen	Ernte ab Mai (siehe S. 196)
Frühjahrskohl	Draußen überwintern	Blätter das ganze Frühjahr, Köpfe im Frühsommer ernten (siehe S. 196)
Grünkohl und Brokkoli	Draußen überwintern	Die zarten, süßen Blütenstängel bis zum Spätfrühling genießen (siehe S. 194 und 196)
Kartoffeln, frühe	Früh unter Abdeckungen vortreiben	Ernte ab Vollfrühling (siehe S. 206)
Knoblauch	Im Herbst pflanzen	Im Vollfrühling »grün« ernten, also die Stängel und noch nicht voll entwickelten Zwiebeln
Kräuter	Dill und Koriander im Spätwinter in Topfplatten aussäen	Ernte unter Abdeckung im April (siehe S. 210–211)
Möhren und Rote Beten	Unter Abdeckungen überwintern	Letzte Ernte im Vorfrühling, dann verarbeiten oder einfrieren (siehe S. 198–199)
Pak Choi	Im Vorfrühling in Topfplatten aus-säen (wächst unglaublich schnell)	Unter Abdeckungen ab dem Vollfrühling, draußen ab dem Spätfrühling ernten (siehe S. 196)
Porree	Draußen überwintern	Spät schossende Sorten bis zum Frühjahrsende ernten, blanchieren und den Rest einfrieren, um sie in der ertragsarmen Zeit verwerten zu können (siehe S. 184)
Radieschen	Aussaat unter Abdeckungen im Spätwinter	Unter Abdeckungen Ausgesätes ab Vorfrühling, Frei-landaussaaten ab dem Vollfrühling ernten (siehe S. 202)
Speiserüben	Im Spätwinter in Topfplatten säen	Ab dem Spätfrühling draußen ernten (siehe S. 203)
Speisezwiebeln	Lagersorten verwenden	Ernten und bis zu 12 Monate kühl, trocken und dunkel lagern; regelmäßig durchsehen und weiche Exemplare aussortieren, damit sie die anderen nicht anstecken; alternativ gehackte Zwiebeln im Spätwinter einfrieren
Steckrüben und Pastinaken	Draußen überwintern	Im Vorfrühling ernten, haltbar machen, einfrieren (S. 199)
Winterkürbisse	Haltbare Sorten wie 'Crown Prince' anbauen	Ernten und kühl, dunkel und trocken lagern (siehe S. 209); können bis zum Sommer im Folgejahr halten

SAMEN SAMMELN

Das Sammeln von Samen aus dem eigenen Garten lohnt sich, denn wenn Sie das Saatgut nur von den besten Exemplaren nehmen, erhalten Sie mit der Zeit immer besser an Ihren Boden und das Klima Ihrer Gegend angepasste Nutzpflanzen. Zudem verbessert es die Resilienz und macht unabhängiger. Und billiger ist es auch.

SAMEN SAMMELN FÜR ANFÄNGER

Dreierlei müssen Sie beachten, wenn Sie Samen sammeln:
1. Nehmen Sie Samen nur von den gesündesten, ertragreichsten Exemplaren.
2. Trocknen Sie das Saatgut, damit es nicht fault.
3. Beschriften Sie alles sorgfältig.
Beschränken Sie sich auf unkomplizierte Pflanzen, die sich selbst bestäuben: Bohnen, Erbsen, Tomaten und Kopfsalat.

Bohnen und Erbsen

Bei ihnen geht es am leichtesten! Lassen Sie ein paar Hülsen an der Pflanze von selbst trocknen (bis sie braun und fest sind) und holen Sie die Samen dann heraus. Sie kommen auf ein Backblech und werden auf einer sonnigen Fensterbank drinnen 3–4 Wochen lang weitergetrocknet, dürfen sich aber nicht berühren und werden gelegentlich gedreht. Dann kommen sie in beschriftete Briefumschläge.

Tomaten

Lassen Sie eine Tomate ausreifen und schaben Sie die Samen heraus. Ein paar Teelöffel kommen in ein Glas mit ungechlortem Wasser. Dort lässt man sie bei Zimmertemperatur 3–5 Tage und rührt täglich um. Anschließend entfernt man die schwimmenden Samen und seiht den Rest ab, der gut mit Wasser gespült, auf Backpapier ausgebreitet und an einem warmen, trockenen Platz etwa fünf Tage lang getrocknet wird. Zum Schluss kommen die Samen in beschriftete Umschläge.

Kopfsalat

Eine einzige Pflanze liefert genug Samen. Man lässt sie blühen, bis die Blütenstände bauschig werden. Dann schneidet man den Blütenstand ab und trocknet ihn 3–4 Wochen, etwa in einem Nordfenster. Zum Schluss werden die getrockneten Blütenstände in einem Eimer kräftig geschüttelt, bis die Samen herausfliegen. Mit dabei sind zwar noch andere Pflanzenreste, aber das ist für das Lagern und Aussäen egal.

Knollen und Zwiebeln

Bei Kartoffeln und mehrjährigen Knollen legt man ein paar geerntete Exemplare zur Seite und lagert sie den Winter über kühl, trocken und dunkel. Im Frühjahr werden sie ausgepflanzt. Ähnlich macht man es mit Knoblauch: Von im Sommer geernteten Zwiebeln steckt man die Zehen im Spätherbst.

Getrocknete Erbsen kommen in einen verschließbaren Behälter und werden im Frühjahr ausgesät.

Eine weibliche (links) und eine männliche (rechts) Kürbisblüte

Kräutersamen

Lassen Sie von Kräutern wie Koriander, Dill, Kümmel und Petersilie ein paar Exemplare blühen und die Samen an der Pflanze trocknen. Dann können Sie diese einsammeln. Wenn das am Ende der Saison geschieht und die Samen noch nicht ganz trocken sind, hängt man die Pflanzen in einen Folientunnel und schüttelt die Samen 3–4 Wochen später in beschriftete Umschläge.

NÄCHSTE SCHRITTE

Etwas anspruchsvoller ist das Sammeln der Samen von Nutzpflanzen, die fremdbestäubt werden müssen. Bei der Fremdbestäubung braucht eine Blüte Pollen der Blüte einer anderen Pflanze der gleichen Art, damit eine Befruchtung stattfindet und sich Samen entwickeln können. Grünkohl gehört zur gleichen Art wie Kopfkohl (*Brassica oleracea*); wenn also beide blühen, bestäuben sie sich gegenseitig und bringen Hybriden mit Eigenschaften beider Eltern hervor. Möhren lassen sich mit Wilden Möhren bestäuben, doch sind die dabei entstehenden Samen nicht von guter Qualität.

Um sortenreine Samen zu erhalten, schützen professionelle Züchter Grünkohl oder Möhren vor der Blüte mit Insektennetzen, damit es zu keiner »Kontamination« kommt. Unter dem Netz lassen sie Fliegenmaden frei, die nach dem Verpuppen die Pflanzen bestäuben. Nach dem Verblühen kommt das Gitter weg und die Samen werden gesammelt. Zweijähriges Gemüse, das im zweiten Jahr blüht, etwa Grünkohl, Porree, Möhren und Rote Beten, muss im Winter evtl. geschützt werden.

Die gute Nachricht: Wer Samen nur für sich sammelt, muss nicht so strikt sein wie die Profis. Wenn Sie von einer Nutzpflanze nur eine Sorte blühen lassen (zwei müssen Sie weit voneinander getrennt ziehen), bekommen Sie fast immer gute Ergebnisse. Wäre plötzlich alles Saatgut verschwunden und ich müsste Samen selbst sammeln, wäre es mir lieber, es käme zu Fremdbestäubung, als dass ich überhaupt keine mehr hätte.

Kürbissamen sammeln

Kürbisse bilden bei Fremdbestäubung Samen, aus denen bittere Früchte entstehen können. Um das zu vermeiden, bestäubt man sie von Hand unter Verwendung von Blüten der gleichen Sorte, am besten frühmorgens, wenn sie sich öffnen. Bildet sich die weibliche Blüte zuerst, stülpt man einen Netzbeutel darüber, bevor sie sich öffnet, um eine Befruchtung zu verhindern. Dann nimmt man eine männliche Blüte, holt mit einem Pinsel möglichst viele Pollen aus den Staubblättern und bürstet sie auf die Narbe der weiblichen Blüte im Netzbeutel, sobald sie sich öffnet. Zum Schluss verschließt man die Blüte mit Schnur oder Klebeband, damit keine Bienen hineingelangen, und markiert den Blütenstängel mit einer farbigen Schnur, damit man später weiß, von welcher Frucht man Samen sammeln muss.

HUWS TIPP

Sammeln Sie Samen ausschließlich von samenechten Sorten, denn nur aus ihnen entwickeln sich Pflanzen, die so sind wie die Eltern. Samen von F1- und anderen Hybriden aus dem Handel haben zwei unterschiedliche Eltern. Die erste Generation liefert zwar einheitliche Ergebnisse, die nächste kann sich aber stark von der ersten unterschieden.

LANDSORTEN

Wenn Sie Platz haben und gern Samen sammeln, warum nicht einen Schritt weitergehen und eine eigene Landsorte entwickeln? Dabei handelt es sich um eine genetisch vielfältige Sorte (was von Vorteil ist), die an eine bestimmte Gegend angepasst und sehr resilient ist. Sie müssen nur mehrere Sorten einer Nutzpflanze (etwa von Dicken Bohnen oder Roten Beten) auf kleinem Raum gemeinsam anbauen, damit Fremdbestäubung stattfindet, und die Samen sammeln. In den nächsten paar Jahren selektieren Sie die Exemplare, die die gewünschten Eigenschaften zeigen (und lassen die anderen nicht blühen). Wünschenswerte Charakteristiken etwa sind hohe Schädlingstoleranz, kompakterer Wuchs, höherer Ertrag, eine andere Farbe, eine andere Erntezeit oder ein besonderer Geschmack. Nach 5–10 Jahren haben Sie dann Ihre eigene Landsorte.

MEINE LIEBLINGS-SORTEN

Hier meine Lieblingssorten der ein- und zweijährigen Fraktionen im Küchengarten. Bei der Aufzählung ist die erste Sorte jeweils meine Favoritin. Auswahlkriterien sind Produktivität, Resilienz und Geschmack. Die zweite genannte Sorte hat eine besondere Eigenschaft, was Geschmack, Farbe, Wuchs oder Resilienz betrifft.

Lauchgewächse

Porree 'Bandit', 'Hilari'

Frühlingszwiebel 'Parade', 'North Holland Blood Red'

Speisezwiebel 'Sturon', 'Lilia'

Knoblauch 'Germidour', 'Carcassonne Wight'

Hülsenfrüchte

Buschbohnen 'Tendergreen', 'Amethyst'

Dicke Bohnen 'Aquadulce Claudia', 'Crimson Flowered'

Stangenbohnen 'Cobra', 'Borlotti'

Feuerbohnen 'Scarlet Emperor', 'Greek Gigantes'

Erbsen 'Ambassador', 'Llanover'

Zuckererbsen 'Oregon Sugar Pod', 'Golden Sweet'

Blattgemüse (einjährig)

Gartensalat 'Bronze Arrowhead', Celtuce

Chicorée 'Palla Rossa', Cicoria di Chiavari

Spinat 'Giant Winter', Ähriger Erdbeerspinat

Mangold 'Fordhook Giant', 'Peppermint'

Blattsenf 'Dragon Tongue', 'Wasabi'

Amarant 'Velvet Curtains', 'Loves Lies Bleeding'

'Tigerella' gehört zu den Tomatensorten mit dem besten Geschmack.

Kohlgewächse

Brokkoli 'Tenderstem', 'Claret'

Blumenkohl 'All the Year Round', 'Di Sicilia Violetto'

Rosenkohl 'Groninger', 'Red Rubine'

Pak Choi 'Joi Choi', 'Santoh'

Grünkohl 'Dwarf Green Curled', 'Nero Di Toscana'

Chinakohl 'Yuki', 'Hilton'

Frühjahrskohl 'Durham Early', 'Wintergreen'

Sommerkohl 'Golden Acre', 'Greyhound'

Winterkohl 'Ironhead', 'Violacea di Verona'

Der berühmte Brokkoli 'Tenderstem' ist ein Muss für Gourmets.

Wurzelgemüse

Möhre 'Resistafly', 'Purple Dragon'
Steckrübe 'Tweed', Gilfeather-Rübe
Pastinake 'Tender And True', 'White Gem'
Rote Bete 'Boltardy', 'Golden Detroit'
Staudensellerie 'Victoria', 'Giant Red'
Knollenfenchel 'Rondo', 'Colossal'
Rettich 'Poloneza' (Radieschen), Rattenschwanzrettich
Winterrettich Daikon, 'Black Spanish Round'
Speiserübe 'Golden Ball', 'Milan Purple Top'

Nachtschattengewächse

Frühe Kartoffeln 'Charlotte', 'Swift'
Späte Kartoffeln 'Maris Piper', 'Sarpo Mira'
Chili 'Padron, 'Lemon Drop'
Paprika 'Kaibi Round', 'Sweet Spiralus'
Tomate (Huws Top 5) – 'Tigerella', 'Green Zebra', 'Black Russian', 'Honeycomb', 'Lulu'
Aubergine 'Black Beauty', 'White Dourga'
Mais 'Golden Bantam, 'Glass Gem'

Kürbisgewächse

Sommerkürbis 'Verde D Italia', 'Tromboncino'
Winterkürbis 'Winter Luxury', 'Jumbo Pink Banana'
Gurke 'Marketmore', 'Passandra'
Melone 'Sivan', 'Minnesota Midget'

Kräuter

Koriander 'Leisure', 'Confetti'
Petersilie 'Italian Giant', 'Hamburg'
Basilikum 'British', 'Lettuce Leaf'

Blühpflanzen

Duftwicke traditionelle Mischungen, 'Suzy Z'
Sonnenblume 'Sunspot', 'Velvet Queen'
Zinnie 'Zinderella Lilac', 'Queen Lime'
Ringelblume 'Gypsy Festival', 'Orange Flash'
Kosmee Gartenmischungen, 'Apricot Lemonade'
Kapuzinerkresse 'Climbing Mixed', 'Ladybird Rose'

Die Möhrensorte 'Resistafly' muss nicht vor der Möhrenfliege geschützt werden, da sie gegen den Schädling resistent ist.

Ein Ministrauß aus Duftwicken für den Esstisch

POLYKULTUR ERKLÄRT

Wir haben nun sämtliche Aspekte eines Permakulturgartens behandelt, von den grundlegenden Prinzipien bis zu den Pflanzen und ihrer Pflege. In diesem Kapitel gehe ich darauf ein, wie sich das alles zu einem funktionalen und ertragreichen Garten verbinden lässt.

Polykultur bedeutet, viele Pflanzen bunt gemischt anzubauen. Das Gegenteil ist Monokultur mit Blockanbau einer einzigen Art oder Sorte. Man kann sich das bildlich durch einen Vergleich einer Wildblumenwiese mit einem Weizenfeld vorstellen. Polykultur funktioniert in jeder Größenordnung, vom Pflanztopf bis zum Feld. Ich hoffe, Ihnen auf den nächsten Seiten viele Ideen und Inspirationen zu geben, wie Sie eine Polykultur in Ihrem Garten umsetzen können. Bei größeren Projekten lohnt es sich, den Boden zu analysieren und vor allem pH-Wert und Struktur zu ermitteln (siehe S. 46–49), damit Erfolg garantiert ist. Polykultur lässt sich auch nur mit Einjährigen oder Mehrjährigen oder mit beiden umsetzen.

ÜBERLEGUNGEN ZUR POLYKULTUR

Wenn Sie eine Polykulturpflanzung anlegen, ob in einem kleinen Topf auf dem Balkon oder einer riesigen gemischten Rabatte, arbeiten Sie zunächst für jede Pflanze die folgenden neun Fragen ab. Das erleichtert Ihnen die Zusammenstellung einer ertragreichen, attraktiven und resilienten Polykulturgemeinschaft. Kurzum: Sie werden Ihr eigener Gartenarchitekt.

1. **Pflanzenhöhe und -breite** Wie groß wird jede Pflanze?
2. **Blütezeit** Wollen Sie auch Samen sammeln?
3. **Erntezeit** Wann können Sie ernten und wegräumen?
4. **Nährstoffbedarf** Ist die Pflanze hungrig oder nicht?
5. **Wurzelraum** Tief- oder Flachwurzler?
6. **Lichtbedarf** Braucht sie viel Sonne oder reicht Schatten?
7. **Wasser** Durstig oder für trockene Stellen geeignet?
8. **Farbe** Welche Farbe haben Blätter und Blüten?
9. **Schädlinge & Krankheiten** Fördert oder verhindert sie bestimmte Probleme?

»Bei der Polykultur hat man freie Wahl zwischen regelmäßigen und unregelmäßigen Mustern.«

BEGLEITPFLANZUNG

Bei diesem Ansatz wird abgewogen, wie bestimmte Pflanzen von der Nähe anderer profitieren, etwa Basilikum unter Tomaten, um Schädlinge fernzuhalten. Das Problem bei Begleitpflanzen ist, dass viele Kombinationen nicht wissenschaftlich verifiziert sind und vage gehalten werden. Mitunter liegt der Schwerpunkt auch auf weniger wichtigen Nutzpflanzen, die eine Hauptkultur unterstützen sollen. Ich habe festgestellt, dass viele glauben, was für eine Person funktioniert, funktioniert für alle, sodass aus Kombinationen Dogmen werden. Sehr oft aber ist Korrelation nicht gleich Kausalität, vor allem in bereits gesunden Gärten.

Ich bin überzeugt, dass es unter den Pflanzen viele Dream-Teams gibt, wobei einige noch bewiesen werden müssen. Gleichwohl kombiniere ich intuitiv und nach logischen Gesichtspunkten. Ich würde beispielsweise nie Kartoffeln unter Stabtomaten anbauen, denn sie sind anfällig dafür, sich Fäule einzufangen, und zudem sehr nährstoffhungrig. Hinzu kommt, dass Kartoffeln vor Tomaten geerntet werden und die Tomatenwurzeln dabei in Mitleidenschaft gezogen würden. Andererseits können Stabtomaten mit ihrem hohen Trieb sehr wohl mit Pflanzen kombiniert werden, durch deren Ernte keine Nachbargewächse gestört werden, etwa mit Kräutern und Blühpflanzen.

Bei der Kombination von Pflanzen gibt es einige wirklich fantastische Konzepte, doch habe ich den Eindruck, sie bremsen manchmal die Kreativität und senken die Produktivität. Dazu zähle ich zum Beispiel auch die Fruchtfolge (siehe S. 259).

Polykulturfülle in meinem Küchengarten: Hier fügt sich eine Vielzahl unterschiedlichster Blüten, Kräuter und Gemüsepflanzen auf kleinem Raum zu einer Einheit zusammen.

OBSTBAUM-GILDEN

Eine der gängigsten Polykulturmethoden in der Permakultur ist die Anlage von Obstbaumgilden. Das sind Pflanzengemeinschaften, die zum gegenseitigen Nutzen zusammen angebaut werden.

Eine Obstbaumgilde besteht aus Pflanzen, die unter einem Obstbaum angebaut werden und bestimmte Vorzüge haben – etwa, weil sie Nützlinge anlocken, schön anzusehen sind (siehe S. 248–251), die Bodenfruchtbarkeit für den Baum erhöhen und zusätzlich Essbares liefern. In kleinen Gärten sind Gilden eine nette Alternative zu essbaren Wäldern (siehe S. 36–37). Sie können aus Mehrjährigen und Einjährigen bestehen und so einfach oder vielfältig sein, wie Sie möchten.

Bei Gilden muss vor allem darauf geachtet werden, dass der Baumstamm frei bleibt, damit ein guter Luftaustausch erfolgt und das Krankheitsrisiko gering gehalten wird. Werden einige der Pflanzen zu groß, kann man sie mit einer Heckenschere zurückschneiden. Mithilfe der neun Polykultur-Fragen (siehe S. 228) und der Liste empfehlenswerter Pflanzen unten können Sie Ihre eigene Gilde anlegen. Zugleich liefere ich ein paar Beispiele, an denen Sie sich orientieren können.

EMPFEHLENSWERTE GILDEPFLANZEN FÜR DEN EINSTIEG

Mehrjährige Kräuter und Blumen

- Frühjahrsblumenzwiebeln
- Indianernessel
- Minze
- Mohn
- Rose
- Salbei
- Schnittlauch
- Sonnenhüte (*Echinacea*)
- Thymian

Einjährige Kräuter und Blumen

- Amarant
- Bienenfreund (*Phacelia*)
- Borretsch
- Dill
- Kapuzinerkresse
- Koriander
- Kosmeen
- Petersilie
- Ringelblumen
- Zinnien
- Zwergsonnenblumen

Obst

- Erdbeeren
- Johannisbeeren
- Rhabarber
- Stachelbeeren
- Walderdbeeren

Weitere Pflanzen

- Ampfer
- Artischocke
- Beinwell
- Nesseln

EINE SIMPLE OBSTBAUMGILDE

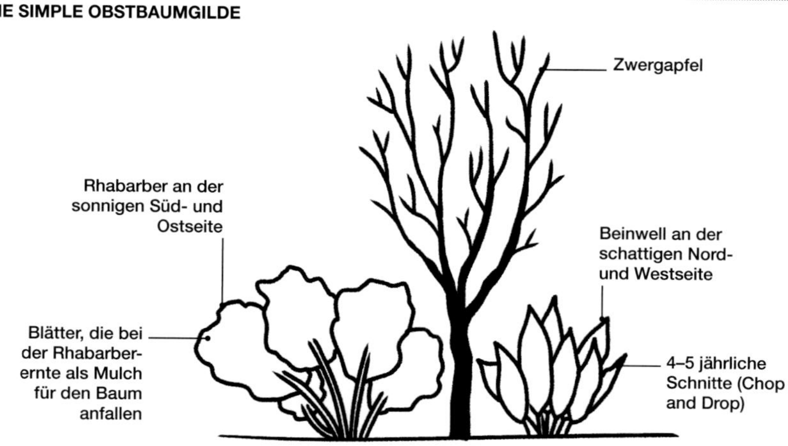

Gegenseitige Hilfe

Diese sehr einfache Gilde besteht aus Rhabarber an der Süd- und Beinwell an der Nordseite. Beide Pflanzen halten den Baumstamm frei, weil sie Unkraut unterdrücken. Beinwell- und Rhabarberlaub kann zerkleinert und liegen gelassen werden (Chop and Drop), um die Bodenfruchtbarkeit zu erhöhen.

Hier pflanze ich im Frühjahr eine Obstbaumgilde mit Beinwell, Erdbeeren und der Strauchnessel Laportea bulbifera.

Eingewachsene Gilde unter einem Apfelbaum mit Amarant, Zwergfeuerbohnen, Ringelblumen, Erdbeeren, Rudbeckien und Laportea.

OBSTBAUMGILDE VON OBEN

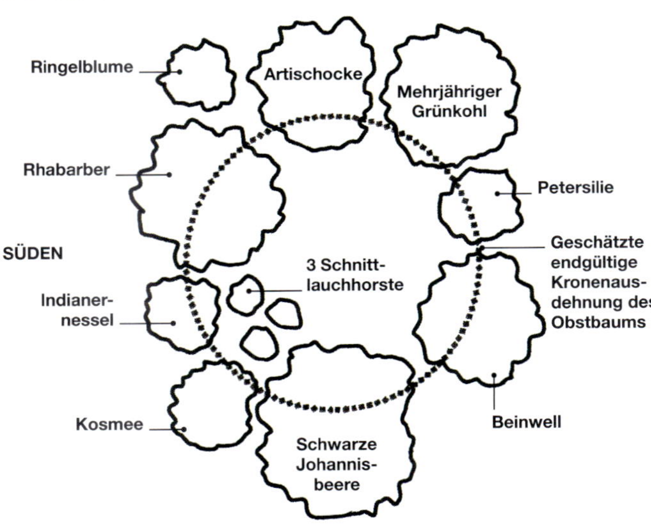

Beispiel für eine Gildepflanzung um einen Apfelbaum
Wird der Bereich um Jungbäume bepflanzt, muss von der endgültigen Größe der Baumkrone ausgegangen werden.

HUWS TIPP

Wer eine mehrjährige Gilde anlegt, kann sie mit der Rasenkante EverEdge einfassen, damit kein Gras hineinwächst, und das Ganze 5–7 cm hoch mit Hackschnitzeln mulchen, um das Pilzleben im Boden zu fördern und Unkraut zu unterdrücken.

KRÄUTERGARTEN

Ein separater Kräutergarten ist ein Paradies aus Farben und Aromen. Er kann aus einem schlichten Holzaufsatzrahmen für Paletten bestehen oder aus mehreren Beeten.

Ein Kräutergarten lässt sich als Zufallspflanzung anlegen, was ein angenehm organisches Ensemble ergibt, aber auch nach Kategorien ordnen, etwa mit einem Beet für Tees, für Salate und für Bratengewürze. Bei der Planung sollte man zuerst einen Standort für mehrjährige Arten finden. Einjährige Kräuter können flexibel dort platziert werden, wo gerade Platz ist, oder sogar im einjährigen Gemüsebeet unterkommen.

Mein Kräutergarten besteht aus Metallbeeten, aus denen man bequem ernten kann. Die Ränder hindern Minze am Ausbüchsen.

Manche mehrjährigen Kräuter wie der Zitronenstrauch und der Johannisbeersalbei sind recht kälteempfindlich und überstehen den Winter nicht. Wer sie im Freiland oder in Beeten ziehen möchte, sollte sie am Rand platzieren, da sie sich dort im Herbst leichter aufnehmen und nach drinnen bringen lassen, bis sie im Frühjahr wieder nach draußen dürfen.

Kräutergarten für die Feuerstelle

Ich finde, jeder Garten sollte nach Möglichkeit eine Feuerstelle oder eine Grillecke haben, wo man sich abends aufhalten und Leckeres zubereiten kann. Beim Grillen ist es von Vorteil, wenn frische Kräuter für Rubs, Soßen und Dips griffbereit in der Nähe sind, ganz zu schweigen von kalten Drinks.

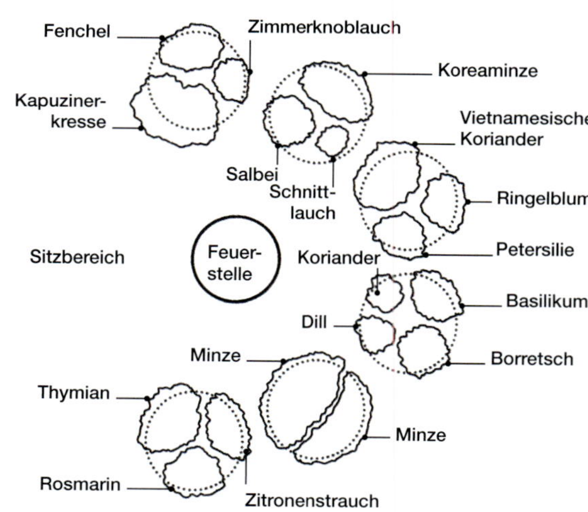

Kräuter in Pflanzgefäßen um eine Feuerstelle
Hier beherbergen Whiskyhalbfässer einen Kräutergarten am Feuer. Ich habe noch ein paar essbare Blüten hinzugefügt, die man zum Garnieren verwenden kann.

HUWS TIPP

Ganz leicht aufpeppen lässt sich ein Kräutergarten mit ein paar einjährigen essbaren Blüten (siehe S. 212–215). Sie füllen rasch Lücken und setzen Farbtupfer zwischen den Kräutern.

OBSTGARTEN

Mit einem eigenen Obstgarten legen Sie einen naturnahen und dennoch ertragreichen Anbaubereich an. Möglich ist ein solcher Garten aber nur auf mittelgroßen bis großen Grundstücken.

IN FÜNF SCHRITTEN ZUM EIGENEN OBSTGARTEN

Wenn man sein Obst in einem Bereich zusammenfasst, lassen sich Bäume besser pflegen und vor Vögeln oder Eichhörnchen schützen (siehe S. 264). Schutz ist oberstes Gebot – das sollte man beim Einpflanzen berücksichtigen. Bei Tieren begehrte Beeren wie Heidelbeeren und Rote Johannisbeeren kann man im Lappenmuster arrangieren oder an das Ende des Beerengartens setzen, damit sie sich leichter mit Netzen schützen lassen.

1. Obstbäume positionieren Die dauerhaftesten Elemente in Obstgärten sind Bäume. Wählen Sie die passende Unterlage (siehe S. 161) und lassen Sie einen größeren Abstand als üblich, damit auch die unteren Beerenobstschichten noch genug Licht und Platz haben.

2. Zeichnen Sie einen Plan Bei der Wahl des Obstes, das Sie zusätzlich zum Baumobst anbauen, arbeiten Sie am besten mit den neun Polykultur-Fragen (siehe S. 228), wobei Sie von den höchsten ausgehen und sich zu den niedrigsten vorarbeiten (kriechende Beeren, Himbeeren, Jostabeeren, Johannisbeeren, Heidelbeeren, Stachelbeeren, Rhabarber, Erdbeeren). Es reicht aber eine grobe Skizze.

3. Fügen Sie weitere Pflanzen hinzu Wenn Sie etwa Beinwell, Kräuter oder mehrjährige Blumen haben möchten, sollten diese in Lücken oder an den Rand kommen. Unter den Bäumen kann man mit Gilden arbeiten (siehe S. 230–231).

4. Wählen Sie die Fachhändler und Sorten aus Sobald der grobe Plan steht, machen Sie sich an die Details (siehe S. 20, »Von Mustern bis ins Detail«). Dazu gehört etwa die Auswahl der Sorten. Davon ausgehend legt man die endgültigen Abstände fest. Fragen Sie bei örtlichen Fachhändlern oder Vereinen nach, damit Sie Ihre Wunschbäume auch bekommen.

5. Beobachten und interagieren Behalten Sie nach dem Bepflanzen alles im Auge. Vielleicht müssen Sie Änderungen vornehmen, etwa Pflanzen entfernen oder umsetzen, in erster Linie aber werden Sie mulchen, schützen und ernten.

HUWS TIPP

Da Heidelbeeren andere Ansprüche an den pH-Wert stellen als der Rest, werden sie am besten in verbesserte Böden gesetzt oder in einem eigenen Beet neben dem Obstgarten gezogen.

Großer Obstgarten

Hier ein Beispiel für einen Obstgarten mit 16 verschiedenen Bäumen und Beerenpflanzen, außerdem Beinwell und mehrjährigen Kräutern zum Verbessern der Boden- und Pflanzengesundheit.

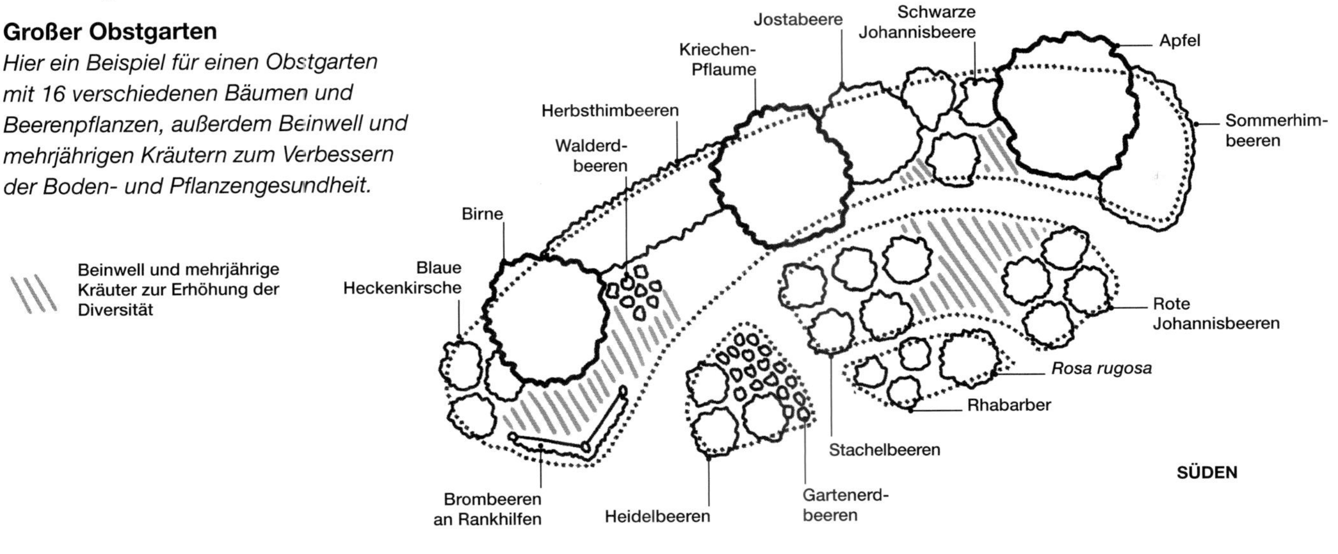

ESSBARE RABATTEN AUS MEHRJÄHRIGEN

Jeder Garten hat eine Begrenzung. Sie bietet stets die Möglichkeit, davor eine Rabatte anzulegen. Eine essbare Rabatte liefert nicht nur Erträge, sondern sieht auch ansprechend aus.

In kleinen bis mittelgroßen Gärten sind Mehrjährigenrabatten entlang der Grenze gut geeignet, die eher auf Produktivität ausgerichteten inneren Bereiche der Anlage auf »weiche« Art mit Farbe, Struktur und zusätzlichem Essbaren einzufassen!

AUSRICHTUNG

Nach Osten und Westen gerichtete Begrenzungen Die höchsten Pflanzen kommen in den hinteren Teil der Rabatte, sodass sie sich leichter pflegen und abernten lassen, wenn man nur von einer Seite Zugang zur Rabatte hat (Nicht jedem Nachbarn gefällt es, wenn man in seinen Garten springt!).

Nach Norden gerichtete Begrenzungen Pflanzen ähnlicher Höhe kommen zusammen, um den Schattenwurf gering zu halten. Mehrjährige Blattgemüse und Kräuter haben Priorität.

Nach Süden gerichtete Begrenzungen Sie sind wertvolle Anbauflächen, werden aber anders behandelt als die übrigen. Da es hier am sonnigsten und wärmsten ist, eignen sie sich für einjährige Sonnenanbeter wie Tomaten und Bohnen oder Baumobst. Die höchsten Pflanzen kommen nach hinten, damit sie die vorderen nicht beschatten. Hat Ihr Garten keine nach Süden gerichtete Begrenzung, behandeln Sie nach Südosten oder Südwesten gerichtete wie südwärts gerichtete.

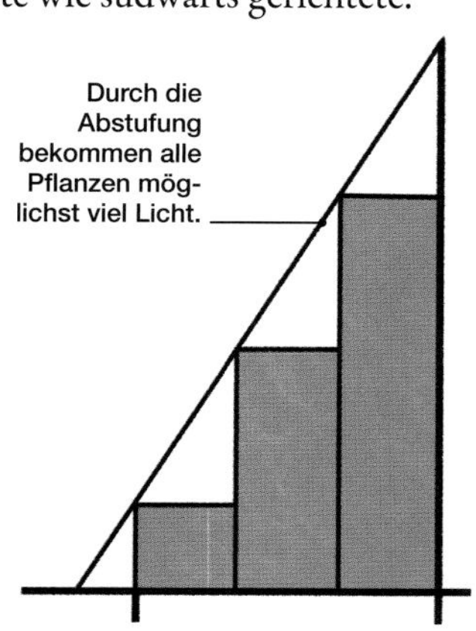

Nach Süden gerichtet
Eine einfache Formel für die Bepflanzung von sonnigen Begrenzungen lautet: Staffeln Sie die Pflanzenhöhen dreifach, wobei die höchsten Exemplare nach hinten und die niedrigsten nach vorn kommen.

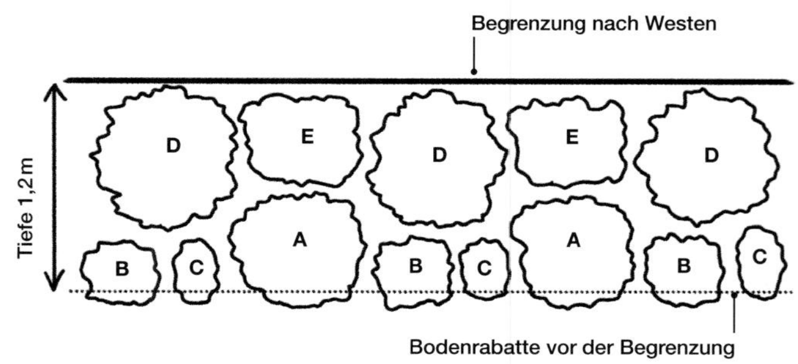

Rabattenplan
Hier ein Beispiel für die Bepflanzung einer westlich ausgerichteten Mehrjährigenrabatte aus Nutzpflanzen und nicht essbaren »Helfern«.

A Beinwell
B Thymian
C Schnittlauch
D Artischocke
E Verbene

OPTISCHER EINDRUCK UND FARBE

Da Rabatten im Garten am Endpunkt einer Sichtachse verlaufen, versuche ich sie optisch so ansprechend wie möglich zu gestalten, indem ich Texturen und Farben mische, etwa Mashua unter einer Artischocke. Mehr über die Kunst der visuellen Polykultur in Permakulturgärten auf S. 248–251.

»WILDE« RABATTEN

Ich mag die Arbeit mit Mehrjährigen unter anderem deshalb, weil man damit Rabatten anlegen kann, die für ein ungeübtes Auge wild und ungezähmt wirken, aber jede Menge Essbares enthalten und zugleich viel Farbe aufbieten. Eine wilde Rabatte eignet sich hervorragend für Experimente mit Polykulturpflanzungen und kann Blumen, Kräuter, Obst und Gemüse enthalten. Mit der Zeit kann man sie verändern, indem man kümmernde Pflanzen entfernt und durch etwas anderes ersetzt. Ernsthafte Gedanken sollte man sich nur über die Abstände machen. Ich schlage auch eine anfängliche Mulchschicht aus Hackschnitzeln vor; anschließend kann man nach der Chop-and-Drop-Methode arbeiten.

Hier lege ich gerade eine essbare Mehrjährigenrabatte an und pflanze Katzenminze für Kräutertees.

Dieselbe Rabatte knapp zwei Monate später. Man beachte, dass ich einen Kürbis hineinwachsen lassen habe.

EINFACH HALTEN

Sie müssen keineswegs möglichst viele unterschiedliche Pflanzen in eine Rabatte zwängen. Oft ist weniger mehr, wenn man ein schönes, pflegeleichtes Arrangement möchte. Eine Faustregel lautet: Nimm 3–5 essbare Schlüsselpflanzen und arrangiere sie in einem regelmäßigen oder unregelmäßigen Muster.

Pflegeleichte mehrjährige Nutzpflanzen für Rabatten mit östlicher und westlicher Ausrichtung
Artischocken
Mashua
Mehrjährige Kohlgewächse
Mehrjähriges Blattgemüse
Oca
Rhabarber
Rosa rugosa
Schwarze Johannisbeeren
Topinambur
Wald- und Gartenerdbeeren

Pflegeleichte Kräuter für Mehrjährigenrabatten
Fenchel
Katzenminze
Koreaminze
Rosmarin
Schnittlauch
Thymian

Empfehlenswerte nicht essbare Mehrjährige
Beinwell (Sorte: Bocking 14)
Verbena bonariensis
Zwiebelpflanzen

ESSBARE EINJÄHRIGENRABATTEN

Alle hier beschriebenen Ansätze lassen sich auch auf Einjährige ummünzen, die in manchen Lagen bisweilen sogar sinnvoller sind. Vielleicht haben Sie eine Mietwohnung und dürfen nur Einjährige im Freiland ziehen oder Ihr Garten ist ausgesprochen klein und Sie wollen ihm möglichst viel Essbares entlocken. Arbeiten Sie in Einjährigenrabatten mit Staffelanbau (siehe S. 218) für maximale Erträge und optimale visuelle Wirkung.

ESSBARER WALD MIT HÜHNERN

Diese Mehrzweckfläche bietet Hühnern Schutz, Abwechslung und zusätzliche Nahrung – und Ihnen saisonales Wildgemüse sowie Kompostmaterial, das Sie in Ihren Gartenbeeten zum Einsatz bringen können.

Hühner kratzen auf der Suche nach Insekten, Samen und Sprossen an der Bodenoberfläche – es ist ihr natürliches Verhalten. Vor allem in lockerer Erde scharren sie gern, weshalb Hühner und Mulch keine gute Kombination sind. Weist man ihnen jedoch den richtigen Platz zu, kann man ihr Verhalten für die Komposterzeugung nutzen (siehe S. 78–79).

Hühner suchen in dickem Heumulch unter Johannisbeerbüschen gern nach Maden und Sprossen.

ESSBARER WALD MIT HÜHNERN

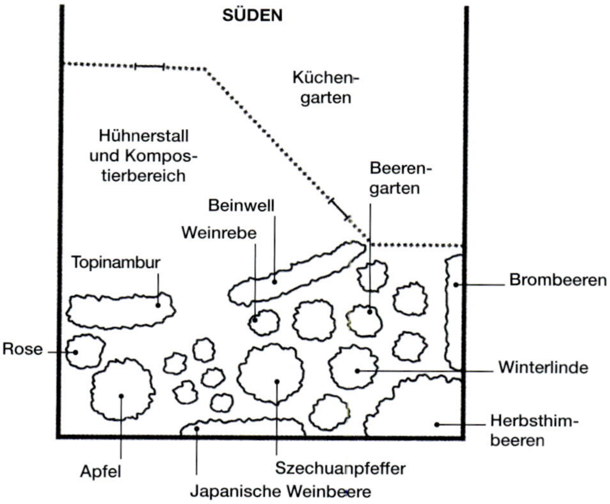

Ein Beispiel für das Abdecken mehrerer Funktionen (siehe S. 27). Hier entsteht vieles für die Küche – und Kompost.

In einem essbaren Wald mit Federviehbesetzung entstehen zusätzliche Nährstoffe für Mensch und Garten. Die Hühner verwerten alles, was anfällt, etwa Beeren, die zu Boden fallen. Die Bepflanzung setzt sich im Wesentlichen aus mehrjährigem Gemüse und Obst zusammen, die man entweder mit kleinen Zäunen oder großen Steinen um ihr Wurzelsystem schützt. Hühner halten Unkraut in Schach, dezimieren Schädlinge und düngen mit ihren Hinterlassenschaften die Pflanzen. Zu diesem essbaren Wald gehört ferner ein spezieller Kompostierbereich, der meist in der Nähe des Hühnerstalls oder an der Grenze zum Küchengarten angelegt wird, damit man Kompostiermaterial einfach über den Zaun werfen kann.

Ideal für essbare Wälder mit Hühnern sind Obstbäume und Beerensträucher wie Johannisbeeren und Stachelbeeren, kriechende Beeren an den Grenzen, Rosen und Topinambur. Auch Beinwell lässt sich gut integrieren. Man kann sogar Drahtboxen anlegen und darin Einjährige zwischen den Mehrjährigen anbauen. Oben ein Beispiel für Siedlungsgärten.

ENTEN IM GARTEN

Wenn das Grundstück und die Wohngegend es zulassen, kann man auch Enten halten. Die Tiere sind hervorragende Schneckenjäger und liefern auch noch Eier.

Im Gegensatz zu Hühnern, die im Nu einen ganzen Garten durchwühlen, hinterlassen Enten wesentlich weniger Spuren. Legt man eingefasste, erhöhte Beete an, gehen Enten lieber außen herum als darüber. Glückliche Enten brauchen Wasser (aus einer ausgemusterten Badewanne lässt sich ein Teich für sie anlegen) und Gras, in dem sie nach Schnecken und anderem Getier suchen können. In größeren Gärten ist ein Obstgarten mit Beeren ideal für sie, aber selbst auf kleinerem Raum lassen sich bei geschickter Gestaltung ein paar nützliche Enten halten.

ENTEN UND KOMPOST

Bei der Komposterzeugung mithilfe von Enten muss man anders vorgehen als bei der mit Hühnern, denn Enten scharren nicht. Für sie ist ein hoher Mulch auf begrenztem Raum am besten, etwa organische Substanz wie Stroh, Sägemehl, Gras, Gartenabfälle und Blätter. Am einfachsten geht das, wenn man einen kleinen, fuchssicheren umzäunten Hof neben ihrem Stall anlegt. Hier füttert man sie, damit sie darin jeden Morgen und Abend Zeit verbringen. Ihr Mist vermischt sich mit dem Mulch, sodass mit der Zeit eine ordentliche Mulchschicht entsteht. Am Ende der Saison kratzt man sie zusammen und mulcht mit dem Kompost darunter die Beete.

»Quackpack« nennt mein Freund und Kollege Adam Jones die Enten. Hier sind sie zwischen meinen Beeten in Aktion.

DIE »GARTENFESTUNG«

Mit einem »befestigten« Wall für Enten zieht man eine Art Verteidigungslinie um den Garten, die Schnecken fernhalten soll. Er besteht aus zwei klar abgegrenzten Bereichen: dem Entengehege mit schwach und mittelschwach wachsenden Obst- und Beerengehölzen und dem Gemüsegarten. Man kann die Tiere zwar regelmäßig in den Gemüsegarten lassen, damit sie dort auf Schneckenjagd gehen, aber ständigen Zugang dazu dürfen sie nicht haben. Stattdessen steht ihnen morgens und abends das Gehege außen herum zur Verfügung, das sie vor Füchsen schützt. Es enthält ein Tiefmulchsystem für die Komposterzeugung (siehe links) und beherbergt 3–5 Enten, die genug Kompost liefern sollten, damit der gesamte Garten kompostautark wird (falls genug Material wie Hackschnitzel und Schnittabfall zugeführt wird).

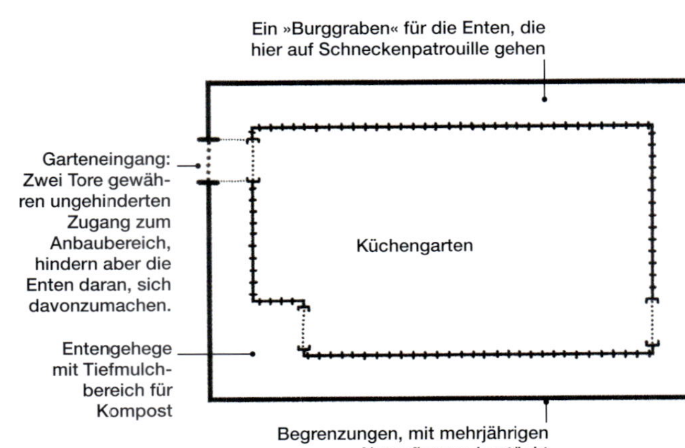

Befestigter Küchengarten mit halber Schrebergartengröße
Im Gehege werden entlang der äußeren Begrenzung Mehrjährige gezogen, um die Produktivität zu erhöhen.

WILDBEUTER-GARTEN

In diesem naturbelassenen Fleckchen Erde wachsen das ganze Jahr über Wildpflanzen. Hier können Sie wie in freier Natur sammeln, was gerade verfügbar ist. Hauptaufgabe der wilden Ecke aber ist die Erhöhung der Biodiversität im Umfeld Ihres Gartens.

Der Wildbeutergarten ist ein nur teilweise bewirtschafteter essbarer Wald und zählt zur Zone 4 (siehe S. 42–43). Im Gegensatz zu einem Küchengarten oder Obsthain braucht man sich nicht zu sehr um ihn zu kümmern. Man sollte zwar mit der Natur arbeiten, aber der Natur zugleich überlassen, was hier wächst und vergeht. Legen Sie einfach den Grundstock und greifen Sie gerade so viel ein, dass Sie noch ungehindert hindurchgehen können. Ansonsten überlassen Sie dieses Mini-Ökosystem so weit wie möglich sich selbst.

Nach dem Bepflanzen besteht der einzige Eingriff darin, Unkräuter nach der Chop-and-Drop-Methode (siehe S. 62) zu dezimieren und gelegentlich Pflanzen zu schneiden, die zu

Hier ernte ich Wildäpfel, die in einer Hecke auf dem Kleinbauernhof meiner Eltern wachsen.

Wilde Brombeeren (oben) und Holunderblüten (rechts) sind die beiden Superstars der Wild-Food-Szene.

groß werden oder wuchern (auch den Schnitt lässt man gemäß der Chop-and-Drop-Methode einfach liegen). Gegen das Unkraut gehen Sie mit einer Sichel oder Sense vor, und wenn genauere Schnitte gesetzt werden müssen, rücken Sie dem Grün mit Garten- und Heckenscheren zu Leibe.

Was stehen bleibt und weg muss, entscheiden Sie. Sollte sich ein Brennnesselhorst ausgebreitet haben, können Sie ihn als Wildgemüse für die Küche sammeln und ein paar Pflanzen für Schmetterlinge und Marienkäfer stehen lassen. Stoßen Sie auf ein Gewächs, das kümmert, schneiden Sie es zurück, um Platz für andere zu schaffen, und lassen das Material vor Ort verrotten, damit es Neuzugängen als Nahrung dient.

HEIMISCHE ARTEN

Ein guter Wildbeutergarten setzt sich möglichst aus Pflanzen zusammen, die allein zurechtkommen. Am meisten Erfolg verspricht ein Ensemble, das sich aus heimischen Arten zusammensetzt (siehe S. 26). Bei mir sind das Haselnusssträucher (die Nüsse liefern), Weißdorn (Blätter und Beeren), Holunder (Beeren und Blüten), Schlehen (Beeren), Wildäpfel, Wildrosen, Brombeeren, Himbeeren, Guter Heinrich, Minze und Bärlauch. Die nächste Stufe wären pflegeleichte, winterharte Mehrjährige wie Äpfel, Johannisbeeren, Stachelbeeren, Topinambur, eine Reihe mehrjähriger Kräuter und Laubgemüse.

WILDBEUTERBEET

Wer nur einen kleinen Garten hat, kann sich ein Wildbeuterbeet einrichten – ein Projekt, das viel Spaß macht und sich hervorragend eignet, alte oder fast leere Samenpäckchen aufzubrauchen. Geben Sie im Frühjahr während der Aussaatzeit alle alten Samenvorräte von Kräutern, Gemüse und essbaren Blüten in ein Glas und säen Sie den Inhalt im Spätfrühling breitwürfig auf das leere Beet. Anschließend muss großzügig gewässert werden (siehe S. 181).

Nach ein paar Tagen spitzen die ersten Sämlinge aus der Erde. Einen Monat später sollte ein grüner Teppich entstanden sein. In diesem Stadium kann man noch beliebig ein Drittel der Pflanzen auszupfen, um den Konkurrenzdruck etwas zu reduzieren oder Babygemüse zu ernten. Danach stattet man dem Beet ein- oder zweimal die Woche einen Besuch ab und erntet, was gerade verfügbar ist. Mit der Zeit wird der Bewuchs dadurch immer lichter, sodass größere Pflanzen wie Kohlgewächse mit Strunk oder sogar Tomaten eine Chance bekommen und reifen können.

Polykultur

LINEARER ESSBARER WALD

Ein linearer essbarer Wald ist eine ertragreiche Reihe aus mehrjährigen Nutzpflanzen, etwa 2–4 m breit und beliebig lang. Man hat von beiden Seiten Zugang dazu, was das Bearbeiten und Ernten erleichtert.

Die Grundstruktur linearer essbarer Wälder wird dadurch vorgegeben, dass man Obst- bzw. Nussbäume in festen Abständen pflanzt und dann zwischen den Hauptobstbäumen eine Strauchschicht hinzufügt, die in erster Linie aus Beerengehölzen besteht, aber auch Zwergobstbäume und Rosen enthalten kann. Als Nächstes kommt die Krautschicht zu beiden Seiten der Baum- und Strauchschicht hinzu – dafür bietet sich mehrjähriges Gemüse an. Es gibt zwar Überschneidungen – Gewürzfenchel etwa wird hoch, gehört aber eher zur Krautschicht. Dennoch hat Priorität, die Bepflanzung der Höhe nach zu schichten und zu wissen, was im Winter einzieht.

GRAS ALS BODENDECKER

Oft herrscht die romantische Vorstellung vor, dass der Boden essbarer Wälder mit Minze, Bärlauch und Erdbeeren bedeckt ist. Allerdings brauchen Erdbeeren eine recht aufwendige Bewirtschaftung, damit sie nicht von Gräsern und Wildblumen überwuchert werden, während Minze sich zwar ausbreitet, aber im Winter einzieht, sodass heimische Gewächse ungehindert wachsen und sie überwuchern können. Abhilfe schaffen kräftiges Mulchen und das Liegenlassen von Schnittabfällen, doch manchmal ist es auch am besten, einfach Gräser und Wildblumen als Bodendecker zu lassen. Sie können jeden Sommer gemäht und so an der Ausbreitung gehindert werden.

Ein älterer linearer essbarer Wald auf der Tap o' Noth Farm in Schottland. Dort habe ich diese Methode entdeckt.

AUSWAHL UND PFLEGE VON OBSTBÄUMEN

Für einen Obsthain benötigt man mindestens fünf Obstbäume – und bei linearen essbaren Wäldern ist es nicht anders. Wählen Sie die passenden Unterlagen für die Gehölze, um die Größe des Waldes an die Umgebung anzupassen: Für 10 m Länge brauchen Sie fünf M27-Apfelunterlagen, für 20 m die gleiche Zahl von M26-Unterlagen. Möglich ist auch ein sehr kurzer linearer essbarer Wald mit nur drei Obst- oder Nussbäumen. Die Bäume werden jährlich im Winter geschnitten, damit sie ihre Form bewahren und gut tragen. Im Winter wird mit Hackschnitzeln oder reifem Stallmist gemulcht. Im Sommer reichen Grasmulch um die Bäume und Chop-and-Drop-Material (siehe S. 62) zwischen den anderen Pflanzen.

Hier lege ich einen linearen essbaren Wald neu an. Gerade pflanze ich Bärlauch.

PFLANZPLAN FÜR EINEN LINEAREN ESSBAREN WALD

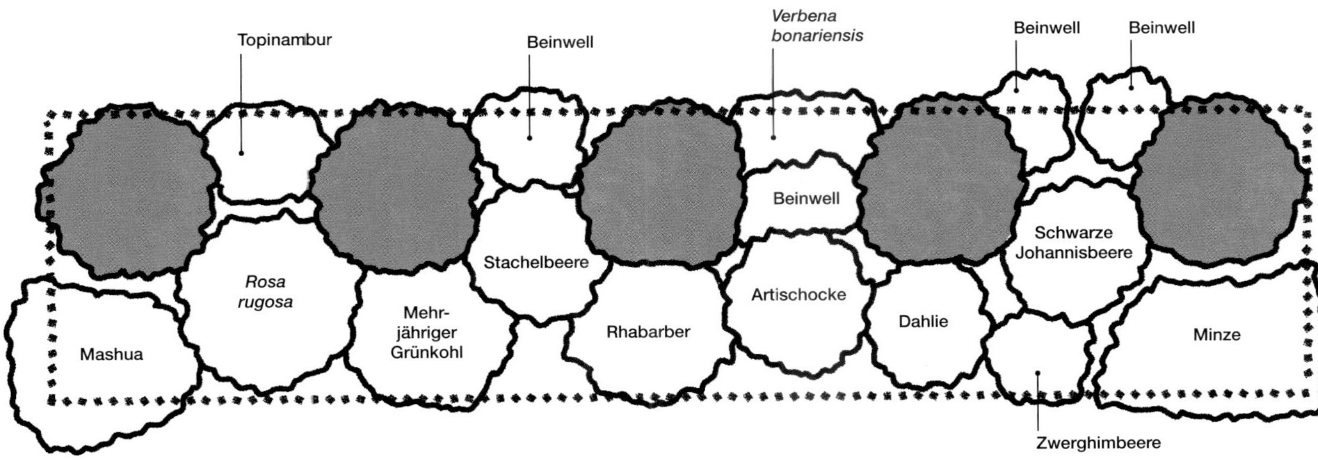

M27-Apfelbäume bilden die Grundstruktur dieses 10 × 2,5 m großen essbaren Waldes – sie werden als Erste gepflanzt. Dann folgen die restlichen Pflanzen.

LEGENDE

Apfelbäume mit M27-Unterlage

AUSRICHTUNG

Die Ausrichtung eines linearen essbaren Waldes hängt von vielen Faktoren ab. Die folgenden drei Punkte sollen Ihnen die Entscheidung darüber erleichtern, was für Ihren Garten am besten ist:

1. Windschutz Welche Windrichtung herrscht in Ihrer Gegend überwiegend? Kann ein linearer essbarer Wald als Windschutz für den restlichen Garten dienen?
2. Topografie Liegt Ihr Garten an einem Hang? Wenn ja, überlegen Sie, ob Sie den Wald entlang der Höhenlinien anlegen (statt hangauf- oder -abwärts), denn so fängt er das abfließende Wasser gleichmäßig ab. Außerdem ist es so für Sie leichter, beim Ernten oder Pflegen der Pflanzen die Reihe entlangzugehen.
3. Klima Eine Nord-Süd-Ausrichtung gewährleistet einen gleichmäßigeren Lichteinfall im Tageslauf, während eine Ost-West-Ausrichtung eine lange südwärts gerichtete Seite zur Folge hat, durch die ein besonderes Mikroklima entsteht.

Um das Optimum aus einem Nord-Süd-Wald herauszuholen, kann man die Abstände zwischen den Obstbäumen erhöhen, da dadurch der Lichteinfall bei niedrigerem Sonnenstand höher ist. Oder man pflanzt die krautigen Gewächse an die Ostseite, damit sie vom kühleren Morgen profitieren, während die Beeren an die Westseite kommen, wo sie von der warmen Nachmittagssonne beschienen werden. In einem Ost-West-Wald gehören die Sonnenanbeter auf die Südseite und das Blattgemüse auf die Nordseite der Obstbäume, damit alle die für sie optimale Lichtdosis erhalten.

Wer die Ausrichtung nicht frei wählen kann – etwa, weil er einen langen, aber schmalen Garten hat –, sollte wissen, dass sowohl eine Nord-Süd- als auch eine Ost-West-Ausrichtung möglich sind, sich aber dann vielleicht nicht das Optimum herausholen lässt.

HÜHNER UND ENTEN ALS HELFER

Lineare essbare Wälder profitieren mitunter auch vom sorgsam geplanten Einsatz von Geflügel. Lässt man im Frühsommer Hühner kurzzeitig in den Wald, lichten sie den Unterwuchs ein bisschen aus, während sie im Spätherbst ebenfalls fleißig aufräumen. Enten kann man einige Wochen lang für ein paar Stunden am Tag hineinschicken, um Schnecken zu dezimieren. Damit die Geflügelschar sich auf einen bestimmten Bereich beschränkt, muss man aber in gute Elektrozäune investieren. Damit können Sie temporäre Gehege anlegen, sodass sich die Tiere immer nur bestimmte Bereiche im Garten vornehmen.

THEMENBEETE

Ein Beet innerhalb des Gartens kann als eigener Minigarten behandelt werden und neben Gemüse auch noch Kräuter und Blumen beherbergen.

Ein echtes Themenbeet enthält Nutzpflanzen und essbare Blüten in einer Menge, die eine Ernte lohnt (ab 3 m^2 Fläche). Themenbeete habe ich das erste Mal bei Vera Greutink gesehen, einer Permakulturgärtnerin in den Niederlanden.

DRINNEN, DRAUSSEN ODER BEIDES?

Themenbeete können drinnen wie draußen angelegt werden. Eines der besten Themenbeete für Küchengärten, auf das ich je gestoßen bin, war ein Pizzabeet mit Tomaten, Basilikum und allen anderen Gemüsepflanzen, die als Pizzabelag beliebt sind, also Paprika, Auberginen, Mais, Zwiebeln und Spinat. In unserem Klima ist so etwas nur unter einer Abdeckung möglich, also etwa in einem Folientunnel. Wenn Sie ein Themenbeet zu einem individuellen Thema anlegen, sollte es etwas sein, das Sie wirklich begeistert. Manchmal kann man sogar noch ein Frühbeet oder ein kleines Folienbeet dazunehmen, um die Bandbreite der Nutzpflanzen zu erweitern.

DAS BEET FÜR DIE ERTRAGSARME ZEIT

In diesem Themenbeet geht es darum, für die Zeit von etwa April bis Juni eine konstante Versorgung mit Essbarem sicherzustellen. Die Idealgröße beträgt 3 × 1,2 m (siehe S. 276–277). Mitmischen können zum Beispiel Frühjahrskohl, Brokkoli, Porree, Grünkohl, Rhabarber (mehrjährig), Schnittlauch (mehrjährig), Dicke Bohnen (für den Winter) und grüner Knoblauch. Entstehen durch die Ernte Lücken, füllt man sie mit Aussaaten für das zeitige Frühjahr, etwa Salaten, einjährigen Kräutern und Radieschen.

DAS FARBENFROHE SALATBEET

Ein einziges erhöhtes Beet mit den Maßen 3 × 1,2 m kann eine vierköpfige Familie mit fast allen Salaten versorgen, die sie vom April bis zum Spätherbst braucht. Durch Anbau unterschiedlichster Sorten des folgenden Gemüses mit einer anregenden Kombination aus Farben und Texturen ist sichergestellt, dass sich innerhalb weniger Minuten spontan eine verblüffende Mischung herausholen lässt. Empfehlenswert sind Kapuzinerkresse, Borretsch, Ringelblumen, Frühlingszwiebeln, Schnittlauch, Pak Choi, Kopfsalat, Radieschen, Asia-Salate, Mangold und Grünkohl (die beiden Letzteren als Babygemüse), Zuckererbsen und Zuckerbrecherbsen.

WEITERE IDEEN FÜR THEMENBEETE

Blütenmedley Eine Mischung aus einjährigen essbaren Blüten und einigen Mehrjährigen wie Dahlien, Rosen und Schnittlauch, außerdem Gemüse, das essbare Blüten liefert, z. B. Zucchini, Feuerbohnen, Dicke Bohnen, Rucola und Rettiche bzw. Radieschen.

Bestäuberfreundlich Ein Mix aus mehrjährigen und einjährigen Blühpflanzen wie Koreaminze, Indianernessel, Zinnie, Ringelblume, Schafgarbe und Kosmee, die Nützlinge in den Garten locken sollen.

Wunderbares Sonderbares Ungewöhnliche und faszinierende Gemüsesorten, die beim Essen ein ausgezeichneter Gesprächsstoff sind. Dazu gehören viele der mehrjährigen Knollenpflanzen genauso wie alte Sorten, die aus der Mode gekommen sind, aber einen Platz im Garten verdienen, etwa Haferwurzeln.

Von rechts im Uhrzeigersinn: Ernte aus einem Pizzabeet, ein Medley essbarer Blüten und ich beim Abzwicken welker Ringelblumenblüten in meinem Bestäuberbeet.

POLYKULTUR IN BEETEN AUSWEITEN

Im Küchengarten gibt es fast unbegrenzt Wege, Polykultur umzusetzen und auszuweiten. Besonders gern nehme ich meine Beete mit einjährigem Gemüse ins Visier, obwohl auch Mehrjährige mit ins Spiel gebracht werden können.

Bei richtiger Umsetzung sollte die Ausweitung der Polykultur auf Gemüsebeete kaum Auswirkungen auf den Ertrag der Hauptpflanzen haben, zugleich aber die Attraktivität und Resilienz des Gartens beträchtlich erhöhen – und natürlich das Spektrum der Nutzgewächse erweitern.

POLYKULTUR IN BEETEN MIT EINJÄHRIGEN PFLANZEN

Hier einige meiner bevorzugten Methoden, mit denen ich die Polykultur in den Gemüsebeeten voranbringe.

Übersäen

Wir Gartenbesitzer neigen dazu, mehr auszusäen und anzubauen, als wir brauchen. Ich sehe das sogar als Vorteil, denn es stärkt die Resilienz unserer Pflanzungen: Wir haben Reserven für den Fall, dass es Ausfälle gibt, und alles, was übrig bleibt, kann genutzt werden, um die Polykultur im Garten zu erhöhen. So etwas wie einen komplett gefüllten Garten gibt es nicht: Man hat immer noch die Möglichkeit, etwas mehr zu wagen. Und Ihr Job ist es, das auszuprobieren!

Lücken füllen

Irgendwo im Garten tun sich stets Lücken auf, und je mehr wir ernten, desto häufiger werden sie. Lücken aber müssen gestopft werden – wir wollen im Garten keine nackte Erde sehen. Gesunde Böden sind nur möglich, wenn lebende Pflanzen das Areal so lange wie möglich in Beschlag nehmen. Ich empfinde mich da ein bisschen als Pflanzenkuppler: Ich sehe mir an, was mir alles an Reservesetzlingen zur Verfügung steht, und entscheide dann, was für welche Lücke am besten passt, berücksichtige dabei aber, wie sich die schon vorhandenen Nutzpflanzen in den nächsten Wochen entwickeln werden.

Kleine Lücken eignen sich für hohe und aufrecht wachsende Pflanzen wie Porree, Dill und Grünkohl, größere vielleicht für Blattgemüse, Wurzelgemüse oder Blumenkohl. Man kann sogar ein Miniklettergerüst für Erbsen aufstellen. Wichtig ist, das Lückenfüllen kreativ anzugehen. Hilfreich sind dabei die Prinzipien der visuellen Polykultur (siehe S. 248–251). Auch durch Direktaussaat lassen sich Leerstellen im Garten schließen (siehe S. 180–181).

Nachpflanzen

Diese Spezialform des Lückenfüllens dient dazu, Ausfälle oder kümmernde Exemplare zu ersetzen. Wenn Sie beispielsweise Horstsaaten Roter Beten angelegt haben und einer dieser Horste verabschiedet sich aus nicht nachvollziehbaren Gründen, ohne dass Sie Ersatz in der Hinterhand haben, pflanzen Sie stattdessen etwas anderes. Weiteres Beispiel: Sie säen eine Gruppe Nutzpflanzen aus, etwa Mais, aber nach ein paar Wochen scheint ein Exemplar nicht mehr so recht zu wollen. Also können Sie die kümmernde Pflanze entfernen. Damit senken sie das Risiko eines Schädlings- und Krankheitsbefalls und können an ihrer Stelle etwas pflanzen, das besser wächst und später geerntet werden kann.

Mischkultur

Kombinieren Sie Nutzpflanzen (meist sind es zwei) in einem sich wiederholenden, geschlossenen Muster, beispielsweise Möhren abwechselnd in einer Reihe mit Speisezwiebeln. Der Duft der Zwiebeln hält die Möhrenfliege fern und verwirrt sie (siehe S. 265). Eine weitere Möglichkeit besteht darin, Zwiebeln in einem Blasenmuster zu pflanzen und innerhalb jeder Blase Möhrenhorste direkt auszusäen. Ich kombiniere Petersilie oder Koriander zwischen meinen Feuerbohnen am Fuß der Klettergerüste. Der Koriander gedeiht bestens an der Nordseite eines Stangenzelts, da er dort Schatten hat und nicht so schnell schosst. Von Zwischenkultur spricht man, wenn man in eine Lücke eine wüchsige Pflanze steckt, die geerntet wird, bevor das Hauptgemüse reif ist und den gesamten Platz in Anspruch nimmt. Ich finde, Pak Choi eignet sich ausgezeichnet als Zwischenkultur, wenn ich meinen Winter- und Frühjahrskohl auspflanze. Völlig unkompliziert ist die Aussaat einer Radieschenreihe zwischen Kartoffeln.

Diagonalpflanzung

Ein weiteres Muster für die Mischkultur, das sich auch zur Steigerung des Ertrags einer Nutzpflanze einsetzen lässt, ist die Pflanzung in diagonalen Reihen statt in einem Gittermuster. Wenn alle Pflanzen in etwa die gleiche Größe erreichen, ermöglicht ein diagonales Muster eine dichtere Bepflanzung, sodass man auf gleichem Raum mehr Exemplare unterbringt.

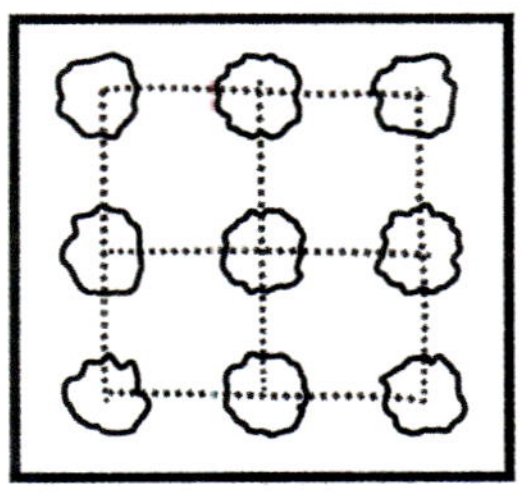

TRADITIONELLES GITTERMUSTER

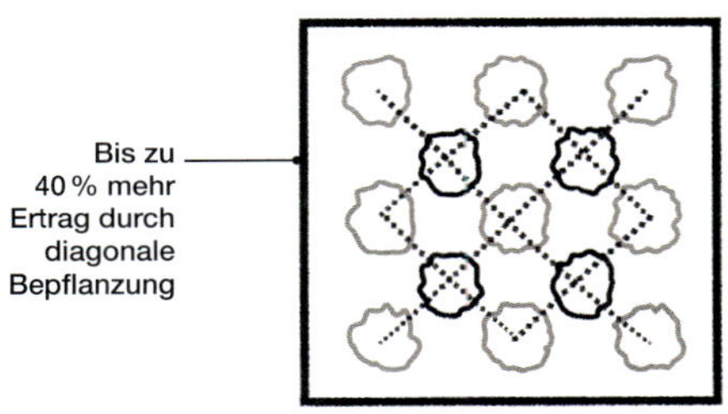

DIAGONALES MUSTER

Durch diagonale Pflanzung wird der verfügbare Raum besser genutzt. Man kann so auch ähnlich große Pflanzen kombinieren.

Unterpflanzung

Bei dieser Form der Mischkultur wird der »leere« Boden genutzt, der entsteht, wenn hohe Pflanzen reifen. Ein gutes Beispiel sind Tomaten und Grünkohl. Wenn man sie in ihren endgültigen Abständen pflanzt, will man anfangs keine anderen Nutzpflanzen dazwischen haben, die ihr Wachstum hemmen. Aber sobald eine Tomatenpflanze über 1 m hoch ist, wird darunter genug Platz frei, um dort niedrige Gewächse anzusiedeln, die mit Halbschatten zurechtkommen. Selbst wenn Sie bereits Basilikum, Studentenblumen oder Ringelblumen mit den Tomaten kombiniert haben, bleibt doch direkt unter den Pflanzen noch Platz, etwa für mehr Basilikum und Ringelblumen, aber auch Kapuzinerkresse, schossfeste Salate, Koriander und Möhren.

Eckbepflanzung

In die Ecken eines Rahmen- oder Hochbeets kann man Pflanzen setzen, die über den Rand hinauswachsen. Ideal sind insbesondere Arten, die mit Trockenheit zurechtkommen, denn die Ecken trocknen als Erstes aus. Ich nutze die Winkel, um Farbtupfer zu setzen oder höhere Gewächse unterzubringen. Jeden Winter behalte ich eine Pastinake oder eine Porreegruppe in einer Ecke, damit sie später noch blühen können. Leichter lässt sich Polykultur kaum optimieren. Folgende einjährige Pflanzen eignen sich bestens als »Eckensteher«: Kapuzinerkresse, Ringelblume, Zwergkosmee, Hängetomate, Zwergfeuerbohne und einjährige Kräuter.

Hier binde ich eine blühende Pastinake hoch, damit sie nicht umfällt. Ihre Dolden sind unter Nützlingen heiß begehrt.

MEHRJÄHRIGE INTEGRIEREN

Auch Mehrjährige können bei der Optimierung der Polykultur in Beeten mitmischen. Wenn Sie Mehrjährige in Einjährigenbeete integrieren, sollten Sie aber gut überlegen, welchen Platz Sie ihnen zuweisen, und sich zudem fragen, ob es nicht vielleicht besser ist, ein ganzes Beet mit Mehrjährigen anzulegen, statt sie zwischen Einjährige zu setzen. Der Grund: Mehrjährige haben länger Bestand (zumindest ein paar Jahre lang) und stellen andere Ansprüche an den Kompost als Einjährige.

In der Regel sollten Ein- und Mehrjährige in separaten Beeten angebaut werden oder die Mehrjährigen zumindest ans Ende bzw. in die Beetecken kommen, denn das erleichtert die Planung und Pflege. Gerade Kräuter und Knollengemüse wie Thymian, Schnittlauch, Oca und Knollen-Ziest sind in Ecken bestens aufgehoben. Fügt man Mehrjährige hinzu, müssen ihr Wuchs, Wasser- und Nährstoffbedarf sowie ihre optische Wirkung berücksichtigt werden. Ich finde, Blüten und mehrjährige Kräuter wie der Zitronenstrauch lassen sich am leichtesten in Einjährigenbeete integrieren, doch kann man es sogar mit einem von einer Gilde eingefassten Zwergobstbaum probieren.

BEET MIT MEHRJÄHRIGEN UND EINJÄHRIGEN

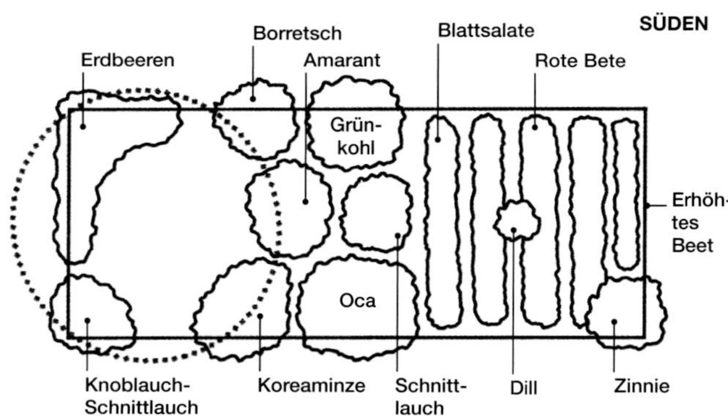

Hier ein Hybridbeet, das so vielfältig wie möglich angelegt wurde, ohne Abstriche beim Ertrag zu machen.

Übergang von einjährigen zu mehrjährigen Beeten

Da ich allmählich zu einem eher mehrjährig ausgerichteten Küchengartenstil übergehe, habe ich ein paar Beete, die sich in einer Übergangsphase zu komplett mehrjähriger Bepflanzung befinden. Der Grund dafür: Manche Mehrjährige brauchen ein, zwei Jahre, bis sie reif sind, andere hingegen liefern sofort. Ein Spargelbeet etwa kann im ersten Jahr als Salat- und im zweiten als Erdbeerbeet zwischengenutzt werden. Irgendwann schieben sich die Stangen zwischen der Erdbeerschicht heraus. Beide Pflanzen nehmen unterschiedlich viel Platz in Anspruch, was der Schlüssel zu einer erfolgreichen Mischkultur ist, bei der beide Protagonisten gedeihen.

Einsatz mehrjähriger Knollenpflanzen

Das Integrieren der meisten Mehrjährigen erfordert zwar eine gewisse Vorsicht, doch bei mehrjährigem Knollengemüse ist das nicht nötig. Denn es wird oft wie einjähriges Gemüse behandelt, das heißt, dass nach dem Ernten nichts mehr davon vorhanden ist. Oca beispielsweise fault, wenn man die Knollen in einem rauen, nassen Winter im Boden lässt, und wird genau wie Kartoffeln angebaut, also geerntet, gelagert und im Frühjahr ganz neu eingepflanzt.

BIODIVERSITÄTSINSELN

Die Pflanzen, die Nützlinge anlocken (siehe S. 261), lassen sich zu Biodiversitätsinseln zusammenfassen. In erhöhten Beeten kann das eines der beiden Enden sein, an dem man eine Blütenmischung aussät, um einen natürlicheren Pflanzstil zu erlangen, statt einem festen Muster anzuhängen. Für die Inseln der Vielfalt zwischen einjährigem Gemüse eignen sich Mehrjährige wie Koreaminze, Indianernessel und Schafgarbe. Meine Faustregel lautet: Reserviere 10 Prozent der Anbaufläche im Garten ausschließlich für die Biodiversität. Dieses Zehntel lässt sich aber genauso gut mit Töpfen erreichen (siehe S. 255).

Ein (mehrjähriger) Zitronenstrauch inmitten eines Meers aus Einjährigen, mit Koriander zu seiner Rechten, einem Kürbis zu seiner Linken und rosa Kosmeen.

VISUELLE POLYKULTUR

Ein Küchengarten mit vielen verschiedenen Nutzpflanzen sieht von Natur aus schön aus. Dennoch gibt es ein paar simple Tricks, mit denen er sich zusätzlich aufhübschen lässt, sodass man irgendwann nur noch eines im Sinn hat: so viel Zeit wie möglich darin zu verbringen.

KONTRASTE

Kontraste, also das Nebeneinander auffallend unterschiedlicher Elemente, machen Pflanzungen optisch ansprechend und interessant. Hier einige wesentliche Elemente, mit denen sich in Küchengärten Kontrapunkte setzen lassen.

Texturkontraste

Durch Kombination von Nutzpflanzen mit unterschiedlichen Blatttexturen, also etwa von Roten Beten, Oca und Fenchel, erreicht man eine kraftvolle Ästhetik. Ein weiteres Beispiel ist die Mischkultur aus Zwiebeln und Möhren, die beide völlig andere Blattformen haben.

Farbkontraste

Es gibt zwei Formen von Farbkontrasten: komplementäre (mit Farben, die sich im Farbkreis gegenüberstehen) und analoge (mit Farben, die im Farbkreis aneinandergrenzen). Ein Beispiel für einen Komplementärkontrast wäre eine gelbe Ringelblume vor einem violetten Grünkohl. Ein analoger Kontrast ergibt sich, wenn man rote, rotorange und orange Kapuzinerkressen kombiniert.

Größen-/Wuchsformkontraste

Einen anregenden Kontrast erreicht man im Garten auch durch Gegenüberstellung unterschiedlichster Pflanzengrößen und -wuchsformen. So kann man beispielsweise in der Mitte eines Salatbeets ein Stangenzelt für Kletterbohnen platzieren, was optisch für Abwechslung sorgt. Auch Hängetomaten am Rand eines Salatbeets bringen visuelle Spannung ins Spiel.

Je mehr Schichten ein Garten aufweist, desto stärkere optische Wirkung entfaltet er. Dabei sollte man aber auf eine ausgewogene Kombination aus Schönem und Nützlichem achten. Möglich wird das durch eine horizontale Schichtung, mit den niedrigsten Nutzpflanzen am vorderen Rand und den höchsten ganz hinten, wobei man darauf achten muss, dass die hohen, großen keinen Schatten auf die kleinen werfen.

FARBKREIS

Ein Farbkreis oder Farbrad (unten) gliedert Farben nach ihrer Beziehung zueinander. Kontrastierende Farben stehen sich gegenüber, analoge sind nebeneinander angeordnet. Mit diesem Farbkreis als Vorlage können Sie bei der Planung in Ihrem Garten Farbkontrapunkte setzen. Der vielleicht auffälligste Kontrast ist Rot-Grün. Zum Glück bringen ein paar Nutzpflanzen genau diesen Gegensatz schon mit, ohne dass man eine andere Pflanze dafür ins Spiel bringen müsste. Die vier häufigsten sind Feuerbohnen, rote Chilis, Tomaten und Roter Mangold.

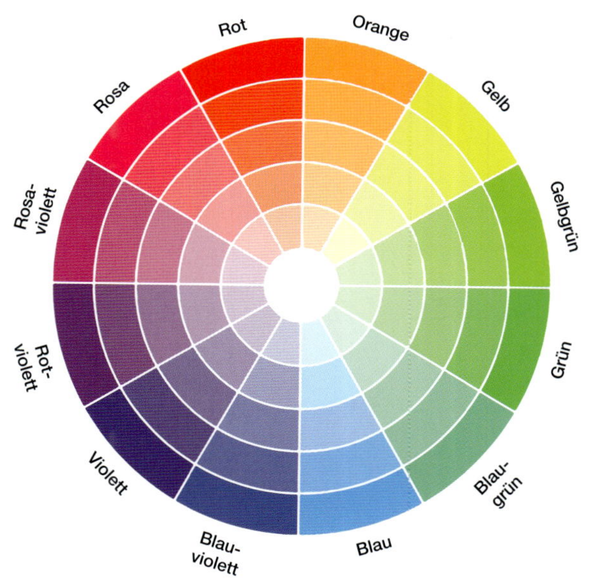

Von oben links im Uhrzeigersinn: Kürbisblüte zwischen blühendem Koriander, Dillblüten und Amarant, ein vertikales Stangenzelt mit Feuerbohnen, blaue Borretsch- und orange Ringelblumenblüten als Komplementärkontrast, Verbena bonariensis *und Feuerbohnen in Rotviolett und Gelbgrün.*

HARMONISCHE PFLANZUNG

Kontrast regt an, Harmonie beruhigt. Harmonische Pflanzengemeinschaften im Garten wirken entspannend, etwa am Ende einer Sichtachse als optische Einladung platziert (siehe Kasten gegenüber). Harmonie entsteht, wenn man Pflanzen mit analogen Farben oder zueinander passenden Blatttexturen kombiniert. Pastellfarbschemata (etwa eine Rabatte mit Kosmeen oder alten Duftwickensorten) eignen sich ausgezeichnet als Harmoniegeber. Auch zartgliedrige Gewächse wie Dill, die Koriandersorte 'Confetti' und Kamille vermitteln Ruhe.

LEITPFLANZEN

Viele haben Pflanzen in der Hinterhand, mit denen sie allzu grüne Winkel im Garten aufpeppen. Bei mir ist das der Rispen-Fuchsschwanz (*Amaranthus cruentus*), eines der auffälligsten Gewächse. Er verleiht einer Pflanzung nicht nur Höhe und Farbe, sondern steuert durch seine Samenstände auch eine besondere Textur bei. Ebenfalls sehr empfehlenswert sind Sonnenblumen (vor allem Zwergformen) und Kapuzinerkresse. Ich setze aber auch Töpfe mit Pflanzen für Bestäuber ein; sie haben den Vorteil, dass sie transportabel sind (siehe S. 255).

Hier genieße ich als kleinen Snack in meinem Garten Fenchelsamen.

ANSICHTEN UND AUSBLICKE

Hat Ihr Garten eine Schokoladenseite, von der aus Sie ihn am liebsten betrachten? Bei mir ist es der Ausblick vom Werkzeugschuppen quer durch den Garten zum Gewächshaus (unten). Nutzen Sie die schönsten Gartenansichten, um die Prinzipien der visuellen Polykultur in Ihren Bepflanzungsplänen umzusetzen. Mit roten Pfeilen können Sie die wichtigsten Sichtachsen auf dem Plan markieren. Entscheiden Sie sich für Kombinationen, die Ihnen am besten gefallen. Funktioniert etwas nicht, können Sie es im nächsten Jahr immer noch ändern.

SORTEN

Heute gibt es ungewöhnlichere, wundervollere Sorten als je zuvor, darunter schwarze Tomaten, violette Erbsen, goldene Rote Beten und gelbe Möhren, um nur einige zu nennen. Dank Internet ist es leicht, sich Samen besonderer Züchtungen zu besorgen, die man im Gartencenter vor Ort nie bekommen würde. Sehen Sie sich die Liste mit Anbietern auf S. 281 an; viele bieten Hinguckersorten an, die zur Erntezeit unweigerlich die Blicke auf sich ziehen.

POLYKULTUR IN TÖPFEN

Große Töpfe lassen sich im Prinzip ähnlich wie Beete als eigenständige Minigärten auffassen. Damit eine ordentliche Palette an Pflanzen hineinpasst, sollte das Gefäß einen Durchmesser von mindestens 40 cm haben.

Ich rate dazu, Polykulturtöpfe nur mit Einjährigen zu bepflanzen. Hat man einen Balkon und kann sowieso nur mit Pflanzgefäßen arbeiten, kommen Mehrjährige in einen eigenen Topf.

Bei der Bepflanzung der Gefäße ist das wichtigste Gestaltungsprinzip die Größenstaffelung: Die höchsten Gewächse kommen nach hinten, die niedrigsten nach vorn. Man kann die Pflanzen etwas enger setzen als im Gartenbeet, aber pressen Sie nicht zu viel hinein, sonst behindern sie sich gegenseitig beim Wachsen, was die Erträge senkt.

Platz ist im Gefäß naturgemäß knapp, doch gerade das zwingt zu geschickter Planung. Da in Gefäßen verglichen mit der Anbaufläche viel Rand vorhanden ist, kann man aus dieser Not eine Tugend machen und Arten hineinsetzen, die über den Rand wachsen. Hinten lässt sich eine kleine Rankhilfe hineinstecken, an der Erbsen und Bohnen hochklettern, doch sollte sie leicht nach außen geneigt sein. So bleibt mehr Platz in den unteren Schichten, was die Palette der Pflanzen, die sich im Gefäß anbauen lassen, zusätzlich vergrößert.

Nicht alle Einjährigen eignen sich für Polykulturtöpfe, etwa wenn sie sehr groß werden, überaus hungrig sind und viel Wurzelraum brauchen. Dazu gehören breite Kohlgewächse wie Blumenkohl, aber auch Kartoffeln, Kürbisse und nicht hängend wachsende Tomaten. Die unten aufgelisteten Einjährigen dagegen sind uneingeschränkt topftauglich.

EINJÄHRIGE FÜR POLYKULTURTÖPFE

Hoch	Mittelhoch	Niedrig
Erbsen	Blattmangold	Blattsalate
Grünkohl	Borretsch	Frühlingszwiebeln
Gurken (erzogen)	Dill	Hängetomaten
Kletterbohnen	Knollenfenchel	Kapuzinerkresse
Sonnenblume	Porree	Koriander
	Ringelblume	Möhre
	Zinnie	Petersilie
		Radieschen
		Rote Bete
		Zwergbohnen

Sobald in Kübeln kultivierte Frühkartoffeln geerntet sind, füllt man die Erde wieder ins Gefäß und bepflanzt es mit anderen Nahrungspflanzen. Schließlich soll in Kleingärten kein Platz verschenkt werden.

Ein wilder Mix aus Einjährigen im Metallgefäß (oben) und ein Gefäß eigens für Nützlinge mit einer Rudbeckie als zentraler Leitpflanze in der Mitte (rechts).

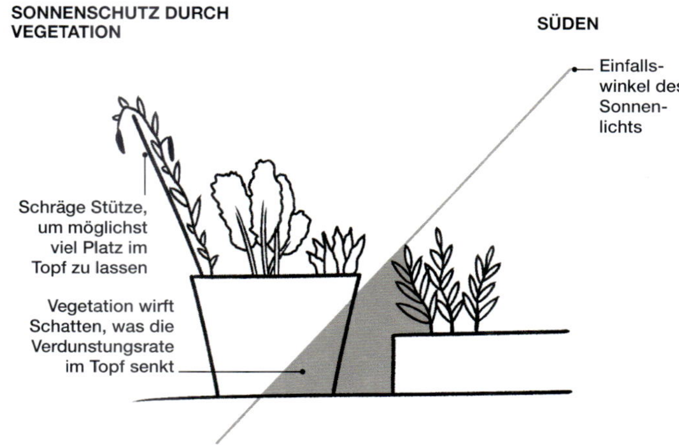

Im Sommer lässt sich der Schatten, den die Bepflanzung wirft, zur Senkung des Wasserverbrauchs nutzen.

WÄSSERN UND PFLEGE

Töpfe können rasch austrocknen, vor allem, wenn eine Seite viel Sonne abbekommt. Verhindern lässt sich das, indem man die Gefäße hinter niedrigen Bewuchs stellt, der die Gefäßwand beschattet und so die Verdunstungsrate senkt. Auch Mulch ist bei der Topfkultur Ihr Freund. Wenn Sie das Gefäß beschatten und den Inhalt zusätzlich mit einer 5 cm hohen Mulchschicht aus Grasschnitt oder teilweise verrottetem Herbstlaub bedecken, bleiben die Pflanzen gesund und werden nicht gestresst.

Ich empfehle außerdem ein Tropfbewässerungssystem, falls Sie mehr als nur ein paar Gefäße haben, damit sie sich möglichst einfach wässern lassen (siehe S. 92–93). Die Bodengesundheit ist in Töpfen mangels Masse immer ein Problem. Deshalb braucht der Inhalt regelmäßig einen Flüssigdünger und biologische Zusätze (siehe S. 272–273).

HUWS TIPP

Halten Sie Ausschau nach Zwergsorten, z. B. von Feuerbohnen oder Erbsen, um mehr Gestaltungsspielraum zu haben.

PFLANZGEFÄSSE FÜR NÜTZLINGE

Pflanzgefäße sind hervorragende Mini-Inseln zur Erhöhung der Biodiversität. Einen bepflanzten Kartoffeleimer etwa können Sie bequem im Garten herumtransportieren. Bestücken Sie alljährlich 3–5 solcher Kübel mit einem Mix aus nützlingsfreundlichen Pflanzen. Ist ein Winkel im Garten allzu langweilig grün, stellen Sie eines der Gefäße dazu. Es bereichert ihn mit Farbe – und natürlich auch mit Nutzinsekten.

Ein gesunder Garten

STRATEGIEN FÜR EINEN GESUNDEN GARTEN

Schädlinge haben natürliche Feinde, zu denen auch Gartenbesitzer zählen, Krankheiten hingegen nicht – gegen sie geht man präventiv durch Erhöhung der mikrobiellen Vielfalt vor. Polykultur verbessert die Resilienz, dezimiert Schädlinge und verhindert Krankheiten.

Ein Permakulturgarten braucht Schädlinge. Das ist ein unerhörtes Statement, das sicher bei vielen ein Stirnrunzeln hervorruft. Aber Schädlinge werden aus zweierlei Gründen gebraucht: um den Fokus auf ungesunde Pflanzen zu lenken und um die Population ihrer Fressfeinde zu stärken. Außerdem müssen Gartenbesitzer auch gegen Krankheiten vorgehen.

KRANKE PFLANZEN IN DEN FOKUS RÜCKEN

Pflanzen sind wie Menschen: Je robuster sie sind, desto geringer die Gefahr, dass sie krank werden. Aber unverwunderbar sind sie nicht. So kann einjähriges Gemüse Blattläuse, Flohkäfer und Raupen aushalten, wenn es gesund genug ist, aber kränkelt es, erliegt es schließlich vielleicht den Attacken. Durch Verbesserung der Bodengesundheit im Garten machen Sie Ihre Pflanzen robuster und resilienter. Krankheitserreger (und Schädlinge) breiten sich in Polykulturgärten mit ihrer vielfältigen Mikrobiologie im Boden und auf den Pflanzen schwerer aus. Erreicht wird diese vor allem durch Förderung der Bodengesundheit und mikrobenreiche Zusätze (siehe S. 272–273).

PRÄDATORENPOPULATION

Chemische Pestizide kommen nicht infrage, also bleibt nur, Nützlinge für die biologische Bekämpfung anzulocken. Räuberische Insekten und ihre Larven sind unsere Verbündeten, wenn es darum geht, einen üppigen Garten zu erhalten. So fressen zum Beispiel nur die Larven von Schwebfliegen Blattläuse, die erwachsenen Schwebfliegen selbst jedoch nicht. Bei Marienkäfern hingegen machen sich beide Entwicklungsstadien über die Schädlinge her. Ich wähle die Bepflanzung so, dass die adulten Formen der räuberischen Insekten in den Garten gelockt werden (siehe S. 261). Am nützlichsten sind die Larven von häufigen Bestäubern wie Schwebfliegen, Raubwespen und Florfliegen. Marienkäfer bestäuben Blüten indirekt, weil sie auf der Suche nach Blattläusen von Pflanze zu Pflanze fliegen. Ihre Larven verspeisen mehr Blattläuse als die adulten Tiere. Nützlinge wie Laufkäfer und Spinnen sind zwar keine Bestäuber, dezimieren die Schädlingsschar aber ebenfalls.

Immer wenn ich einen Befall, etwa Blattläuse an den Spitzen von Rosentrieben, entdecke, beobachte ich sie zunächst und ergreife Maßnahmen, sobald ich den Eindruck habe, dass sie überhandnehmen (mehr über die Bekämpfung ganz bestimmter Schädlinge auf S. 262–265). In etwa 20 Prozent der Fälle muss ich eingreifen, doch stelle ich auch oft fest, dass man nur Geduld braucht, um einen ausgewogenen Zustand zu erreichen. In der Natur existiert ein dynamisches Gleichgewicht – schlägt das Pendel zu sehr in eine Richtung aus, reguliert sie sich selbst. In einem Garten kann man sich das zunutze machen, aber weil er ein bewirtschaftetes System mit anvisierten Erträgen ist, muss der Mensch manchmal aktiv werden.

Nützliche Prädatoren anlocken

Wer Schädlingsvertilger anlocken möchte, muss ihnen statt einer bloßen Anlaufstation eine echte Heimat bieten. Wie? Durch Polykultur. Wenn ein Schädling oder Krankheitserreger auf eine Monokultur stößt, die er gern verspeist bzw. infiziert, tut er sich leicht, sie zu beeinträchtigen oder ganz zu zerstören. Da in der Polykultur Nutzpflanzen auf kleinere Gruppen verteilt und von anderen Nutzpflanzen umgeben sind, vielleicht hie und da sogar noch ein paar Blumen und Kräuter wachsen, fällt es Schädlingen und Krankheiten wesentlich schwerer, sie zu befallen, denn es sind viele lebende Hindernisse im Weg.

Ein Prinzip der Polykultur lautet: nicht alles auf eine Karte setzen. Anders gesagt: Bauen Sie eine bestimmte Nutzpflanze an zwei Stellen im Garten an. Polykultur senkt das Risiko, verbessert die Pflanzengesundheit und lockt Nützlinge an. Sie gibt der Natur auch mehr Zeit, alles selbst zu regeln. Mehr über Polykultur auf S. 228–255.

VÖGEL IM GARTEN

Vögel sind im Garten Schädlinge und Nützlinge zugleich, was wieder einmal beweist, wie wichtig der Kontext ist. Eine Amsel im Erdbeerbeet gilt als Schädling, aber wenn sie eine Schnecke verspeist, ist sie Nützling und Freund.

Mein Garten ist ein Patchwork unterschiedlichster Mehrjähriger und Einjähriger, die ein resilientes Ökosystem bilden.

RESILIENTE UND WIDERSTANDSFÄHIGE SORTEN

Eine weitere Strategie zur Bekämpfung von Schädlingen und Krankheiten besteht darin, widerstandsfähige Sorten zu pflanzen. Die Zahl der Züchtungen, die resilient gegen häufige Krankheiten wie die Krautfäule bei Kartoffeln oder die Kohlhernie bei Kohl sind, wird immer größer. Gegen Schädlinge widerstandsfähige Sorten sind bei Möhren 'Flyaway' und 'Resistafly', die nicht von der Möhrenfliege befallen werden. Die meisten resistenten Sorten sind zwar moderne Hybriden, doch schmecken sie immer noch besser als Supermarktware. Ich bevorzuge eigentlich alte und samenechte Sorten, aber wenn eine moderne Sorte mir madenfreie Möhren oder Tomaten ohne Fäule verspricht und die Alternative ein Ernteausfall ist, dann entscheide ich mich lieber für eine erfolgreiche Ernte.

WAS IST MIT FRUCHTFOLGE?

Fruchtfolge bedeutet, vereinfacht gesagt, dass Nutzpflanzen zu Gruppen – wie zum Beispiel Wurzelgemüse – zusammengefasst und jedes Jahr an einem neuen Standort angebaut werden. Erst nach zwei oder drei Jahren landen sie wieder dort, wo sie schon einmal angebaut wurden. Diese beliebte Methode wurde für den Ackerbau entwickelt, um ein Überhandnehmen bodenbürtiger Schädlinge und Krankheiten sowie ein Nährstoffungleichgewicht im Erdreich zu verhindern.

Ich praktiziere seit ungefähr zehn Jahren keine Fruchtfolge mehr. In der Natur gibt es sie nicht. Baut man Nutzpflanzen blockweise an, schafft man dadurch eine dynamische Monokultur (die jährlich den Standort wechselt). Wenn ich alle Kohlgewächse in einem Gartenabschnitt kultiviere, steigt das Risiko, dass sie sich auf Kohl spezialisierte Schädlinge oder Krankheiten einfangen, was zu beträchtlichen Schäden führt.

Wer Staffelanbau praktiziert (siehe S. 218), mit Polykultur arbeitet und den Boden jährlich mit organischer Substanz anreichert, braucht keine Fruchtfolge. Sollte wirklich einmal der Extremfall eintreten, sich also ein im Boden sitzender Schädling wie die Kohlfliege festsetzen, bauen Sie den Kohl im nächsten Jahr einfach woanders an.

NÜTZLINGSMAGNETE

Die richtigen Blüten locken Nützlinge an wie das Licht die Motten. Gängige Praxis ist, die Gartenränder mit diesen Insektenmagneten zu bepflanzen, aber ich rate dringend, sie über den ganzen Garten zu verstreuen. Eine einfache Strategie besteht darin, Ecken oder Enden von Gartenbeeten als »Bestäuberinseln« zu reservieren und Nützlinge so auf eine Reise durch Ihre Nutzpflanzen einzuladen, sodass sie überall en passant Schädlinge dezimieren. Alternativ kann man »Bestäubertöpfe« bepflanzen und als mobilen Einsatztrupp in Bereiche stellen, in denen Blüten Mangelware sind. Randbereiche eines Gartens sind ein idealer Lebensraum, in dem man Wild- bzw. einheimische Pflanzen für Nützlinge wachsen lässt, etwa Brennnesseln, die Schmetterlingsraupen Nahrung bieten und zugleich Jagdgründe für Marienkäfer sind.

Folgende Pflanzen sind mit ihren Blüten die besten Lockangebote für Nützlinge. Ich habe jeweils meine besten Einjährigen, Zweijährigen und Mehrjährigen separat aufgeführt. So können Sie nach Belieben entscheiden, was Sie wo pflanzen.

Versuchen Sie möglichst viele unterschiedliche Doldenblütler in Ihrem Garten unterzubringen. Die Blütendolden von Pflanzen wie Möhren, Dill und Petersilie sind eine leicht zugängliche Nektar- und Pollenquelle für zahlreiche nützliche Insekten. Joshua Sparkes, ein Farmer aus North Devon in Großbritannien, der mit natürlichen landwirtschaftlichen Anbaumethoden experimentiert, setzt in jedes Gemüsebeet ein aromatisches Kraut, um Nützlinge zu einem Besuch zu verleiten. Besonders gern setzt er Dill ein.

»Einer Studie aus den 1960ern zufolge haben mehr als 300 Insektenarten eine Möhrenblüte besucht. Wenn das kein Grund ist, Doldenblütler anzubauen!«

CHECKLISTE FÜR DEN PERFEKTEN GARTEN

Wenn Sie von dieser Checkliste in jeder Saison so viele Punkte wie möglich abarbeiten, sind Sie auf dem besten Weg, einen florierenden, resilienten Garten zu bekommen.

- aktiv an der Verbesserung der Bodengesundheit arbeiten
- einjährige Kräuter und Blumen zwischen das Gemüse setzen
- einige Gemüsepflanzen blühen lassen
- Hauptnutzpflanzen möglichst an mehreren Stellen anbauen
- an ein paar Stellen Brennnesseln und Wildgräser wachsen lassen
- die mehrjährigen Kräuter blühen lassen
- möglichst mit Staffelanbau arbeiten (siehe S. 218)

Einjährige	**Zweijährige**	**Mehrjährige**
Bienenfreund (*Phacelia*)	Fingerhüte	Engelwurz
Borretsch	Knollenfenchel	Gewürzfenchel
Dill	Möhren	Indianernessel
Kapuzinerkresse	Pastinaken	Katzenminze
Koriander	Petersilie	Magerwiesen-Margerite
Kosmeen	Porree	Minze
Ringelblumen		Schafgarbe
Sonnenblumen		Schnittlauch und Knoblauch-Schnittlauch
Studentenblumen		Sonnenhüte (*Echinacea*)
Zinnien		*Verbena bonariensis*

Von oben links im Uhrzeigersinn: Hummel, Schmetterling, Biene und Schwebfliege. Sie sind in meinem Garten die häufigsten Bestäuber.

SCHÄDLINGS-BEKÄMPFUNG

Es wird nicht ausbleiben, dass Schädlinge außer Kontrolle geraten. In diesem Fall muss man etwas gegen sie unternehmen. Ich habe im Lauf der Jahre viele natürliche Maßnahmen ausprobiert. Hier diejenigen, die konstant am meisten gebracht haben.

SCHNECKEN

Das vielleicht berühmteste Permakulturzitat lautet: »Es gibt kein Problem mit Schnecken, nur einen Mangel an Enten.« Zugeschrieben wird es oft Bill Mollison. Ein großes Manko ist insbesondere in unserem oft feuchtwarmen mitteleuropäischen Klima die Tatsache, dass es abgesehen von Kröten kaum natürliche Feinde gibt, die größere Mengen Schnecken vertilgen. Manche Vögel und Igel verschmähen sie zwar nicht, sind aber eher Nahrungsopportunisten. Aber für sie gibt es leckerere Happen als Schnecken. Die eifrigsten Schneckenvertilger sind die beiden Entenrassen Khaki Campbell und Indische Laufente. Ist Ihr Garten von einem Entengehege eingefasst (siehe S. 237), stehen die Chancen gut, dass Sie kaum Probleme mit den schleimigen Mitessern haben.

Auf Schneckenjagd gehen

Die zweitbeste Strategie ist die abendliche Hatz auf Schnecken etwa eine Stunde nach Sonnenuntergang, wenn die Tiere am aktivsten sind. Das dauert seine Zeit, weshalb man am besten zu zweit auf die Pirsch geht, aber eine bessere Strategie, um Sämlinge über die Nacht zu retten, habe ich noch nicht gefunden. Eine Schneckenjagd alle drei Tage begrenzt meiner Erfahrung nach die Schäden auf ein erträgliches Maß.

Nematoden

Die nächste Option ist der Kauf von Nematoden, eine wirksame biologische Bekämpfungsmaßnahme, die rund sechs Wochen lang wirkt. Nematoden sind mikroskopisch kleine Fadenwürmer. Manche befallen ausschließlich Schnecken,

WIE EINE SCHNECKE DENKEN

Wer erfolgreich auf Schneckenjagd gehen möchte, aber keine Zeit für nächtliche Erkundungstouren hat, kann Sachen in den Garten legen, unter denen sich die Weichtiere tagsüber verstecken. Früher wurden Rhabarberblätter ausgelegt (rechts und S. 138), doch auch unter Pappkartons (ganz rechts), Bretter, große Gefäße, Pflastersteine und Planen kriechen sie gern. Man platziert sie am Vortag im ganzen Garten und hebt sie am darauffolgenden Morgen hoch, um die Tiere aufzulesen.

Ich stelle meine Sämlingskulturen auf ein Drahtgitterregal, das ich an die Decke des Folientunnels hänge. So sind sie sicher.

lassen aber andere Lebewesen in Ruhe, und genau aus ihnen bestehen die Schneckenmittel. Sie werden idealerweise von Mitte März bis zur Herbstmitte alle 6–8 Wochen ausgebracht.

Es gibt Rezepte, mit denen man angeblich eigene Schneckennematoden züchten kann, aber sie sind äußerst unzuverlässig. Wenn man bedenkt, wie komplex die Herstellung einer ausreichenden Konzentration aktiver Nematoden ist, lohnt sich die Investition in Präparate aus dem Handel, wie ich finde, denn von denen weiß man wenigstens, dass sie wirken.

Sämlingsgröße

Kleine Sämlinge sind wesentlich anfälliger für Schneckenfraß (und nächtliche Verheerungen) als größere Setzlinge. Wer ein Schneckenproblem im Garten hat, sollte vielleicht auf eine Direktaussaat verzichten. Auch habe ich festgestellt, dass man bei der Aussaat in Topfplatten wesentlich weniger Schäden hat, wenn man die Sämlinge erst ins Freie umpflanzt, sobald sie 4–5 echte Blätter tragen, als wenn man sie schon mit dem ersten echten Blattpaar nach draußen schickt. Noch widerstandsfähiger werden die Setzlinge sogar, wenn sie eine Zwischenstation in 7-cm- bzw. 1-Liter-Töpfen einlegen können. Gerade das Hauptgemüse würde ich so heranziehen, statt den ganzen Platz im Regal für Spinatsämlinge zu verbrauchen!

Schneckenkorn

Bio-Schneckenkorn mit Eisen-III-Phosphat ist der letzte Ausweg, wenn schwere Schäden drohen. Es schadet Haus- und Wildtieren nicht und kann um die Pflanzen gestreut werden.

VÖGEL

Vor Vögeln lassen sich Nutzpflanzen nur mit Netzen schützen. Beerenobst kann man in Obstkäfigen (siehe S. 126) kultivieren. Es gibt allerlei Bausätze für Abdeckungen von Rahmen- und Hochbeeten (siehe S. 276). Auch optische Abschreckungen, etwa in Form aufgehängter CDs, bringen etwas.

In kleineren Beeten und Töpfen schützt man Erdbeeren (und andere Beeren) mit Netzbeuteln vor Vögeln.

BLATTLÄUSE UND WEISSE FLIEGEN

Diese Sauginsekten nehmen die zartesten Triebspitzen von Ein- und Mehrjährigen ins Visier. Blattläuse sind an den Triebspitzen von Dicken Bohnen ein vertrauter Anblick und scheinen sich über Nacht explosionsartig zu vermehren! Einen Befall vermeidet man, indem man die Spitzen abzwickt, sobald die Bohnen zu blühen beginnen. Auch mit einem kräftigen Wasserstrahl kann man sie von den Pflanzen holen. Bei starkem Befall wirkt eine natürliche Seifenlösung (siehe S. 273), die Nützlinge unversehrt lässt. Besprühen Sie befallene Stellen ordentlich, auch die Unterseite des Laubs, ggf. mehrmals.

KOHLWEISSLINGSRAUPEN

Es gibt zwei Kohlweißlingsarten: den Großen und den Kleinen Kohlweißling. Die Raupen des Großen (gelb und schwarz) verursachen die meisten Schäden, die des Kleinen sind schwerer zu entdecken, weil sie ganz grün sind. Suchen Sie nach gelben Eiern auf den Blättern und lesen Sie die Tiere ab, sobald Sie sie entdecken. Falls Sie Hühner haben: Diese freuen sich tierisch über die Happen! Eine weitere Gegenmaßnahme ist das Spannen von Netzen. Diese dürfen die Blätter aber nicht berühren, denn die Schmetterlinge legen die Eier durch sie hindurch!

HASEN UND KANINCHEN

Gegen Hasen und Kaninchen gibt es nur eines: einen hasensicheren Zaun um den Garten. Sie brauchen aber speziellen Hasendraht, denn normalen Maschendraht nagen sie durch. Auch ein normaler Zaun reicht nicht, denn die Tiere graben sich darunter hindurch. Je nach verfügbarem Werkzeug und Bodentyp haben Sie zwei Möglichkeiten, um das zu verhindern: Entweder Sie versenken den Hasenzaun 30 cm senkrecht im Boden oder Sie biegen die untersten 30 cm so nach außen, dass das Ende vom Garten wegführt, und bedecken es dünn mit Erde. Wenn die Tiere am Zaun zu graben beginnen, stoßen sie auf dieses Hindernis. Auf die Idee, ein Stück weiter weg zu graben, kommen sie nicht.

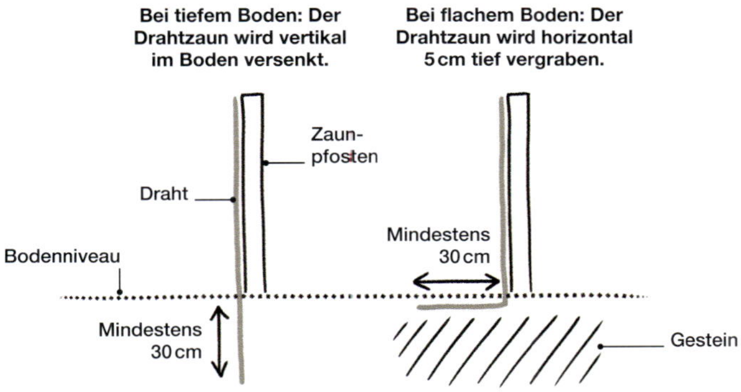

Einen Zaun hasensicher machen
Die Drahtbarriere kann als Hindernis vertikal oder horizontal im Boden versenkt werden.

MÖHRENFLIEGE

Möhrenfliegen fliegen nicht höher als 60 cm über dem Boden. Am einfachsten wäre es, Möhren in Hochbeeten anzubauen, die höher sind. Ist das nicht möglich, schützt man sie entweder mit einem Netz oder baut resistente Sorten an.

KLEINE KOHLFLIEGE

Die Kleine Kohlfliege gehört zu den schlimmsten Schädlingen, lässt sich aber durch einige einfache Maßnahmen abwehren. Wenn ich merke, dass sie am Werk ist, passe ich in den darauffolgenden Jahren besonders auf. Die Fliegen legen neben dem Strunk Eier in den Boden, ihre Larven fressen die Wurzeln an. Eine beliebte naturnahe Methode ist das Anlegen von Kohlkragen mit 15 cm Durchmesser um den Ansatz. Ich habe festgestellt, dass Gummi am besten ist. Eine weitere Methode ist Mulchen, da die Tiere dann schwerer in den Boden gelangen. Außerdem gibt es Nematodenpräparate gegen die Fliege.

FLOHKÄFER (ERDFLÖHE)

Flohkäfer haben es auf Kohlgewächse abgesehen. Sie sind vor allem bei trockenem Wetter aktiv. Die Tiere fressen viele kleine Löcher in die Blätter von Sämlingen, was ihren Wuchs und die Fotosynthese beeinträchtigt. Meist übersteht die Pflanze den Schaden aber. Am anfälligsten sind Direktaussaaten im Mai/Juni. Aussaat in Module verhindert einen Befall.

LAUCHMOTTE

Sie befällt Zwiebeln, Knoblauch und Porree. Die Raupen fressen sich durch Blätter, Triebe und Zwiebeln; befallene Pflanzen faulen rasch. Als einzige Bekämpfungsmaßnahme kommt eine Kultur unter dauerhaft gespannten Insektennetzen in Betracht.

EIN GLEICHGEWICHT ERREICHEN

Bekommt man es mit hartnäckigeren Schädlingen wie der Lauchmotte und der Kohlfliege zu tun, die sich schwer ausmerzen lassen, arbeitet man mit Polykultur und lockt Nützlinge an – ich habe festgestellt, dass man damit Schäden enorm reduzieren kann, ohne gleich den ganzen Garten mit Netzen und Gittern abzudecken, was nicht schön aussieht. Lassen Sie die Natur ein Gleichgewicht aus Räubern und Beute erreichen.

BEKÄMPFUNG VON KRANKHEITEN

Manche Krankheiten sind unvermeidlich und müssen auch nicht immer gleich einem Todesurteil gleichkommen. Auf meinen Lauchpflanzen bildet sich im Herbst oft Rost, der aber bis zum Winter wieder verschwindet. Krautfäule andererseits möchte ich nicht sehen, denn hat sie sich erst einmal festgesetzt, kann man nur noch wenig dagegen ausrichten.

Krankheiten lassen sich im Gegensatz zu Schädlingen oft nur schwer aktiv bekämpfen, deshalb ist Vorbeugung die beste Medizin. Bringen Sie regelmäßig biologische Zusätze aus, um Pathogene zu verdrängen (siehe S. 272–273). Wichtig ist auch, die Bodengesundheit zu verbessern (siehe S. 46–81) und möglichst viel Polykultur zu praktizieren (siehe S. 228–255).

KRAUT- UND KNOLLENFÄULE

Sie ist die schlimmste Pflanzenkrankheit im Garten. Verursacht wird sie von Pilzen an Tomaten und Kartoffeln. Es gibt zwei Formen: Die früh auftretende Alternaria-Krankheit zeigt sich in kleinen braunen Flecken auf dem Laub, beginnend mit den ältesten Blättern. Befallenes Laub wird entfernt. Die Pflanzen werden geschwächt, trotzdem ist eine gute Ernte zu erwarten. Wesentlich schlimmer ist die spät auftretende Krautfäule, die dunkelbraune Läsionen an Trieben und Blättern verursacht und Knollen (bei Kartoffeln) sowie Früchte (bei Tomaten) faulen lässt. Freilandtomaten sind gefährdeter. Pflanzen Sie widerstandsfähige Sorten. Wichtig ist gute Durchlüftung.

ROST

Diese Krankheit verursacht Flecken auf Lauchgewächsen und Hülsenfrüchtlern. Sie beeinträchtigt die Fotosynthese und damit die Wuchskraft. Bei schwerem Befall kann die Ernte geringer sein, etwa bei Knoblauch. Ich habe festgestellt, dass es immer hilft, eine Handvoll unterschiedlicher Knoblauchsorten an 2–3 Stellen im Garten anzubauen. Wer Knoblauch in Folienbeeten zieht, kann ernten, bevor der Rost sich festsetzt.

ECHTER MEHLTAU

Er zeigt sich als weißer Überzug auf den Blättern und befällt Erbsen, manche Wurzelgemüse und einige Kürbisgewächse. Wie Rost beeinträchtigt er die Fotosynthese und damit die Wüchsigkeit. Beim ersten Anzeichen schneidet man die befallenen Blätter weg und behandelt die Pflanze alle paar Tage mit LAB (siehe S. 273). Es gibt immer mehr resistente Sorten.

FALSCHER MEHLTAU

Von ihm betroffen sind Erbsen, Kopfsalat sowie Kohl- und Kürbisgewächse. Die Blätter verfärben sich, auf der Unterseite bildet sich ein grauer oder violetter Schimmel. Befallene Blätter werden abgeschnitten, Kulturen unter Abdeckungen nicht abends gewässert, da nasses Laub das Infektionsrisiko erhöht.

KOHLHERNIE

Sie plagt Kohlgewächse und verursacht Kümmerwuchs. Die Wurzeln wachsen deformiert. Kohlhernie ist eine ernsthafte Krankheit, die sich viele Jahre lang im Boden festsetzt. Ein Überhandnehmen lässt sich vermeiden, indem man Kohlgewächse jedes Jahr an einem anderen Platz anbaut und an der Bodengesundheit arbeitet. In infizierten Gärten sollte man resistente Sorten anbauen oder Kohlsetzlinge in größeren 1- bis 2-Liter-Töpfen (bzw. Durchmesser 13–18 cm) bis zur Halbreife heranziehen, bevor man sie auspflanzt.

WAS TUN MIT ERKRANKTEM MATERIAL?

Es wird viel darüber debattiert, ob man krankes Pflanzenmaterial auf den Komposter werfen soll. Ich kompostiere fast alles, denn beim Kompostieren – selbst bei der Kaltkompostierung – werden die meisten Pathogene und Sporen abgetötet. Echter Mehltau etwa überwintert an lebendem Gewebe oder abgefallenem Laub, nicht aber beim Kompostieren. Wichtig dabei ist jedoch, Erkranktes nicht obenauf liegen zu lassen, sondern in den Komposthaufen einzuarbeiten. Von Kohlhernie sowie Kraut- und Knollenfäule befallenes Material, etwa die Wurzeln, muss verbrannt werden, der Rest kann auf den Komposter.

FROSTSCHUTZ

Minustemperaturen machen frostempfindlichen Pflanzen den Garaus, weil das Wasser in den Pflanzenzellen gefriert, sich ausdehnt und die Zellwände schädigt. Deshalb müssen diese Pflanzen vor Frost geschützt werden.

Der letzte Frost im Frühjahr und der erste im Herbst markieren das Anbauzeitfenster der Saison. Wann ich aussäe und nach draußen pflanze, wird entscheidend vom durchschnittlichen Datum des letzten und ersten Frosts geprägt. Das Problem ist, dass sich dieser Zeitpunkt jedes Jahr ändert. So kann der letzte Frost ein paar Wochen vor oder nach dem Durchschnitt eintreten, weshalb ein zeitlicher Puffer nötig ist, damit Pflanzen nicht buchstäblich kalt erwischt werden.

Frostempfindliche Pflanzen gehen bei Minustemperaturen ein oder werden zumindest stark geschädigt, doch sind sie nicht die Einzigen, denen man Aufmerksamkeit schenken muss. Auch die Blüten von an sich winterharten Obstbäumen wie Äpfeln sind empfindlich – ein Spätfrost kann den Ertrag einer ganzen Saison nachhaltig beeinträchtigen. Der Vorteil von Obstbäumen mit Stamm ist aber, dass die Blüten besser vor Bodenfrost geschützt sind.

Jungpflanzen sind in der Regel empfindlicher als ältere. Andererseits kann ein wiederholtes Frieren und Tauen selbst winterharten Gewächsen zusetzen. Das ist auch teilweise der Grund, warum ein an sich winterhartes Gemüse wie die Rote Bete von wesentlich besserer Qualität ist, wenn es unter Abdeckungen überwintert und nicht im Freiland.

DIE VIER-GRAD-REGEL

Als erste Maßnahme zum Schutz von Pflanzen vor Frost sollte man stets den Wetterbericht im Auge behalten und die durchschnittlichen ersten und letzten Frostzeitpunkte kennen. Wenn für die Nacht eine Temperatur von 4 °C vorhergesagt wird, schütze ich alles, was frostempfindlich ist, schließe also die Folienbeete, bedecke die Pflanzungen mit biologisch abbaubarem Vlies und bringe beispielsweise Paprika nach drinnen. Einen guten Überblick über das Wetter der nächsten Tage mit Temperaturen liefert die Website AccuWeather mit Angaben zu jedem Ort auf der Welt.

TÜREN ZU UND WARM ANZIEHEN

Die beiden häufigsten Frostschutzmaßnahmen sind das Schließen aller Belüftungsöffnungen an eingedeckten Konstruktionen und das Abdecken von Freilandkulturen mit einer Isolierung. Biologisch abbaubares Vlies ist die beste Option; manche bieten Schutz bis –5 °C. Das Vlies kann auch um kleine Obstbäume gewickelt werden, um die Blüten zu wärmen, doch darf es dabei nicht reißen.

Früh Ausgepflanztes profitiert in den ersten 3–4 Wochen, wenn man es mit leichtem Vlies abdeckt und so die Temperatur darunter erhöht. Mit Rundstäben schafft man vorübergehende Tragegerüste, über die das Vlies gelegt werden kann; an den Seiten wird es mit Steinen, Ziegeln oder Holz beschwert.

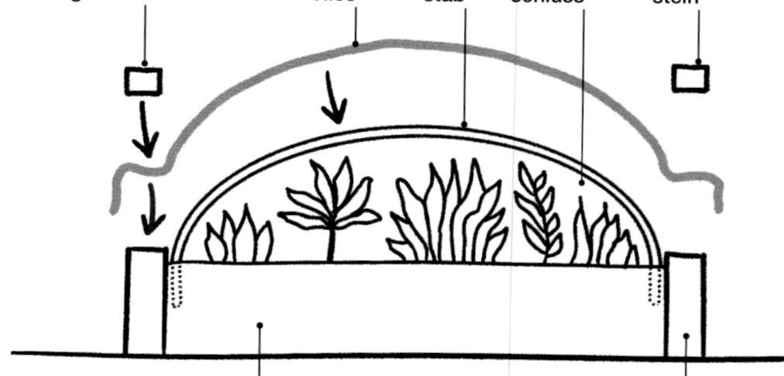

Leichtes Vlies

Optimale Isolierung ist gewährleistet, wenn zwischen Blatt und Vlies nur ein geringer Abstand bleibt, da sich ein kleiner Einschluss aus warmer Luft bildet.

Der letzte Frost der Saison ist meist nur leicht, falls die Quecksilbersäule aber doch weiter absinkt, etwa auf –3 oder –4 °C, decken Sie auch die Pflanzen im Folientunnel ab und legen Sie über Freilandpflanzen zwei Lagen Vlies. Unter Umständen müssen Sie die Abdeckungen stützten, damit die Pflanzen davon nicht zerdrückt werden, denn gerade Morgentau macht das Vlies schwerer. Lieber zu viel als zu wenig schützen.

ABHÄRTEN

Ein Abhärten (siehe S. 183) lindert für empfindliche Pflanzen, die in der behaglichen Wärme eines Folientunnels oder auf einer sonnigen Fensterbank in der Wohnung aufgewachsen sind, den Schock des Umzugs nach draußen. Zwar lassen Minustemperaturen einen Kürbis erfrieren, ob abgehärtet oder nicht, aber zumindest übersteht er kühle Nächte oder Fröste unter Abdeckungen besser, wenn er abgehärtet wurde.

DIE MACHT DER GEDULD

Gartenbesitzern (vor allem mir) fällt es zu Beginn der neuen Anbausaison zwar sehr schwer zu warten, aber die Gefahr von Frostschäden lässt sich am besten verringern, indem man von vornherein kein Risiko eingeht. Geduld lohnt sich beim Gärtnern – außerdem holen späte Aussaaten oft auf! Klar, Tomaten muss man schon vor dem letzten Frost vortreiben, aber bei Kürbissen gibt es keinen Grund, etwas zu übereilen.

DER ERSTE FROST

Wenn das durchschnittliche Datum des ersten Frosts naht, sollte man den Wetterbericht im Auge behalten. Sie entscheiden, ob Sie empfindliche Pflanzen schützen wollen. Falls nicht, ernten Sie vor dem angekündigten ersten Frost ein letztes Mal, damit die essbaren Teile nicht geschädigt werden. Ich schütze meine Pflanzen nur vor dem ersten Frost, wenn er frühzeitig eintritt, aber ab Oktober lasse ich der Natur ihren Lauf.

MISTBEETE

Nutzen Sie Ihre Mistbeete (siehe S. 60–61) für frühe Aussaaten in frostfreier Umgebung, aber auch, um empfindliche Sämlinge in kalten Nächten warm zu halten. Wer in kalten Zonen wie 4 oder 5 wohnt (siehe S. 32), sollte beim Anlegen von Mistbeeten Strohballen als isolierende Wände verwenden und für konstante Wärmeentwicklung sorgen, selbst wenn die Temperaturen auf –20 °C fallen.

Winterhartes Gemüse braucht keinen Schutz vor Minusgraden. Wer es anbaut, spart Zeit und kann auch im Winter noch ernten.

Praxistipps

REZEPTE FÜR PFLANZEN-ZUSÄTZE

Hier die Rezepte für alle Flüssigzusätze, die ich in diesem Buch erwähne. Sie müssen vor Verwendung wie empfohlen verdünnt werden.

All diese Präparate müssen mit Wasser verdünnt werden. Nehmen Sie nach Möglichkeit Regenwasser. Gechlortes Leitungswasser tötet Mikroorganismen ab. Deshalb müssen Sie behandeltes Wasser vor der Verwendung 24 Stunden ruhen lassen, damit sich das darin enthaltene Chlor verflüchtigt. Alle Zusätze können mit dem Gießwasser ausgebracht werden. Das gilt ebenso für LAB (eine Abkürzung für »lactic acid bacteria«, Milchsäurebakterien), das dem Boden zugeführt wird, um Krankheiten vorzubeugen. Auf Blätter trägt man es mit einer Sprühflasche auf. Auch verdünnte Düngerkonzentrate und Wurmtee kann man so ausbringen – Blätter nehmen Nährstoffe schneller auf als Wurzeln.

PFLANZENJAUCHE

Das Präparat, das sich am einfachsten ansetzen lässt. Werfen Sie ein Bündel Unkräuter, etwa Gräser, Ampfer, Disteln, Nesseln und Löwenzahn, in einen Eimer, hacken Sie das Material grob, füllen Sie den Eimer mit Wasser und decken Sie ihn ab. Sie können auch noch eine Handvoll Laubhumus mit hineingeben, was den Zersetzungsprozess fördert. Das Ganze lässt man zwei Wochen stehen, dann kann man mit der Flüssigkeit schon düngen. Durch die vielen Inhaltsstoffe enthält die Jauche ein breites Spektrum an Nährstoffen. Falls Sie spezielle Nährstoffe brauchen, können Sie auch nur einen Pflanzentyp hineinwerfen, etwa Gräser bei Bedarf an Stickstoff. Die Methode funktioniert auch bei selbst angesetztem Beinwelldünger für Fruchtgemüse. Sobald Sie etwas Flüssigkeit abgezapft haben, füllen Sie den Eimer wieder mit neuem Pflanzenmaterial und Wasser auf. So werden Sie lückenlos mit Jauche versorgt.

Art des Präparats Dünger

Verdünnung 1:20

Verwendung Alle 2–3 Wochen, vor allem während der Blütezeit und des Fruchtansatzes

Lagerung 1 Jahr und länger

KONZENTRAT

Füllen Sie ein Fass, einen Mülleimer oder einen großen Eimer mit Beinwell-, Ampfer- oder Nesselblättern. Sie werden mit großen Steinen beschwert, dann verschließt man das Gefäß. Nach rund sechs Monaten hat sich das Grün so weit zersetzt, dass ein dickes, dunkles, sirupartiges Konzentrat entstanden ist (oben), das als Flüssigdünger verwendet werden kann. Das Konzentrat hat gegenüber der Pflanzenjauche den Vorteil, dass es nicht stinkt.

Art des Präparats Dünger

Verdünnung 1:50

Verwendung Alle 2–3 Wochen, vor allem während der Blütezeit und des Fruchtansatzes

Lagerung 1 Jahr (im verschließbaren Glas)

WURMTEE

Der Wurmtee aus einem Wurmkomposter (oben) ist ein ausgezeichneter Flüssigdünger. Im Komposter entsteht das ganze Jahr über konstant Wurmtee.

Art des Präparats Dünger (und Förderung der Biologie)

Verdünnung 1:10

Verwendung Alle 2–3 Wochen, vor allem während der Blütezeit und des Fruchtansatzes

Lagerung Nach dem Abziehen sofort verbrauchen

SEIFENSPRAY

Seifenspray ist streng genommen kein Pflanzenzusatz, sondern ein Schädlingsbekämpfungsmittel. Ich mische es an, indem ich ein zu 100 Prozent natürliches Spülmittel im Verhältnis 5–10 ml auf 1 Liter Wasser mische. Anschließend fülle ich die Seifenlösung in eine Sprühflasche und trage sie großzügig auf die befallenen Pflanzenteile auf.

JADAM MICROBIAL SOLUTION (JMS)

Dieses Präparat ist hervorragend geeignet, die Biologie und Struktur karger Böden zu verbessern und das Bodenleben für eine neue Saison in Schwung zu bringen. Man kann es direkt dort zubereiten, wo man es zum Einsatz bringen möchte. Wenn Sie es also im Folientunnel brauchen, setzen Sie es dort an. So entstehen genau die Mikroben, die für die Temperatur vor Ort geeignet sind. Erzeugt wird JMS, indem man zwei gekochte und zerstampfte Kartoffeln in einen Jutesack, eine große Baumwollsocke oder einen Damenstrumpf gibt. Ihre Stärke nährt die Mikroben. Als Nächstes kommt eine Handvoll Laubhumus vom Boden unter einer Baumkrone dazu (sie impft die Lösung mit heimischen Mikroorganismen). Stecken Sie den Sack, Socken oder Strumpf in einen Behälter mit 70–150 Liter Regenwasser und reiben oder zerdrücken Sie den Inhalt im Wasser, bis es sich eintrübt. Dann kommt ein Deckel lose auf den Behälter. 2–4 Tage stehen lassen. Sobald sich auf der Oberfläche weißer Schaum bildet, ist das Präparat einsatzbereit. Geben Sie einen Teelöffel Meersalz dazu. Für JMS ist eine gewisse Wärme erforderlich, weshalb man bei kühler Witterung im zeitigen Frühjahr damit rechnen muss, dass es im Freiland ein paar Tage länger dauert, bis sich Schaum bildet.

Art des Präparats Biologisch

Verdünnung 1:20 für bepflanzte Flächen, 1:10 für nackte Erde

Verwendung Vorfrühling bis Vollherbst

Lagerung Binnen 12–24 Stunden verbrauchen

MILCHSÄUREBAKTERIEN (LAB)

LAB beschleunigt den Zersetzungsvorgang im Komposter und verbessert die Bodengesundheit. Es kann auf Laub aufgetragen die Widerstandskraft der Pflanzen gegen Krankheiten stärken. Geben Sie ungewaschenen weißen Bio-Basmatireis in ein auf eine Schüssel (A) gelegtes Sieb und gießen Sie 500 ml Wasser darüber. Nun nehmen Sie eine zweite Schüssel (B) und legen Sie das Sieb auch darauf. Gießen Sie das Reiswasser aus Schüssel A über den Reis in Schüssel B. Stellen Sie das Sieb mal in die eine, dann die andere Schüssel und gießen Sie jedes Mal Wasser über den Reis – rund 15-mal, bis das Wasser trüb ist. Den Reis können Sie noch zum Kochen verwenden. Das trübe Reiswasser gießen Sie in ein Glas, legen ein Küchenpapier darüber und fixieren es mit einem Band. Dann lassen Sie das Glas 3–5 Tage drinnen stehen, aber nicht in der Sonne. Sobald sich Schaum gebildet hat und die Flüssigkeit wie altes Wasser aus einer Blumenvase riecht, gießen Sie sie in ein größeres Glas mit Bio-Vollmilch. Das Verhältnis zwischen Reiswasser und Milch sollte 1:5 betragen. Auch dieses Glas decken Sie wieder mit Küchenpapier ab und lassen es bei Zimmertemperatur fünf Tage stehen (nicht in der Sonne), bis sich »Bruch« und »Molke« getrennt haben. Der Bruch kommt auf den Komposter, der Rest ist konzentriertes LAB.

Art des Präparats Biologisch

Verdünnung 1:1000

Verwendung Während der Saison, um Pflanzen und Böden gesund zu halten; wöchentlich bei Pflanzen, die krank wirken

Lagerung 2 Monate im Kühlschrank

EIN MISTBEET MIT FRÜHBEET KONSTRUIEREN

Für ein Mistbeet brauchen Sie einen äußeren Rahmen, den Sie mit Heißkompost und einem Substrat füllen, bevor Sie das Frühbeet daraufsetzen, das die Wärme halten soll. Mehr über die Materialien zum Füllen des Mistbeets erfahren Sie auf S. 61.

Sie brauchen

Die Buchstaben beziehen sich auf die Holzbretter im Diagramm unten rechts. Verwenden Sie 2,5 cm dicke Bretter. Diese speichern gut die Wärme und halten länger.

Für das Frühbeet

- 1 Brett à 115 × 10 cm für F + G
- 2 Bretter à 110 × 10 cm für H + I
- 2 Bretter à 115 × 20 cm für C + D
- 2 Bretter à 120 × 20 cm für A + B
- 1 Brett à 120 × 10 cm für E
- 4 Holzpflöcke: 2 à 30 cm (J), 2 à 2 × 20 cm (K) mit 5 × 5 cm Querschnitt
- Edelstahlschrauben, 4–5 cm lang
- 2 verzinkte U-Nägel (Heftklammern)

Für jede Abdeckung

- 2 130 cm lange Kanthölzer mit 5 × 5 cm Querschnitt
- 2 50 cm lange Kanthölzer mit 5 × 5 cm Querschnitt
- 1 Brett à 40 × 5 cm
- 2 dünne Bretter à 60 × 5 cm
- 2 dünne Bretter à 110 × 5 cm
- 1 Plastikfolie für Folientunnel, 80 × 200 cm
- Edelstahlschrauben, 8 cm lang
- Edelstahlschrauben, 5 cm lang

Für den äußeren Rahmen

- Paletten, Zaunpaneele und Pfosten oder anderes Altholz für eine Kiste mit den Maßen 150 × 150 cm
- Edelstahlschrauben, 8 cm lang
- Karton

Werkzeug

- Bungeeseil oder Ähnliches
- Säge
- Bohrmaschine
- Schraubenzieher
- Hammer
- Schere oder Allzweckmesser

ABDECKUNG UND FRÜHBEET

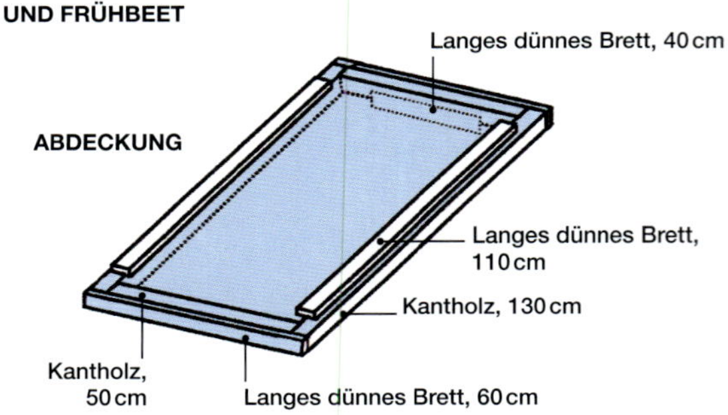

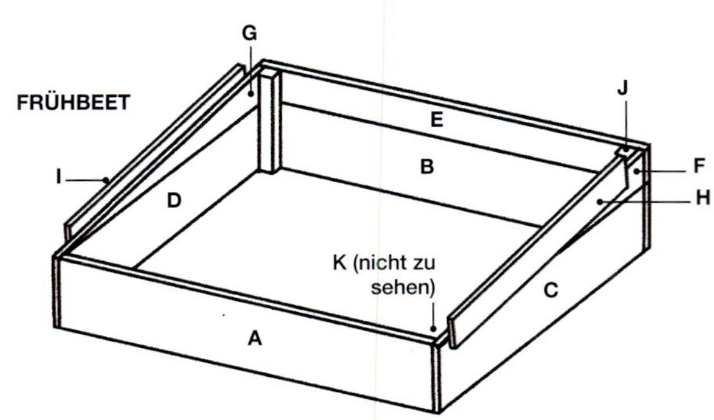

FRÜHBEET

1. Brett für F und G diagonal zuschneiden, sodass zwei dreieckige Bretter entstehen.
2. Basis für den Rahmen zusammenbauen. Dazu die beiden 20-cm-Pflöcke (K) an die Enden von Brett A schrauben und die beiden höheren 30-cm-Pflöcke an die Enden von Brett B.
3. Enden der Bretter C und D an die Pflöcke schrauben, die an Brett A und B geschraubt wurden, damit ein Rahmen entsteht.
4. Jedes Ende von Brett E an einen der 30-cm-Pflöcke am hinteren Ende schrauben.
5. Die kurze Kante der beiden dreieckigen Bretter (F und G) an die 30-cm-Pflöcke schrauben. 10 cm vom schmalen Ende jedes Dreiecks entfernt eine Schraube von oben in das Brett schrauben, um es zu befestigen.
6. Die Bretter H und I in der gleichen Neigung außen an die Dreiecke schrauben. Oben 5 cm überstehen lassen. 2,5 cm Abstand zu jedem Ende lassen.
7. In der Mitte von Brett C am oberen Ende einen U-Nagel einschlagen; an ihm wird das Seil befestigt. Weiteren U-Nagel an der entsprechenden Stelle gegenüber in Brett D einschlagen.

ABDECKUNGEN

1. Die beiden 50-cm-Kanthölzer (5 × 5 cm) mit den 8-cm-Schrauben an beiden Enden der 130-cm-Kanthölzer (5 × 5 cm) befestigen, sodass ein Rechteck entsteht.
2. Das kleinere 40-cm-Brett mit den 5-cm-Schrauben innen an eines der 50-cm-Kanthölzer (5 × 5 cm) schrauben, sodass es zur Hälfte nach unten übersteht. Es verhindert, dass die Abdeckung auf dem Rahmen nach unten rutscht.
3. Folie auf die Abdeckung legen und auf jeder Seite gleich weit überstehen lassen.
4. Das dünne 60-cm-Brett am oberen Ende auf die Folie legen, Folie 4- bis 5-mal um das Brett wickeln. Dann das Brett mit 5-cm-Schrauben in gleichen Abständen an den äußeren Rand des 50-cm-Kantholzes (5 × 5 cm) schrauben.
5. Das andere Ende der Folie wie schon zuvor um das zweite dünne 60-cm-Brett wickeln. Die Folie wird sich spannen, wenn man sie zum 50-cm-Kantholz zieht, doch kann man sie noch 1- bis 2-mal zusätzlich um das Brett wickeln, damit sie so fest wie möglich gespannt ist. Dann das Brett mit 5-cm-Schrauben in gleichen Abständen an den äußeren Rand des 50-cm-Kantholzes (5 × 5 cm) schrauben.
6. Damit die langen Seiten der Folie fest am Rahmen anliegen, zwei 110-cm-Bretter mit 5-cm-Schrauben in gleichen Abständen und mit der Folie dazwischen auf die 130-cm-Kanthölzer schrauben. Evtl. überstehende Folie abschneiden.
7. Die zweite Abdeckung genauso konstruieren.
8. Beide Abdeckungen auf das Frühbeet legen. Sie sollten gut darauf passen.

ÄUSSERER RAHMEN UND FÜLLUNG

1. Aus Paletten, Zaunpaneelen oder anderen Holzbrettern einen 150 × 150 cm großen Rahmen konstruieren, bei dem eine Seite offen bleibt. Am einfachsten entsteht ein stabiler Rahmen gewöhnlich, indem man Pfosten in die Erde schlägt und jede Seite daran befestigt.
2. Als Isolierung im Rahmen eine dicke Lage Karton auf den Boden legen.
3. Den Rahmen mit Material füllen: jeweils abwechselnd eine Gabel oder einen Eimer grünes und braunes Material.
4. Nach jeder 15 cm dicken Lage gemischter Materialien die Lage mit ein paar Gießkannen (20–30 Liter) wässern und festtreten. Das drückt Lufteinschlüsse heraus und setzt eine langsame Wärmeentwicklung in Gang.
5. Sobald der Inhalt die gewünschte Höhe erreicht hat, mit einer 15 cm dicken Deckschicht aus Substrat bedecken (z. B. einer Mischung aus Oberboden und Kompost), die besät wird. Noch einmal gründlich wässern.
6. Zwei Tage warten, dann das Frühbeet daraufsetzen und ansäen.

QUERSCHNITT DURCH DAS MISTBEET

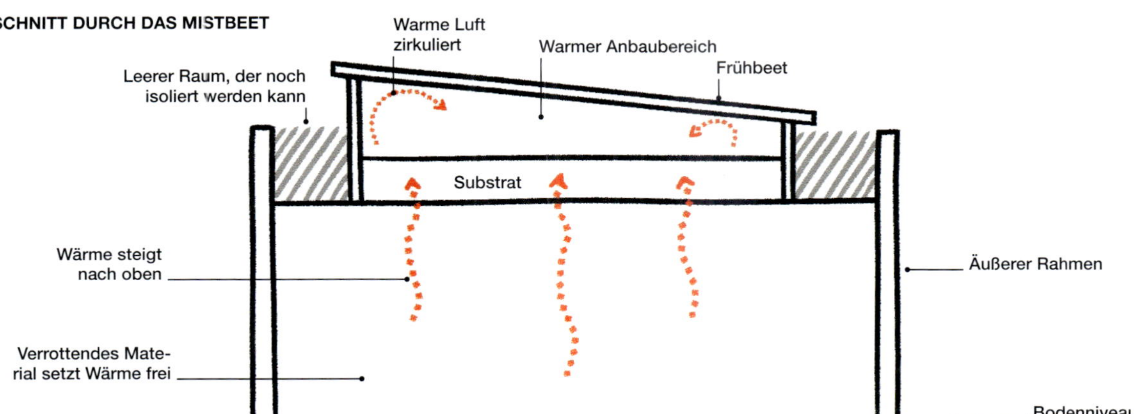

EIN RAHMENBEET MIT FOLIENAB-DECKUNG BAUEN

Folienbeete sind im Grunde erhöhte Beete mit einem Foliendeckel, also einem Mini-Folientunnel obenauf. Sie werden genauso gefüllt wie normale Hoch- oder Rahmenbeete.

Die Anleitung hier ist für ein 3 × 1,2 m großes Folienbeet gedacht. Die Abdeckung passt genau auf meine erhöhten Beete, doch können Sie Länge und Breite an Ihre eigenen Beete anpassen, sofern bereits vorhanden. Ansonsten konstruieren Sie zuerst ein einfaches, aber stabiles und haltbares erhöhtes Beet, auf dem später der Deckel befestigt wird.

EIN ERHÖHTES BEET BAUEN

Auf diese Weise baue ich mir immer meine hölzernen Rahmenbeete für Gemüse, Blumen und Kräuter zusammen. So bleiben Sie flexibel und müssen nur noch die passenden Holzbretter und Schrauben auftreiben.

Sie brauchen
2 Holzbretter à 300 cm, 3–5 cm dick
2 Holzbretter à 120 cm, 3–5 cm dick
12 Holzschrauben, 8–10 cm lang

Werkzeug
Elektrische Bohrmaschine
Bohrer, 7 cm, passend zu den Holzschrauben
Schrauberbit für die Bohrmaschine

1. Arbeitsfläche vorbereiten. Eine ebene, stabile Arbeitsfläche für den Bau des Beets auswählen. Alle Werkzeuge und Materialien bereitlegen.
2. Die 120-cm-Bretter zwischen die Enden der beiden 300-cm-Bretter legen, sodass ein rechteckiger Rahmen entsteht. Die kürzeren Bretter müssen zwischen den längeren zum Liegen kommen. Die beiden Enden ausrichten.
3. Mit dem 7-cm-Bohrer drei Löcher in gleichen Abständen durch die Enden der 300-cm-Bretter in die Enden der 120-cm-Bretter vorbohren. Diese Pilotlöcher verhindern, dass das Holz splittert, wenn man die Schrauben hineindreht, und sorgen für eine feste Verbindung.
4. Den Schrauberbit auf die Bohrmaschine stecken. Die 8–10 cm langen Schrauben in die vorgebohrten Löcher schrauben und die Enden der beiden 300-cm-Bretter an den Enden eines der 120-cm-Bretter befestigen. Die Enden müssen gut ausgerichtet sein und bündig abschließen.
5. Die anderen Enden der 300-cm-Bretter auf die gleiche Weise mit dem zweiten 120-cm-Brett verbinden. Nun ist der Beetrahmen fertig und kann an seinen endgültigen Platz gelegt werden. Zu den Beetfüllungen siehe S. 108–109.

RAHMENBEET

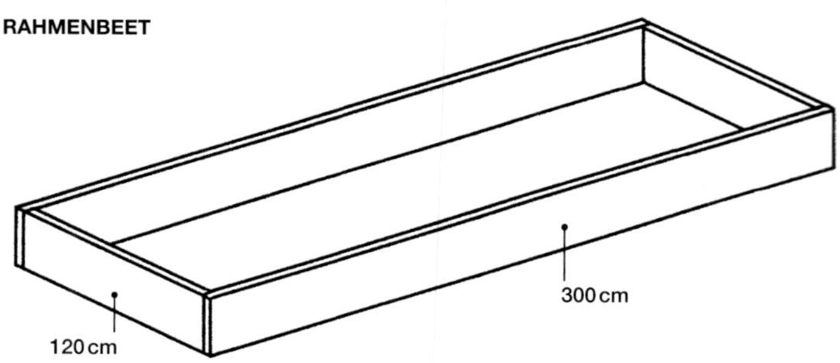

FOLIENABDECKUNG BAUEN UND BEFESTIGEN

Sie brauchen

3 Kanthölzer à 300 cm (5 × 8 cm)
2 Kanthölzer à 120 cm (5 × 8 cm)
2 Kanthölzer à 60 cm (5 × 8 cm)
2 Latten à 300 cm (2,5 × 5 cm)
8 MDPE-Rohre à 300 cm (22 mm dick)
3 Türscharniere aus Edelstahl
UV-Folie, 5 × 3,5 m
Edelstahlschrauben, 8 cm lang
Edelstahlschrauben, 4 cm lang
Holzleisten, dünn, insgesamt 240 cm
Nägel (länger, als die Holzleisten dick sind)

Werkzeug

Hammer
Holzsäge
Maßband
Stift
Bohrmaschine
Bohrer, 25 mm

1. Alle Materialien und Werkzeuge zurechtlegen. Holzteile ggf. auf die passende Größe zuschneiden. Der Rahmen muss bündig auf das Rahmenbeet passen. Evtl. justieren.
2. Für den Rahmen zwei der 300 cm langen Kanthölzer und die beiden 120 cm langen Kanthölzer so auf eine ebene Fläche legen, dass sie ein Rechteck bilden. Die breiteren Seiten müssen nach oben zeigen. Die Enden mit 8-cm-Schrauben fest verbinden.
3. Die beiden 60-cm-Kanthölzer senkrecht so auf die Mitte jeder schmalen Seite stellen, dass die breite Seite nach außen zeigt. Mit 8-cm-Schrauben exakt mittig anschrauben. Das dritte 300 cm lange Kantholz so auf die beiden hochkant befestigten 60-cm-Kanthölzer schrauben, dass sie mit dem Ende bündig abschließen.
4. Zwei Scharniere mit 4-cm-Schrauben an die Längsseite des Gerüsts schrauben – eine 100 cm, die andere 200 cm von einem Ende entfernt. Das Gerüst nun mit den Scharnieren an einer Längsseite des Rahmenbeets befestigen.

GERÜST DER ABDECKUNG VOR DER BESPANNUNG MIT FOLIE

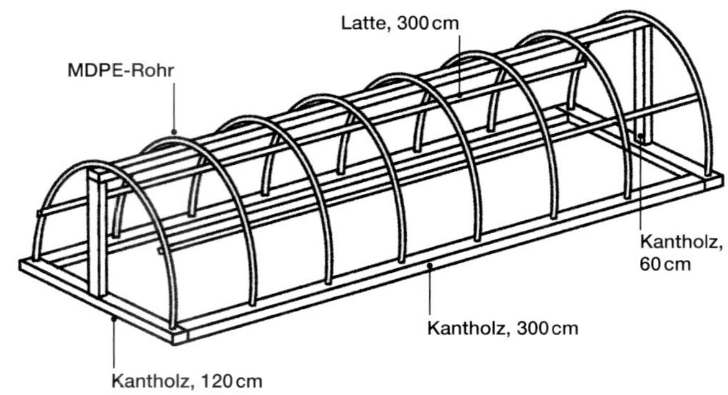

5. Vor dem Befestigen der Rohre mit einem 25-mm-Bohrer acht Löcher in jedes der beiden 300 cm langen Kanthölzer bohren. Dazu zunächst ein Loch etwa 5 cm neben einem Ende bohren, dann jeweils in etwa 42 cm Abstand zueinander alle anderen.
6. Die acht 300 cm langen Rohre in die Löcher stecken und auf die andere Seite biegen, sodass sie einen Halbkreis bilden. Das erste Rohr muss vielleicht auf die ideale Länge zugeschnitten werden, damit es sich gut über den Holzrahmen biegen lässt; die anderen sieben kann man daran ausrichten, damit alle gut über das Holzgerüst führen. Die Rohre am Firstkantholz anschrauben, damit sie nicht verrutschen.
7. Nun jede 300 cm lange Dachlatte etwa auf halber Höhe innen so an die Rohre schrauben, dass sie auf beiden Seiten parallel zum Firstkantholz verlaufen. Sie verstärken die Konstruktion.
8. Die Plastikfolie so über den bogenförmigen Rahmen legen, dass alle Seiten gleich sind. Dann die Folie außen an den Kanthölzern der Basis befestigen: dazu die Holzleisten darauflegen und an die Kanthölzer annageln, sodass die Folie dazwischen eingeklemmt ist. Man kann die Folie auch ein paarmal um die Leisten wickeln, um sie zu spannen – so franst sie an den Stellen, an denen die Holzleisten angenagelt sind, nicht so schnell aus. Evtl. kann es sinnvoll sein, sich eine helfende Hand zu suchen, die einem hilft, die Folie zu spannen, während man sie befestigt.

QUELLEN

BÜCHER

The Plant Lover's Backyard Forest Garden: Trees, Fruit and Veg in Small Spaces, Pippa Chapman (2022)

Fermentieren. Rezepte und Techniken für Geschmack, den man nicht kaufen kann, Sam Cooper (2024)

Einen Waldgarten erschaffen: Mit der Natur arbeiten, um essbare Pflanzen anzubauen, Martin Crawford (2024)

Hotbeds: How to Grow Early Crops using an Age-old Technique, Jack First (2013)

Das große Boden-Handbuch: Regeneratives Gärtnern und ökologischer Gemüseanbau – auch ohne Umgraben, Jesse Frost (2025)

Stell dir vor …: mit Mut und Fantasie die Welt verändern, Rob Hopkins, Löwenzahn Verlag in der Studienverlag Ges.m.b.H. (2021)

Landrace Gardening: Food Security through Biodiversity and Promiscuous Pollination, Joseph Lofthouse (2021)

Natürlichen Pflanzendünger selbst herstellen: Aus Küchen- und Gartenabfällen mineralstoffreiche Fermente für einen lebendigen Boden gewinnen, Nigel Palmer (2023)

The Woodchip Handbook, Ben Raskin (2021)

Selbstversorgung aus dem Garten, Huw Richards & Sam Cooper (2025)

Mein Gemüsegarten – So gelingt Selbstversorgung, Huw Richards (2023)

Small is Beautiful: Die Rückkehr zum menschlichen Maß, Ernst. F. Schumacher (1973)
JADAM Organic Farming, Youngsang Cho (2016)

Permakultur kurz & bündig: Schritte in eine ökologische Zukunft, Patrick Whitefield (2017)

MAPPING UND PLANUNG

Satellitenbilder earth.google.com
Sonnenstand suncalc.org
Winterhärtezonen plantmaps.com

NÜTZLICHE UND INTERESSANTE WEBSITES

Apfelsorten vilsa.de
Permakultur permakultur.de, permakultur-landwirtschaft.de
Plants for a Future pfaf.org
Marcher Apple Network marcherapple.net
Permaculture Association permaculture.org.uk

YOUTUBE-KANÄLE

Deutsch:
Essbare Natur mit Martina März
permaculture mind
Permakultur Kanal

Englisch:
Andrew Millison
David the Good
Discover Permaculture with Geoff Lawton
Edible Acres
Freedom Forest Life
Happen Films
Huw Richards
Liz Zorab – Byther Farm
Niall Gardens
Self Sufficient Me
Tap o' Noth Permaculture – a Food Forest Farm

ANBIETER

ERDEN UND KOMPOST
Brill
Frux
Presto Humus
Reterra Erden
Wurzer Umwelt

Dalefoot compost
Melcourt compost

FOLIENTUNNEL UND GEWÄCHSHÄUSER
Beckmann
BOMA GmbH
Folien Bernhardt
Foliengewächshaus Fiala
FVG Folien-Vertriebs GmbH
GVP International
Hoklartherm
Hortuna AG
Vitavia
WAMAdirekt

GUTE MARKEN
Bloomling (Gefäße)
EverEdge (Rasenkanten)
Gardena (Gartenwerkzeug)
Krumpholz (Gartenwerkzeug)
Pflanzwerk (Gefäße)
Superwurm (Wurmkomposter)
Wurmkiste (Wurmkomposter)

SAATGUT
Alma Proust
Beetfreunde
Bingenheimer Saatgut
Chiltern Seeds
Dreschflegel
Garten des Lebens
Kiepenkerl
Kings Seeds
Magic Garden Seeds
Premier Seeds Direct
Raimund Biogartenbedarf
Real Seeds
Saat & Gut
Samenhaus
She Grows Veg
Tamar Organic
Vital Seeds

PFLANZEN
Bakker
Baldur
David Austin Roses
Farmyard Nurseries
Frank P. Matthews
Gärtner Pötschke
Incredible Vegetables
Manufactum
Plantura
Sarah Raven
Seven Acres Permaculture Plant Nursery
Syringa
Urban Herbs

REGISTER

Haupteinträge sind **fett** gedruckt.

F

G

H

I

J

K

DANK & BILDNACHWEIS

DANK DES AUTORS

Als Erstes möchte ich meinem Verlag DK danken für seine Unterstützung beim Schreiben dieses Buchs über Permakultur und sein Vertrauen in mich und meine Leidenschaft für diese Form der Nutzpflanzenkultur. Noch nie hat mir ein Projekt so viel Spaß gemacht. Danken möchte ich vor allem meiner Chefin vom Dienst Ruth, die ein offenes Ohr für meine Sichtweisen und Ansichten hatte und sich sehr für dieses Buchkonzept eingesetzt hat. Ein weiterer Dank geht an mein Designteam Glenda und Christine, weil es dieses Buch so schön gestaltet hat, und an meine Redakteurin Lucy, die geduldig, gründlich und einfach brillant war!

Einen großen Anteil an diesem Buch haben natürlich die Fotografien. Ich hatte das große Vergnügen, über zwei Jahre lang jeweils einen Tag im Monat mit dem unglaublich talentierten Jason Ingram arbeiten zu dürfen. Ferner danke ich meinem engen Freund und Kollegen (und Mitautoren) Sam Cooper, der über weite Strecken mein Berater, Brainstormingpartner und Denkanstoßgeber war. Nichts wäre außerdem zustande gekommen ohne die erstaunlichen Menschen, die ihre kostbare Zeit damit verbringen, sich meine Videos anzusehen – ihre Unterstützung ehrt mich zutiefst.

DANK DES VERLAGS

DK dankt Jo Whittingham für das Lektorat, Newman and Eastwood Ltd. für die Grafik, Kathy Steer für das Korrektorat, Ruth Ellis für das Register, Steve Crozier für die Repro, Dan Crisp für die Unterstützung bei den Illustrationen sowie Izzy Poulson und Noor Ali für die Mitarbeit beim Layout.

BILDNACHWEIS

Der Verlag dankt folgenden Personen und Organisationen für ihre freundliche Genehmigung zum Abdruck der Fotografien: (Abkürzungen: o = oben, u = unten, m = Mitte, r = rechts, l = links, g = ganz)

Regenerative Media 7mu, 12u, 17mru, 20mlo, 39m, 47go, 54ul, 61gol, 64ul, 73ur, 96–97u, 108gol, 111gol, 111u, 115, 196ul, 202l, 203gol, 203ul, 206ul, 214gol, 241o, 243u, 249gor, 249ur, 279gol, 35ur, 119ur, 177gol, 196gol, 206gor;

Alamy Stock Photo joan gravell 133gol, Elena Hramova 139mr, Marcus Harrison – Pflanzen 134ml, Peter Turner 133ul; **Dreamstime.com** Altinosmanaj 207mru, Bebenjy 211gor, Yuliia Bilousova 154gol, Dexns 165ml, Toni Jardon 267ur, Justek16 165mru, Orest Lyzhechka 76gor, Oleh Marchak 165mo, Monu Masud 209mru, Rafomundo 215gor, Boulanger Sandrine 131gul, Iva Vagnerova 148ur, Wirestock 153u, Zigf 147gor; **GAP Photos** Thomas Alamy 142gol, 165um, 209gor, 265mro, Dave Bevan 265ul, Elke Borkowski 157ur, Jonathan Buckley 144ur, 191ml, Chris Burrows 185mru, Tim Gainey 152r, Ernie Janes 76mlo, Martin Hughes-Jones 212mr, Caroline Mardon 141r, Nova Photo Graphik 131gur, Howard Rice 131ur, 266ul, J S Sira 145gol, John Swithinbank 267mr, Amy Vonheim 135gol, Juliette Wade 191mru, Richard Wareham 131ul, Jo Whitworth 192gor, 195mr; **Getty Images/iStock** dancingfishes 201ml, dimid_86 159mlu, gyro 131gol, Alexander Loew 154gor, lucentius 217mro, lzf 159mro; **James Reid** 240ul

QUELLENNACHWEIS

S. 262 Bill Mollison. https://worldpermacultureassociation.com/bill-mollison-quotes/. Frei übersetzt

DK London

Lektorat
Ruth O'Rourke, Lucy Philpott, Jane Simmonds

Gestaltung und Bildredaktion
Heather Blagden, Maxine Pedliham, Glenda Fisher, Christine Keilty

Umschlaggestaltung Glenda Fisher, Emily Cannings

Herstellung
David Almond, Stephanie McConnell

Illustrationen Huw Richards
Illustrationen (Cover) Sterre Verbokkem
Fotos Jason Ingram

Für die deutsche Ausgabe:
Projektbetreuung Manuela Stern
Herstellungskoordination Katharina Schäfer
Herstellung Inga Reinke

Titel der englischen Originalausgabe:
The Permaculture Garden

Übersetzung Reinhard Ferstl
Lektorat Andreas Held

ISBN 978-3-8310-5212-7
5902-322826-24149-01

Druck und Bindung Leo Paper Products, China

MIX
Papier | Fördert gute Waldnutzung
FSC® C018179

www.dk-verlag.de

Hinweis
Die Informationen und Ratschläge in diesem Buch sind vom Autor und vom Verlag sorgfältig erwogen und geprüft, dennoch kann eine Garantie nicht übernommen werden.
Eine Haftung des Autors bzw. des Verlags und seiner Beauftragten für Personen-, Sach- und Vermögensschäden ist ausgeschlossen.

Ein Hinweis zu geschlechtlichen Identitäten
Der DK Verlag erkennt alle geschlechtlichen Identitäten an. Nach Möglichkeit wird im Buch eine gendergerechte Sprache berücksichtigt, sofern dies inhaltlich sinnvoll ist bzw. den historischen Fakten entspricht; stellenweise wird aus Platzgründen oder Gründen der besseren Lesbarkeit jedoch das generische Maskulinum verwendet.

ÜBER DEN AUTOR

Huw Richards ist Permakulturist und Digital Creator im Westen von Wales in Großbritannien. Mit zwölf Jahren entdeckte er die Permakultur. Später startete er einen eigenen YouTube-Kanal (@HuwRichards) über den Anbau von Nahrungspflanzen, der inzwischen 840 000 Abonnenten hat. Seine Videos wurden insgesamt bereits mehr als 100 Millionen Mal auf YouTube und Instagram (@huwsgarden) angesehen. Huw hat sich zum Ziel gesetzt, den Anbau von Obst, Gemüse und Kräutern für alle so leicht wie möglich zu machen. Dazu hat er auch einen Substack-Account (huwrichards.substack.com) eingerichtet, auf dem er Tipps, Anregungen und Neuigkeiten über seine jüngsten Projekte teilt, darunter wöchentliche Permakulturkurse. Bei DK hat Huw bereits vier Bücher veröffentlicht: *Hochbeet: Frisches Gemüse das ganze Jahr* (2020), *Frische Ernte zum kleinen Preis* (2021), *Mein Gemüsegarten* (2023) und den Bestseller *Selbstversorgung aus dem Garten* (2025, mit Sam Cooper), der im Original (*The Self-Sufficiency Garden*) auf der *Sunday-Times*-Liste Platz 1 erreichte.